家畜制度全廃論序説

［新装復刻版］

Introduction to
the complete abolition
of the livestock farming

動物と
人間は
兄弟だった

太田龍・著
OHTA RYU

人類は、滅びの道を進んでいる。
何かが間違っている。
人類は改心しなければならない。

家畜制の出現によって、
この地上で何かが根本的に変わりました。

人間は、家畜という
「財産」を所有することになったのです。

ここで人間と自然の関係が、
自然との共存、共尊から
自然征服へ変質し始めたのです。

家畜という「財産」所有者になった一部の人間の関心は、
この財産を守り、増やすことに集中していきます。
人間の精神の変化が見られます。

彼らにとって、自然は共存すべきものでなくて
支配するもの、対決すべきものとなり、
戦争の相手、目標となります。

自然には、それ自体で独立した価値が
認められなくなります。
それは、人間の所有財産となって初めて、
価値あるものと認められるのです。

「自然保護」という、いやなことばがあります。
私はそれが大嫌いです。
人間の財産としての自然を保護する
というところから生まれたことばでしょう。

家畜制度は、人間を動物から切り離します。
それと共に、私たち人間を自然から切断するのです。
私たちの生みの親であるこの地球の生命体から、
私たちの存在の根を切るのです。

動物工場に収容された、
にわとり、ブタ、牛などは、
一生を暗い、身動きのできない
狭いオリの中で暮らすことを強制されています。
成長促進のために、
ホルモン剤を注入されています。

これは、しかし家畜の世界だけのことでしょうか。
人間自身の今日と明日の運命を
それは予告してはいないでしょうか。

私たち人類は、自らを家畜化しています。
自らを動物園のオリの中に閉じ込めています。

人類の自己家畜化とは、
ヒトという一つの種社会が内部から
自己崩壊してゆくプロセスでもあります。

家畜制度を全廃する以外に、
このプロセスから逃げる道はない、
と私は思うのです。

家畜制度全廃論は、
家畜化されている私たち人類自身を
家畜化から解放してゆく理論でもあるのです。

目次

付章2 国家はどのようにして生まれたか
――マンフォード『機械の神話』によせて―― 263

あとがき―― 280

本書は、１９８５年11月に新泉社より刊行された『家畜制度全廃論序説』の新装復刻版です。

※復刻版の編纂にあたり、可能な限り原書のままで収録しています。年月に関わる記述は当時のものですのでご注意ください。また、およそ40年の経年により、記載の内容について現在と異なる場合があることをご了承ください。
※著者の意向により、原書に掲載のイラストは削除しています。
※本書中には、今日では穏当を欠くとされる語句や表現がありますが、執筆当時の時代を反映した著作であるとの観点から、原文のままとしました。

カバーデザイン　吉原遠藤
編集協力　一般社団法人　太田龍記念会
本文仮名書体　文麗仮名（キャップス）

序章　トーテミズム——野生の思考

トーテミズムとは?

トーテミズムということばは、北米の五大湖地方北部のアルゴンキンという部族のことば、**オトーテマン**からきています。その意味は、「彼はわたしの部族の者だ」というのです。そこから**トーテム**ということばが出てきているのです。

一七九一年頃、ヨーロッパ人が、北米のインディアンの社会形態・家族の形態を研究した本を出版し、その中でトーテムという存在を発表しました。それ以後、ヨーロッパでは、トーテミズムについていろいろと研究されたのです。

一番有名なのが、十九世紀の末から二十世紀の初めにかけて活躍した英国の人類学者フレーザーで、『金枝扁(きんしへん)』という大部の著作があります(岩波文庫版の『金枝扁』全五巻は、その縮小版です)。この本が出版されたのが、一九一一年で、※十九世紀から二十世紀にかけてのヨーロッパでは、トーテミズムの問題は大いに議論の対象となりました。

そのあと、アメリカの文化人類学者、社会人類学者が、トーテミズムというのは普遍的には存在しないというフレーザー批判をしています。

※1911年に11巻本としてまとめられ、1936年には全13巻の決定版が完成。(2024年追記)

それからレヴィ＝ストロースというフランスの文化人類学者が、一九六二年に『今日のトーテミズム』という比較的小さな本を出版し、そのあと同じ年に出した『野生の思考』の中でトーテミズム問題について、全然、別個の学説を示しました。

このように、トーテミズム問題は、ヨーロッパでは大変大きな論争の的になっているということがあります。なぜそのような論争になったかといいますと、北米とオーストラリア、南太平洋の原住民の中には共通に、〝人間の社会と動物と植物とが血縁関係にある〟というシステムが存在している、そういう事実が存在する、というわけです。

北米とか、オーストラリアとか、南太平洋の原住民社会では、ヨーロッパが征服するまでは、国家というものは存在しませんでした。無国家の社会でした。

同じアメリカ大陸でも、中南米の原住民社会の主要な部分では、初歩的な国家がつくられてしまっていたので、そういうところには、トーテミズムというものは鮮明なかたちでは見られません。

アフリカでは、イスラムがどんどん進出して、そのあとヨーロッパがアフリカを征服し、原住民社会が変質してしまっています。

そして、キリスト教ヨーロッパの社会では、「人間」と「動物」、「人間」と「自然」とは、壁によって切り離され、人間の上に神がいる「神・人間・自然」という構造になっています。これが、文明化された人間の本来の姿である、とされています。ところが、トーテミズムの社会においては、「人間と自然」がお互いに、兄弟姉妹の関係、祖先とか子孫とか、そういう血縁システムなのです。そのために、これは現代の我々から見ると大変奇妙なシステムである、となるわけです。それで、一体トーテミズムというのはどういう位置づけがされるのか、という議論が展開されました。そして、文明人と未開野蛮人とは本質的に違うのだ、という結論になったのです。

フランスに、レビ・ブリュールという人類学者がいますが、トーテミズムのいろいろなデータを分析して、原始社会の人々は独特な発想法を持っている、というわけです。その発想法は、「原因、結果の因果律的発想は原住民にはないのだ。そういう科学的発想がなくて、こういう社会の人々は、動物的レベルをまだ抜けきっていない」。

これはヨーロッパ人の常識的な考えですが、そういうものを学問的に基礎づけたわけです。

レヴィ＝ストロースとトーテミズム

ところが、レヴィ＝ストロースの著書では、そういう考え方を全部否定して、結論的に「トーテミズムというのが人間にとって本来の発想であり、ヨーロッパのような文明化された社会においても、根底にはそういう発想が生き残っている。それが本来の人間の発想である」といおうとしました。それを「野生の思考」といい、文明人の思想を「家畜化の思想」、あるいは「栽培化の思想」であるといっています。

しかし、レヴィ＝ストロースが、現代文明人の思想は「家畜化的」「栽培植物的」思想であるということを、そのあとさらに展開しているようには思えません。けれども、トーテミズムの今日的意義としては、「人間」と「人間の創った文化」、「自然」と「人間化されない自然」というものが、トーテミズムを通じて、一つの血縁関係の中に組み込まれている社会がかつてあった、ということです。

二十世紀の前半に活動したフランスの哲学者で、ベルグソンという人は、『創造的進化』という有名な本を書いています。レヴィ＝ストロースは「ベルグソンの哲学は、トーテミズムで生きているようなインディアンの哲学とすごくよく似ている。ベルグソンはトーテミズムの本質を非常によく理解し得たのではないか」といっています。

そこで、「人間の文化」と「自然」の関係が問題になるわけです。大体一万年くらい前の新石器革命によって、農耕牧畜が始まる以前は、トーテミズムが、ほとんどすべての部族の共通した一つの社会観になっていました。人類の出発点は三百万年前くらいのものですが、その間、人間の一年間の増加率は〇・〇一一パーセントで、レヴィ＝ストロースはそこのところを、こういうふうにいっています。

「これらの社会（トーテミズム的社会）は、非常につつましい生活をしていて、自然の資源の保護と同時に、受胎率を極度に制限していた」

だから、その間の人口の増加は非常に少ない。ところが一万年前の農耕革命が起こってから、すごい勢いで人口が増え、特に二百年前に産業革命が始まってからの人口は、加速度的に増えました。今や毎年二パーセントずつ増加しています。これは完全に人口爆発であるのに対して、トーテミズム社会、人間と自然が血縁関係にあるような社会では、人間自身が増加率をおさえるようなシステムをとっていた、というわけです。

現代の文明の最重要問題は人口爆発で、これは科学の発達がどうとか、資本主義がだめだからとか、社会主義がどうとか、宗教の力がどうとか、どんなことをいろいろやっても全く手がつけられない、コントロール外の問題です。二パーセントで増えていくと、数百年後には、今の人口は数千億となり、人間と環境が絶滅する方に向かっています。

自然生態系からはみ出し始めた霊長類

人間を含めたサルの類を、霊長類と学者は名付けています。霊長類を追究する学問は、「霊長類学」といって「人類学」から分かれて、最近数十年間いろいろな研究が行われており、日本にも京都大学の霊長類研究所というのがあります。霊長類研究所の所長が河合雅雄という人で、『森林がサルを生んだ』という本があります。霊長類学の最近の研究によると、とても面白いいろいろな発見がなされています。

これまで四十何億年かの地球の歴史があると今の科学はいっています。地球が誕生してからしばらくして海に生命が生まれ、五億年ぐらい前になって生命は地上に進出したというわけです。最初に生まれたのは単細胞生物で、三十億年ぐらいの間に一億ぐらいの種ができたと推定されています。その内、人間が確認しているのは数百万ぐらい。いずれにしても、生命は何十億年かの間にとてつもなく多くの種に分化し、進化してきたというわけです。まず植物があって、その植物を食物とする草食動物があって、そのうえに肉食動物がある。それはお互いに食べたり食べられたりして、全体として地球の生命として分化し発展してきました。

ところが、哺乳類が生まれて、恐竜が絶滅したあと、哺乳類がどんどん増えて、哺乳類の最後に出てきたのが霊長類のサルです。サルは、熱帯雨林で生活を始めました。そこではサルの食べ物は豊富でしたが、サルを食べるものはおらず、サルの天敵はいません。その熱帯雨林の外には、サバンナという草原地帯があって、たくさんの哺乳動物がすみ分けています。そこには、ライオン、ハイエナ、トラなどの草食動物を食べる肉食動物がいて、ライオンを食べる動物はいません。天敵がいなくて、無制限に増えてしまうと、自滅してしまいます。そこで、サルとかライオンの数が増えてくると、減らすことを工夫するシステムが、自然とその種の中につくられなくてはならないのです。

ライオンを観察した人によれば、ライオンはオスが一頭、メスが何頭かいて子供がいます。オスの子供は大きくなると、その周辺にいて、ボスのオスが弱ってくるのを待っています。そしてボスが弱ってくると、それと闘って若いオスがボスになります。新しいボスは、前のボスの子供を殺して食べてしまいます。メスも自分の子供を食べてしまって、また新しい子供を産みます。つまり自分の種の中で、あまり数が増えないように調節しているのです。

最近観察された例では、サル、ゴリラ、チンパンジーでも、ライオンで見られるのと同じようなことが、かなり系統的に行われている、と霊長類学者はいっています。人間は、このようなサルの仲間、同類として存在しています。人間にも天敵はいません。サルの時点で、霊長類は「自然の生態系＝食物連鎖」からはみ出した存在になっています。原始哺乳類は、中生代のジュラ紀、爬虫類の全盛期時代に地上に出現したとされています。二億年くらい前のことです。この爬虫類が中生代の末、六、七千万年前に衰亡すると、そのあとを哺乳類が受けついで、陸にも、海にも、空にも広がってゆきます。ところが、地上の大部分を占めていた森林には、爬虫類は住んでいなかったというのです。哺乳類の中で、新しく森林の樹上に生活の場を求めたのが、サルの祖先です。

樹上には鳥がいました。しかし、肉食哺乳動物は樹上には進出せず、したがって、森林、そして樹上に生きるサル類は捕食者の脅威にさらされることなく、数千万年もの間、この生活の場をほとんど独占できたのです。私たちの祖先でもあるサルは、この地上の楽園で進化したわけです。そこから、いかにして個体数が増えすぎないように調節するか、という深刻な問題が、サルとその仲間であるヒトに課せられることになりました。

人間は道具を組織的につくることによって、他の動物に対して、強力な破壊力を持つようになったのです。サルの時から芽生えてきた自然の生態系とは別の文化によって、調和のシステムを破壊する存在にできあがってしまった、ということがいえます。

河合雅雄氏は、それを〝人類の原罪〟といっています。それは三百万年ぐらい前の話です。三百万年の間に、人類がどんな経過をたどってきたのかを調べてみてもわかりません、しかし、ヨーロッパが征服するまでの北米とか、オーストラリアとか、南太平洋諸島の原住民社会というのは、そういう新石器革命が始まる一万年前までの人類の普遍的姿というものを示している、と考えることはできるでしょう。すると、人間は大体三百万年ぐらいの間に、トーテミズムという社会システムをもったものにたどりついたのであろう、ということが推測できます。

人類（サル）の天敵動物はおらず、サルや人間を捕って喰う動物はいません。しかし、もっと小さな目に見えない細菌、こういうもの（これを病菌といってもいい）が、サルと人間が増えすぎないようにコントロールしてきました。学者が調べたところによると、サルとかゴリラとか、チンパンジーの死体を解剖してみると、腸の中に寄生虫がぎっしりとつまっているそうです。捕って喰われることはないかわりに、目に見えない小さな虫とか、細菌などが、サルや人間があまり増えないように、制御しているといえます。

トーテミズムは人類の知恵の結晶

人間の平均寿命は、学者によれば、原始社会では二十歳くらいでした。幼児の死亡率が非常に高く、出生しても四割ぐらいが死んでいました。人間は、「家族」という、サルと違う社会システムをつくりました。人間の赤ん坊はサルと違って、生まれてすぐに母親に抱きつく能力がありません。その能力が出る前に生まれてきてしまいます。人間の子供は生まれてきたら、全くの無能力で、母親が抱いていなければお乳を飲むこともできません。それが人間の生理的な一つの特徴です。

そこで家族という形態ができて、三百万年たっても依然として人間の社会組織の基礎として変わりません。家族がだんだん増えていく時に、「エクゾガミー＝外婚制」が生まれます。子供がだんだん大きくなると、家族の中では結婚しないで、よその家族と結婚します。こうして家族の男女が交換されるのを外婚制といいます。「家族の中では結婚しない」というタブーをつくるのです。それにより、家族のネットワークが広がり、人口が増えていくのです。

ところが、これが無制限に増えると、自然の生態系がたちまち破壊されてしまいます。そこで、人間は何らかの形で、人口を自ら調節するようなシステムをつくらなければなりません。それが何百万年も続いて、トーテミズムという社会組織にまで発展してきた、ということになると思います。

人口が増えるということと自然の間に、何らかの調節機能が必要だということを悟るわけです。その認識の結果が**トーテミズム**という社会組織です。これを私は**万類共尊**といいますが、この万類共尊的自然観が、トーテミズムという社会組織を通して、だんだん完成されてきたといえるわけです。

トーテミズムでは、昔に我々の部族の祖先がオオカミと結婚したとか、クマと結婚したとか、そういう神話から始まるわけです。そうすると、動物狩りをして肉をとる原始社会においては、植物採集というのは、あまりこの時点では目立った自然破壊にはなりません。しかし動物狩りをして殺すというのは、人間の方が石器を持っていますから、優位に立ってしまい、無制限に狩りをするとたちまちのうちに動物の数が絶滅してしまうかもしれません。それで、人間の身のまわりにいる動物は、実は我々の親戚だ、兄弟なのだと考えて、それを食べてはいけない、というタブーをつくるわけです。

そのような神話的背景をつくることによって、自然を破壊する威力を内包している人間の文化が、自然と一体となって調和して存在できるように、神話のシステムを三百万年の間に人間がつくってきたのが真相だと思います。

しかし、この三百万年の間に、万類共尊という方向とは別に、原始社会においてもそれと反対の方向も当然人間社会の中に存在した、と考えることも説得性があると思います。原始社会が全然何の問題もなかった天国である、と美化するわけにはいきません。人間社会が今のような自然破壊、階級社会、国家を生み出したのは、やはり原始社会の内部にそういう要素があったので、全く外から押し付けられたというようなものではないのです。人間の内部にそういうものがあったので、ある時にそれが出てきたと思うわけです。

自然破壊に向かう供犠

トーテミズム的なものと同時に、その逆方向的なものも存在したと考えるのが妥当だと思います。それは犠牲という行為です。人類学ではこれを供犠（くぎ）といっていますが、「生けにえをそなえる」というのは、大変古い原始社会で、トーテミズムと同時に出てくるものです。このことはレヴィ＝ストロースも指摘していて、彼は「トーテミズムと供犠の間には、根本的な違いがある」といいます。

レヴィ＝ストロースがはっきりとそれを指摘するまでは、人類学者からは、原始社会においてトーテミズム的なものと供犠は全くごっちゃに区別されずに、一つの宗教的社会システムの並列的な現象としてとらえられていました。しかしレヴィ＝ストロースによれば、それは根本的に違うものであり、トーテミズムでは、自然と人間文化の間に並行性と相似性があるという認識があります。

供犠、犠牲をそなえる場合は、神があって人間がいて、その中間に自然があり、これが生けにえとされます。自然は生けにえとして、人間と神とを媒介するものだといいます。人間と神は、それぞれ分裂して存在していて、それを媒介するものとして、自然の生けにえをささげます。生けにえを殺すことによって、人間と神との間につながりができる、そういう構造になっている、とレヴィ＝ストロースはいっています。

犠牲、生けにえをささげることも、トーテミズムと同じ原始社会で起こった現象です。しかし、その二つは全く異なります。生けにえをささげるという行為、考えは、人類独尊的考え、表現です。人間以外の動物が「地球上で自分たちが一番偉い」、そんなことを考える、そんな発想が出てくる根拠は全くありません。

サルというのは、熱帯雨林とその周辺の草原に関する限り天敵はおらず、一番頭脳が発達していて利口です。人間はさらにそのうえに道具を（といってもサルも道具を使うが）、人間の特徴は、道具をつくる道具を発明したところにあります。単に自然の石ころをひろって使うのは道具ですが、人間は石ころを加工し、鋭くして、それを使います。二次的に加工した道具を使うことによって人間は、単に熱帯雨林だけでなく、地球上どこにいっても他の動植物を破壊できるという力をつくってしまいました。「人間独尊」「人間が地球上で一番偉い」と考える根拠が、ここに出現したわけです。

つまり、ここで人間と自然の分裂が始まったわけです。人間の破壊力が増大するにつれて、この分裂は深まっていきます。人間は自然の中で孤立していきます。人間特有の恐怖、不安、苦しみがそこから発生したと私は思います。

神という観念が、この段階で人間社会の中に出現しました。失われた自然との一体性を、神という純粋に人工的な観念によって復活させようとするのです。

それゆえ、まず人間と神とは離れ離れに存在しています。何とかして両者を一つにしなければならない。ここに生けにえの発想が生まれるのです。自然の動植物の中の何かを、犠牲として神にささげることによって、両者の分裂をのりこえようというわけです。

そして、供犠執行者の職分が固定化すると、それがやがて神官となり、国王となってゆくのです。

人間と自然の分裂と対決＝人類の原罪

河合雅雄氏の『森林がサルを生んだ』に書いてありますが、自然においては、一つの山には何千何万の生物が共存しています。ところが、人間が一つの山を文化的環境としてつくるとしたら、人間以外の生物の存在は否定され、人間の許可なしには、いかなる生物の存在も許されない、というのです。

原始社会においても、人間は自然からはみ出した独自の社会をつくってしまったということは、認識しています。しかし、この人間と自然との間の循環を行う媒介機能は、二つの相反する方向で表現されたわけです。すなわち、トーテミズムと、供犠システムとによって、です。

後者においては、人間と神が分裂し、自然は人間と神との間にあって、生けにえとなります。そして生けにえ自体が、独立した存在を失っているわけです。人間が一定のものを生けにえにするわけで、自然にはもう独立性は存在しないのです。そのことは、自然が人間の思うままに操作され破壊される、そういう運命に置かれた自然の状態というものを反映しています。特定の動物を殺して神にささげる、そういう行為を通じて、その動物の種の全部を人間のコントロールのもとにおくという、そういうプロセスが進行しているということがあるわけです。

神というのは、なぜ人間と分裂して出てきたのでしょうか。しかも神というものが、人間より遠くにあり、日常的につながっているものではなく、特定の行為、手順をふんで初めて人間とつながるのです。自然の生けにえというものによって初めて、人間と神の分離が止揚される、人間と神の合体がはかられる、ということは、人間による自然の支配、人間による自然の破壊、地球の生態系の破壊がずっと先まで見通されているということです。今、現に行われている人間の自然の破壊、人間の自然の支配がずっと先まで進んだらどうなるでしょうか。神はそういう一つのイマジネーションなのです。毎年毎年生けにえをささげれば、神の力も人間の力もだんだん大きくなるというのです。

ここで出てくる神という観念は、人間が自然から離脱して、自然を支配する一個の存在になってしまったということを前提としています。そして、それをずっと推し進める人間の側の意欲、人間側の意図が、神というイメージの内容であると私は思います。

原始社会においては、神に毎年毎年生けにえをささげることを通じて、自然の支配をだんだん大きくしていくのです。犠牲をささげることの意味は、こういう発想だと思います。

これに対して、トーテミズム的システムではどうなのでしょうか。人間が自然からはみ出してしまった、けれども人間は自然の動物と同じ仲間だから、人間はクマでもオオカミでも殺して食べることはできるけれど我々の祖先はクマであり、隣の部族の祖先はオオカミだから——という具合にして、みな同じ祖先なのだから食べてはいけない、あるいは食べるにしても、非常に多くのタブーを持っていました。このようにして、人間の文化と自然の間を相互に交換する、そういう社会システムによって、人間は自然破壊の可能性を自ら抑制することになったのでしょう。

オーストラリアは、トーテミズムの本場といわれています。十八世紀に英国が組織的に移民（犯罪者をどんどんオーストラリアに追放した）をした結果、原住民社会が非常な勢いで破壊されることになったのです。人類学者の調査によれば、オーストラリアは、新石器革命の行われる以前の人類の一派がオーストラリア大陸にきて、長いこと比較的閉鎖的に、というか純粋に原住民社会を発展させ、トーテミズムがきわめて緻密に典型的に発達した社会だといわれています。

レヴィ＝ストロースはニュージーランドのマウリ族に触れて、こういっています。

「マウリ族にとっては、宇宙全体が膨大な一族のように展開している。そこでは天と地が、すべての存在、すべての意味が、海岸の砂、森、鳥、人間の太古の祖先を象徴している」

つまり、そういうシステムが緻密になってくる、ということは、人間の社会と対応するいろんな自然の関係が組み込まれていくわけです。最高の種が二千ぐらい、つまり動物の種類とか植物の種類とか、そこら中に生きている動植物の種族と、人間の部族の関係にネットワークができて、部族の子供が生まれると、トーテムの組織の中に組み込まれた動植物、山川などの名前がつけられます。一人の人がいくつもの名前を持っていて、部族の神話と、一人一人の人間とトーテムの対象となっている自然のいろいろな現象とが結びついています。大きなネットワークは、全体として宇宙像を形成して、そういう宇宙像の中でそれぞれみんなが血縁の中である、という宇宙観を持っているのです。

人間にとっては、その周辺のどんな草でも、川でも、道でも、みんな共通の祖先を持った一族であるということになります。トーテミズム的社会関係を持った人間の親族関係、それが文明社会の人間にはとても理解できません。つまり、今のような文明社会における親族関係は、単純、明瞭に人間関係だけです。しかし、トーテミズムを発達させてきた原始社会では、人間関係というのは親族関係の一つの部分にすぎません。親族関係の中に、自然が組み込まれているのです。しかも、その自然が、具体的なトカゲであったり、ヘビであったり、オオカミであったりして、自然全体が組み込まれた親族関係にあることを、レヴィ＝ストロースは証明しました。トーテミズムにまでいきついた太古の文明と、現代の文明社会とは、本質的な違いがあるのです。

宇宙へ広がるネットワーク＝トーテミズム

原始社会、未開社会の研究をした人々は、そういう野蛮社会において人間というのは、視野が非常に狭く、自分の属している部族の外にあるものは恐ろしく危険で汚らしいもの、という排他的な思想があるのだといいます。

しかし、そういう要素と同時に、トーテミズムは、排他的な野蛮と呼ばれる人々の中で、トーテミズムの機能によって、その集団の排他性、閉鎖性を打開して、無限に近い宇宙への広がりをつくる。それがトーテミズムの本質的な機能だともいっています。

原始社会においては、ふだん接触していない部族は、非常に危険な、わけのわからない人間集団と考えられていますが、それがトーテミズムを通して、ネットワークがどんどん広がっていく可能性をもっている、というのです。

したがって、トーテミズムというものは、地球上に広がった人類のいろいろな部族の血縁と仲間意識を代表している。それと同時に、人間が生活している自然環境もそこに組み込む、地球全体としての人間といろいろな動植物の共存関係を認識して、人々の生活の実践の中で表現している、ということができます。

レヴィ＝ストロースは、そのような意味で、トーテミズムを「**野生の思考**である、今こそ人類は**野生の思考**を発見しなければならない」といっています。こういう思考の本質的特徴は、まず初めに**自分と他者を同一視する**哲学です。これがトーテミズムの根底にある発想です。そういうものとして**野生の思考**を発展させなければならないといっています。

そういう発想は、ヨーロッパの古代ギリシアの哲学やキリスト教会のドグマとは根本的に異なっています。キリスト教もギリシア哲学も、自然と人間の絶対的な非連続性を前提にしています。同時に、人間の自然に対する優位が前提です。ギリシア哲学とか、近代のデカルト以降の哲学は、むき出しの人間の優位、キリスト教、イスラム教、ユダヤ教では、唯一絶対の創造主を立てて、それを媒介にして、人間の絶対優位をいいます。結論的には「自然と人間は非連続的なものであり、人間が自然の万物の支配者として君臨すること」が不動の前提となります。

ところが、トーテミズムが観察されて、「どうもお互いに兄弟であるというふうな考えは、ものすごく奇妙なものであり、まだ人間が動物と区別されない野蛮人であり、そういう意味では人間とはいえないのではないか」とそんなふうなことが近代ヨーロッパではいわれました。

レヴィ＝ストロースはそういうことを問題にしていないのですが、最近の霊長類学、人類学者からは、「どうも霊長類の時点で、地球上の生物の食べたり食べられたり、それによって循環していくというプロセスが変調をきたしているのではないか。霊長類は脳が非常に発達しているので、他の動物と違った特徴があり、特に人間は、さらに脳が発達している。よって、自然に対する支配をだんだん発展させ、自然をふみはずし、地球の自然全体のリズムが狂ってきている。それは霊長類の時点から始まっているのではないか」ということがいわれるようになりました。

一九六〇年代から、霊長類学者が随分いろいろなデータを出し、その結果、霊長類の時点で自然破壊の芽が出てきたのではないか、といいます。そして人類は、そういう原罪を持って生まれ、それを非常な勢いで肥大化させました。だから、**野生**といっても、三百万年もの人間の太古の歴史そのものを美化し、すべて肯定するのは問題があると考えなければなりません。むしろ正確にいえば、トーテミズムというのは、「人類がサルから受けついだ原罪」「自然の調和からはみ出し、それを崩壊させていくことへの反省」「人間が自らそれをいましめ、自然の生態系を守るように、自らつくり出した一つの文化」それがトーテミズムである、と考える方が、より真相に近いのではないかと思います。

供犠というのは、人類独尊をどんどん進め、人間が自然に対してどこまでも優位になり、ブレーキなしにどんどん進行していく、という要素を代表しています。

しかし、トーテミズムは、人間が自然に対して優位に立ち、自然を破壊し、征服する能力を持っているけれども、それを推し進めてはいけないのだ、ということが社会システムに組み込まれているのです。だから社会組織としても「供犠」と「トーテミズム」では、非常に顕著な違いが出てきます。

トーテミズム的社会では、レヴィ＝ストロースや多くの学者もいっていますが、合意にもとづき満場一致で決められたもの以外の決定は認めない、という政治生活が行われています。満場一致でないと何も決めない、何もしない、ということは、権力とか、それに対立する権力が生まれてこないということです。

「構造主義」批判——レヴィ＝ストロースの役割と限界

レヴィ＝ストロースが出てきた時、フランスでは、サルトルが圧倒的な思想的影響力を持っていました。レヴィ＝ストロースとサルトルとの間で非常にはげしい論争が行われ、圧倒的にレヴィ＝ストロースの勝ちになり、サルトルの時代は終わりました。これを、**歴史**か、**構造**か、と今はいっています。つまり、レヴィ＝ストロースは「歴史的思考は家畜化的思考の一つの形態にすぎない」といいました。

歴史的思考というのは、マルクス主義の思考で唯物史観です。それは、「歴史的必然によって、資本主義から共産主義へ移行する。それ以前は、原始共産制社会から、歴史的必然性によって奴隷制になり、封建制になり、資本主義になる。そのたびに進化し、進歩し、その次は共産主義になるのが歴史的必然である。歴史的必然を実現するのは、プロレタリアートの歴史的使命である」ということです。これが「家畜化的思考」であると、レヴィ＝ストロースは主張するわけです。これを越えるものを**構造主義**とか、**野生の思考**といったのです。

それまでのヨーロッパ中心、ヨーロッパ至上主義の思想界に対して大変な衝撃を与え、それ以後レヴィ＝ストロースが思想界の指導権を握ったといわれています。

「構造主義」ということばは、レヴィ＝ストロースの「野生の思考」的発想には出てこない仕組みですが、ソシュールという人の「言語学の構造主義的」と合体して「構造主義」といわれるようになりました。

私はここに、何か胡散（うさん）くさいものを感じます。

一九六二年に提起され、それから二十何年かたちました。しかし、その間に、フランスやヨーロッパでどういう変化があったかということをマクロに考えてみると、レヴィ＝ストロースの著書『今日のトーテミズム』とか『野生の思考』について、私が取りあげたようなところは、以後ほとんどフォローされていないのです。つまり、レヴィ＝ストロースが提起した基本は、「野生の思考」に対して「家畜化の思考」を対比させているのですが、この「家畜化」とか「栽培化」の意味、テーマに対しては、その後ほとんど何も深めてないようなのです。ましてレヴィ＝ストロースの亜流に至っては、こういうことには全然関心がなく、興味もなく、逆の方向にいってしまう、したがってこれ以降「構造主義」は袋小路に入ってしまったと私は見ています。

しかし、レヴィ＝ストロースの問題提起が、非常に大きな衝撃をもって受け入れられたのは、ヨーロッパの「人間中心主義」「人間優位の思想」に、根本的な変革の必要性を提起したというところにあります。ところが、それを進めるには、西ヨーロッパの思想、宗教の壁が恐ろしく巨大なのです。レヴィ＝ストロースの亜流たちは壁には挑戦していかず、枝葉末節のどうでもいい方向に話を細かくしてしまいます。

問題は、「野生の思考」に対して「家畜化の思考」「栽培の思考」というものは何か、その実体に触れ、その実体を考えることです。それが問題の本筋です。ところが、フランスの思想界、「構造主義」をかついでいる日本の輸入業者も、この問題には全然触れないので袋小路に入ってしまうのです。

私は家畜制度全廃という立場から、家畜制度批判をやっているのですが、レヴィ＝ストロースの提起した問題は、こういうふうに進めないと何も解決しません。彼は問題は提起したけれども、何の解決もしていない。解決をしないから、どうでもいいような紙の無駄使いを、彼とその亜流たちは二十年間もやってきたのです。

トーテミズムはどのように崩壊したか

「家畜化の思考」の本質というものは、**原始社会の中からどういうふうにしてトーテミズムを崩壊させるようなものが発生してきたか**を認識することを、まず前提として必要とします。

レヴィ＝ストロースが「野生の思考」に対して、「家畜化の思考」といったのは、一つのインスピレーションです。ですから、「家畜化の思考」については何も説明していません。これは、初歩的なインスピレーションの段階で終わっているのです。「トーテミズムと犠牲をささげる供犠とは本質的に異なる」とはいっていても、分析はされてはいないのです。

「構造主義」という名前をつけること自体に、問題の本質をさけようという意図が見られます。「構造主義」という命名そのものに、この種の意図が表現されています。レヴィ＝ストロースは、トーテミズム的なものの解明を「野生の思考をふまえ、実践しなければならない」と宣言したのです。そのためには、この「野生の思考やトーテミズムが、どういうプロセスを通って崩壊したのか」ということが説明されなくてはなりません。

原住民の問題をいろいろ論じていく場合、これまでの説から、「原住民社会は、非常に野蛮なもので、滅びるのは必然だ」という立場が今の常識です。しかし一方には、「原住民の社会は現代の文明に比べて、非常にすばらしい、自然に調和した社会である」という全面的肯定の説もあります。

私はどちらも不十分だと思います。人類社会に国家というものがなかった原始社会の中で、トーテミズム的な「自然との共存」を積極的にはかっていく社会のシステム、それと同時に、人間が達成した「破壊の能力」、そういうものを肯定し、進めていくような要素が共に存在していたのです。したがって、真相に迫るのには、人類が生まれてきた最初の霊長類の時点からさかのぼって、人間社会の中にあるいろいろの矛盾した正と反の両面の要素を見ていく必要があると思います。

北米のインディアン社会については、随分いろいろな本にも書かれていますが、大変すぐれた自然と共存する社会であるといいます。しかし同時に、北米大陸に初めて人間が入っていった何万年前、彼らはかなり発達した石器を持って入っていったわけです。そして、アメリカ大陸全部に広がっていき、そこですごい勢いで狩りをして、草食動物のいくつかの種類は絶滅に近いくらい狩られてしまいました。そういうことがたびたびくり返されて、いろんな試行錯誤をやった結果の反省を通じて、アメリカにもトーテミズムの社会ができあがったのです。原住民社会、原始社会というものを、手放しで美化することは、現実とは遠いものになります。トーテミズムという社会組織や、自然観ができあがるプロセスを無視して、美化してしまう考え方は、その真相とは遠いものです。

なぜそういう研究が必要となるかというと、現実に今、地球を支配しているのは「野生の思考」ではなくて「家畜化の思考」であり、家畜制度というものの上に成り立っているのです。この成立の内部的プロセスを解明しないと、それをくり返していくプロセスも理解できません。

河合雅雄氏は、サルの時点ですでに、草食動物的性格と肉食動物的性格を持つようになったといっています。霊長類は全般的にそうですが、ゴリラは野生の状態では草食で、動物園で飼うようになると肉も食べるようになります。チンパンジーになると、わりと集団で狩りをして、動物を捕まえます。また、これは楽しみというか、プレーのようですが、サルは大体熱帯雨林で生活していて、食べるものは豊富にあり、脅かされることはないのだけれども、遊びで小動物を捕まえて食べてしまいます。つまり、草食動物的性格と肉食動物的性格を持ち、しかも天敵はいないのです。

　他の動植物は、自分の種だけで地球のすべてを占拠するということではなく、すべての種と共存するという直観的能力も持っています。人間の脳の中にも、それを直観する能力はあります。宇宙の秩序とか、自然のリズムを感じるインスピレーションがあるのです。しかし、肉食動物的要素も同時に、サルの時点で受けつがれてきたのです。

　霊長類以前の時点では、動物も植物も、その生命活動は、善とか悪とかいうものを超越して、生命の発現そのものが地球の生態系をどんどん発展させていく、ということにつながっていました。したがって何千万という種に分化して、地球上が生命にあふれる、そういうふうな状況であったといいます。ところがサルの時点でおかしくなって、人間がそれをさらに強めて、人間の文化が発展すればするほど、他の種の存在が許されなくなり、そこで善と悪が初めて地球上に生まれてきた、と河合雅雄氏はいっています。

　地球上の生命を破壊して、生命を退化させたとすれば、文字通り人間の文化は悪の要素です。しかし、最初のうちは、人間による地球破壊はきわめてわずかなものでしかなく、人間はそういう局地的な失敗などを反省して、何百万年という間に、自然と人間というものが、お互いに関連し合うシステムをつくりあげたのです。

同時に、それと逆の要素も原始社会の中に存在しました。そして決定的に人間中心主義な面が優位に転化したのは、新石器革命の行われたオリエント地方でだったということになるでしょう。そこで決定的なバランスの変化があったのが真相だと思います。

原住民社会でのもう一つの問題は、**イニシエーション**（加入儀礼、通過儀礼）をどういうふうに考えるかということです。イニシエーションというのは、原始社会において普遍的に見られる現象だといわれています。これはオーストラリアでも、北米でも、国家の存在しない原始社会においては共通して見られる現象です。

これは、男が青年に達すると受けるもので、社会がイニシエーションを受けた階層と受けていない階層と二つに分かれます。これは一週間で終わる場合もあり、一年も二年もかかる場合もあります。逆に沖縄の久高島でのイザイホーなどは、女の人が受けるイニシエーションです（これは女性たちの秘密結社です）。しかし、大体記録されているのは男だけのものです。イニシエーションというのは、原始社会が崩壊していく一つの要素になっているように思います。それは「犠牲をささげる供犠を執行する行為」と融合して、それにかかわるイニシエーション、秘密結社へと展開してゆくのでしょう。

トーテミズム復活の兆し

人類学者は、国家以前の人類の原始社会の文化の中に、

イ、**アニミズム**
ロ、**トーテミズム**
ハ、**シャーマニズム**

という、三つの要素を見つけ出しました。

現代のことばに翻訳すると、アニミズムは「汎神論」、シャーマニズムは「神がかり」、とでもいえるでしょう。

トーテミズムは、現代人には最も理解しにくいことばです。なぜなら、それは太古の時代の失われてしまった我々の社会組織であるからです。

このシステムの中では、我々の祖先たちは、自分らが身のまわりの動植物たちと血を分けた同胞であることを理解していたのみでなく、彼ら動植物たちと親族関係を結んでいた

のです。

アイヌのカムイユーカラには、このトーテミズム的社会形態についての、あふれるばかりの証拠が記されています。万類共尊ということばが、アイヌ語で、ウレシパモシリ（万物が互いに育ち合う大地）という、大層美しいことばで、すでに表現されていることを強調しておきましょう。

「家畜制度全廃」の叫びは、トーテミズムの現代的復活ののろしである、と私は思います。そして、次に動物解放という、より進んだ目標が私たちの視野に入ってくるでしょう。私たち人類は、自らを家畜化しています。自らを動物園のオリの中に閉じ込めています。家畜制度全廃論は、家畜化されている私たち人類自身を、家畜化から解放してゆく理論でもあるのです。

トーテミズムは今、新たなレベルで復活します。それは私たちの社会形態そのものの根底からの変革と転換への指標なのです。

第一章　肉食——人類の食律違反とその結末

沼正三の『家畜人ヤプー』という小説をご存じですか。故三島由紀夫が絶讃したのですが、長いこと作者は姿を現さず、数奇な運命をたどった敗戦後の作品です。

遠い未来の宇宙で、人類は遺伝子工学を利用して家畜人をつくり出す、というSF的小説ですが、SFの世界では、このようなストーリーはすでに花盛りとなっています。これらの小説は、人間による動物の家畜化がいきつく先を私たちに予告し、あるいは警告しているわけです。チェコの作家カフカの世界は、この視点から読むと、実に奥深いものをもっています。

家畜制は、今から約一万年前、中央アジアとオリエント（北アフリカ、中近東）一帯の、いわゆる新石器革命の結果として生まれた、と学者たちは説明しています。家畜制の前には、もちろん、何百万年かにわたる狩猟時代があったでしょう。

肉食は、人類の天与の食律への違反なのですが、家畜制はこの「違反」を固定化したのみでなく、肉食の量を激増させました。

その結果は、人類の肉体的精神的健康、社会的安定を破壊したのみでなく、地球の生態系にも重大な脅威を与えるに至りました。

私の見るところでは、このように重要な問題であるにもかかわらず、まだ地球上の人類社会の中で、家畜制度の問題点、その危険の解明、家畜制廃止についての声が、ほとんど聞かれません。

（小牧久時農学博士は、小牧久時平和財団を通じて、つとに、家畜制度全廃から始まる絶対平和に至る四段階について提唱されています）

生態学の確認する結論

生態学（エコロジー）という学問はご存じでしょう。生まれてから未だ百年そこそこのごく若い学問ですが、最近、急速に重要さが世の人々に評価されるようになっています。すなわち、

第一、生産者は植物である、ということ。太陽の光と大地、空気を材料として、植物は莫大な植物のエネルギーを生産しています。

第二、消費者。これが動物です。動物は自分で生命エネルギーを生産することはできません。植物を食べる、すなわち、植物の生産した生命エネルギーを消費することによって、動物は生かさせていただくのです。

しかし、消費者にも二種あります。

第一次消費者、これは草食（一般に植物食）動物です。そして、これが動物の中の大部

分を占めています。

第二次消費者。これは肉食動物、すなわち、動物を食べる動物です。二重の意味でこれは寄生者ですから、自然界はその個体数も種の数も、ごく少なくしてあります。

もっとも、雑食性の動物も少しはあって、植物、肉の双方を食べるのもあります。人間やネズミなど、それから鳥の中に、その仲間がいます。

第三、還元者。これは動植物の死体を各種の元素に還元させるもので、バクテリア、すなわち微生物です。もしこの還元者がいなければ、地球は動植物の死体で充満してしまい、生命の循環がストップします。

人類の食律＝草食でヒトと成る

地球の歴史についての学問も、ごく新しいもので、せいぜい、最近百年か二百年のことです。

ここで私たちが注目すべきことは、植物の進化と動物の進化の平行的相補的関係と、そこにおける植物進化のプロセスの先駆性、主導性という視点だと思います。そして、現在の専門分化傾向のアカデミズムの中では、こうした視点は専門学者が取り上げようとしないものなのです。

今日の進化論、古生物学によると、動物はカエルのような両生類のところで海から陸へ上がり、爬虫類、昆虫、鳥、哺乳類と進化してきたというのです。しかし、私はここに大きな落とし穴があると思います。これらの動物が何を食べて進化してきたのか、というと、主として植物を食べてきたのです。そして植物自体が進化の道をたどってきたわけです。そのあとを追って、動物が進化したと考えるのが、道理に合っているのではないでしょうか。

私たち人類は哺乳類に属していますが、植物の世界では草本科の出現のあとの話です。森林の形成のあとに、この地上は草花によって敷きつめられることになりました。すなわち、私たち哺乳類に先駆して花を咲かす草本科の登場という一幕があるのです。哺乳類は草花の子ということができます。これが大きくいって哺乳類の食律です。

また、草花は、昆虫とも共存して進化しています。

草には花があり、実があり、タネがあり、そしてタネから根が、茎が、枝葉が出てきます。

草本科で、一番最近に出てきたのが禾本科（かほんか）です。すなわち、イネ、ムギ、ヒエ、アワなどですが、その実が穀物と呼ばれているのです。

霊長類は、森林で、しかも熱帯の森林で成長してきました。その食べ物は、森林の中の植物ということになります。虫を食べることもあったでしょう。森林の外に、いつのまにか、草花が生えてきました。草は森林の中にも侵入してきたでしょう。

これは私の意見ですが、人類の祖先は、草（その葉、茎、根、実）を食べることによってヒトに成ったと思うのです。これが人類の食律なのです。

森林の外に生まれた草原地帯には、人類以前に草食の哺乳動物が進化していました。そして、それらを食べる肉食の哺乳動物、ネコ科も出てきました。

直立二足歩行の人類の祖先が草原に出てきた時、彼らは自由になった前足、二本の手で木や石を道具として、植物を採集することを始めたでしょう。根を掘り出して食べることが可能となります。いも食がメニューに出てきます。

また、禾本科の実を二本の手でもぎりとって食べることもできるようになります。いも食と穀物食。これは人間の最も古くから続いている食べ物でしょう。

森林にいた時代からの木の実も、メニューの中に残ったことでしょう。しかし、人類が天然に与えられた食は、草を全体として食べること、草の全体食といえます。

石器を持った肉食動物＝狩猟人

考古学者は、三百万年前の東アフリカの化石から、人類の祖先の一部が石器を使って大型・中型草食動物を狩猟していたとしています。明らかに、彼らは草原地帯での肉食哺乳動物の模倣から始めて、石器による狩猟の段階に至ったのです。

ここで、人類の食律における重大な違反が生じたと思います。肉食動物は第二次消費者であって、このためにネコ科の動物は寿命も短く、繁殖率もわずか、個体数もきわめて少数という状態に、自然の秩序はつくられています。

しかし、人類が石器という破壊力を以って肉食を始めた時、この秩序に亀裂を生じました。

人類は、この亀裂が危険な意味を持つことを悟り、反省もして、アニミズム、トーテミズムと呼ばれるような文化のシステムをつくり、自ら節制し、また動物たちを同胞、兄弟として遇するおきてを守るようになったと私は思います。

一万年前に中央アジアとその周辺で起きたとされる新石器革命、農牧革命、野生動物の家畜化という出来事は、この亀裂を広げ、そしてついに人類の食律および地球の生態系を決定的に破壊することになりました。

肉食哺乳動物の典型は、トラ、ライオンなどです。ライオンは「百獣の王」などと、人間によって呼ばれていますが、実態はまるで違います。彼らの歯は、馬やシカなどの獲物を食いちぎるように、鋭い剣のようになっています。この歯では草を食べることができません。このために、彼らの栄養に大変問題があります。肉の消化に難があり、内臓、特に肝臓や腎臓が長持ちしないのです。ちなみに大きな獲物をのみ込んだヘビは、消化するまで、一週間もじっと動けなくなるそうです。

遊牧、牧畜民族の軍国主義

人類による動物の家畜化といっても、いくつかのタイプが見られます。

（1）牛……食用、農耕、運輸、皮（衣）

（2）羊・山羊……食用、毛、皮（衣）

（3）馬……農耕、運輸、軍隊、食用、皮（衣）
（4）ブタ……食用、皮
（5）らくだ……運輸
（6）にわとり……食用
（7）犬……番犬、狩猟犬、牧羊犬、ペット
（8）猫……ネズミ対策、ペット

以上、八種の家畜が主なものです。そして、この中でも牛と馬が代表的な存在です。牛は農耕を、馬は軍隊、戦争、軍国主義をそれぞれ象徴しています。

ジンギスカンは、中央アジアの大草原地帯に登場した、最後にして最大の騎馬民族軍国主義のリーダーでした。彼らは、戦闘と移動用に馬を、そして食用に羊の群れも伴っていました。彼らの主食は肉でしょう。

彼らにとって、征服した土地で捕虜を奴隷にしたり、大量に殺したりすることは、家畜を屠殺（とさつ）するのと同じようなものです。彼らは天性の軍国主義です。今日では、軍馬はトラック と戦車、飛行機、ミサイルにとって代わられています。

牛耕は平和のシンボルか、というと、そうもいえません。牛耕は、大地の生態系破壊の

大きな原因をつくりました。この延長線上に、今日のトラクターによる近代的機械化農業があります。

産業革命後の大規模畜産業

産業革命のあと、家畜の用途はもっぱら食用にしぼられることになりました。そしてその飼育の方法も、放牧でなく畜舎飼いが主流となり、エサは自然の草から人工のトウモロコシなどになりました。

欧米工業先進国では、過去一世紀か二世紀の間に、肉食が貴族・金持ち階級のぜいたくではなく、一般庶民の常食に変質しました。これらの国では、民衆の生活水準の向上として肉と砂糖の消費増大がいわれるようになっています。第三世界、開発途上国と呼ばれる国々も、欧米先進国のあとを追う姿勢です。

フランスを例にとると、十九世紀にはパンの一人一日当たりの消費量が一キログラム近くあったそうですが、肉食の比重増に反比例してどんどん少なくなり、今は一人百数十グラムだそうです。

私は一九八五年四月から五月にかけて、カナダ経由で南米ペルーに旅行しましたが、カナダ太平洋航空で出された機内食も、パンがごくごく少量、主食は肉料理でした。肉食といっても、ランク付けがされています。所得、生活水準が上がるにつれて、にわとり、ブタ、牛と出世してゆく傾向だそうです。

米国で完成された大規模畜産業では、牛やブタ、にわとりは、大きな工場の中で肉をつくり、卵を産む機械にされてしまい、当然彼らの体はぼろぼろになります。大部分の牛やブタが病気持ちです。そして、その病気をおさえるために、エサの中に薬が加えられます。薬づけの家畜です。このシステムが、畜産近代化の名のもとに日本にも輸入されています。

このような家畜の肉を、米国では一人当たり年間百キログラム食べるそうです。一日にして三百グラムです。まさに「主食」の名に値します。この他に、大量の牛乳、乳製品です。全世界の国々が米国型のこうした食のスタイルを、うらやましそうに見ています。

米国の牛肉の値段が日本よりはるかに安い（二分の一くらいか）ので、アメリカへいって牛肉をたっぷり食べよう、というツアーが計画されるくらいです。

アニマル・ファクトリー、ということばが使われています。「工場制畜産業」が地球上を制覇しようとしているのです。

その結末が癌と心臓病、精神病という難治の病です。すでにかなり前から、米国ではこれらの難病の激増傾向が見られ、このまま進むと、アメリカの維持自体が危うくなる、と懸念されていました。

アメリカの病院に胃癌で一ヵ月余り入院すると、三千万円以上の治療費を取られるのだそうです。莫大なお金をかけて、医学界が癌治療対策を研究しているにもかかわらず、今日でも米国で死亡原因の四分の一が癌であり、近い未来に三分の一を超え、四割に近づくという見込みも出されています。世界の他の国々も、米国のあとを追うでしょう。

癌の主原因は肉食に発しています。しかも、この肉が病気で薬づけの家畜のものときては、それを食べる人間が病気にならない方が不思議です。

家畜の肉食＝生態系の破壊

アフリカでの食糧危機が伝えられています。これは、近未来において地球全体を襲う食糧危機の序曲でしょう。

しかし、ここでよく考えてみる必要があります。今日の世界の食糧生産は約十五億トンといわれていますが、そのうちの半分は食用家畜（ほとんどが先進工業国向けのもの）のエサ用なのです。これをやめれば、少なくとも当面の食糧問題は解決するはずです。逆に、肉食増加の傾向が止まらなければ、家畜のエサをつくるための農地をどんどん拡大しなければならず、その帰結は、森林の消滅です。家畜制度と肉食をそのままにしておいて、地球のみどりを守れ、などといっても、気休めかアリバイづくりにすぎないと私は思います。

家畜制度は、人間の役に立つごくわずかの種の動物を家畜とし、その他の野生動物を直接、間接に滅ぼしてゆくシステムです。自然保護運動、野生動物を保護する運動も大いにけっこうですが、野生動物を絶滅させていく大本が肉食と家畜制度にあることを自覚すれば、さらにけっこうと思います。

さまざまな宗教にも価値はあるでしょうが、家畜制度の是非を正面から問題とする宗教が生まれてほしいとも思います。

都市への人口集中の問題もまた、現代と近い将来の、解決不可能な難問として議論されています。メキシコシティの人口は、二十一世紀初めには、何と三千数百万人にふくれ上がるのだそうです。この他、第三世界では軒並み、都市機能の崩壊を示す人口集中が見られます。先進工業国では、全土まるごとの都市化です。私はそれが、大規模工場制家畜飼育システムの人間社会それ自身への反映であるように思います。

家畜制度は、人間を動物から切り離します。そしてそれと共に、私たち人間を自然から切断するのです。私たちの生みの親であるこの地球の生命体から、私たちの存在の根を切るのです。

人類の食律の自覚と家畜制度全廃。この世論が一日も早く、人類のコンセンサスとなることを祈ります。

第二章　人類史と家畜制度の関係

古代の賢者は警告する

今、米ソ（当時）は五万発の核爆弾をかかえています。もしも米ソ全面核戦争でそのうちの五パーセントから二割が使用されたとしたら、空中に舞い上がるチリのために太陽の光は地上にとどかず、零下何十度という核の冬が訪れ、地球の生命はほとんど絶滅してしまうだろう、という科学者の予見が語られました。

人類は、滅びの道を進んでいる。何かが間違っている。人類は改心しなければならない。この直観は実は、四、五千年も前から、いわゆる文明の発達した古代オリエントの多くの予言者たち、賢者たち、哲学者たちを訪れ、そして彼らによって人々に警告されてきたものです。いうまでもなく、その最も有名なものが、聖書の中の黙示録的な部分です。古代中国でも、老子が出現して文明を批判し、無為の道を説きました。

古代の賢者たちは人類の歴史を、

（1）人間が自然と調和して幸福に暮らしていた黄金の時代＝過去

（２）人間が原罪を犯して堕落し、そしてやがて滅びに至る時代＝現在
（３）神によって裁かれ、救われたものは天国に生きる未来（救われないものは地獄へ）

という、三分法によって区別しています。この歴史観には多くのバリエーションがあります。

確かに、この歴史観は多くの事実をよく説明しています。それは人類史の歩みを、少なくとも過去・現在については解明しているといってよいでしょう。しかし、私は、これまでの宗教や哲学、科学による人間の「原罪」の内容の説明が、どうも的外れというか、論点のすりかえというか、事実に即していないというか、何か根本的な欠陥があったように思うのです。

原罪は農耕・牧畜の出現にあり

旧約聖書では、アダムとイブがヘビの誘惑に負け、神によって禁止されていた知恵の木の実を食べたことに、人間の原罪が求められています。

この説には納得できません。ヘビや知恵の木の実が何を象徴しているのか、各人各様の無数の解釈がなされてきました。しかししょせん、旧約聖書のこの部分は浅薄な人間の誤解であって、それ以外の何ものでもありません。人間の原罪というべきものがあるとすれば、それは野生の木の実や草を食べることであるはずがありません。

原罪は、作物の栽培と動物の飼育に芽を出しているのです。農業と牧畜に、すなわち人間と動植物とのかかわり方の変化、変質にこそ、問題があります。

農業は二つの面を持っていると、私は思います。

一つは、動植物の生命創造のエネルギーを応用する、という面です。通常、世間ではこの面だけがクローズアップされてきました。二つは、作物や家畜以外の野生の生きものを邪魔物扱いにし、害虫、害獣、雑草、毒草などという名前をつけ、これらを抹殺してゆこうという側面です。これは明らかに自然の破壊エネルギーの応用です。旧約聖書の作者たちは、このことを自覚していたでしょうか。

聖書は神の啓示によってつくられたものだと、信者たちは信じています。私はそれはウソだと思います。なぜなら、それは最も肝心な、人間の原罪、楽園喪失の原因を何一つ示し得ていないからです。こんなものが、神のことばであるはずがありません。それは、盲目でおろかな人間の自己欺瞞(ぎまん)的心情の表現にすぎないのです。

日本人、日本民族には古来、「原罪」ということばも観念も育たず、また外来輸入されても、定着もしませんでした。日本人には、「バチ＝罰」ということばの方がしっくりきます。天が与える罰、「天罰」ということば、これが私たち日本民族にとって、原罪に相当しています。

このデリケートな違いは、明治以前の日本における家畜制度の機能の弱さから生まれているのではないかと、私は思います。そして、明治になって、政府が積極的に欧米から肉食と畜産業を輸入し、振興するようになってから、日本民族の伝統の深部からの変質もまた、始まったように思います。

石器・火の使用が肉食を促進

家畜制度というものを、改めてよく考えてみることにします。野生動物と家畜の違いはどこにあるでしょうか。誰でもすぐにわかります。

（1）食べ物の違い。すなわち家畜は人間によって、大なり小なりエサを与えられています。

（2）生殖の違い。すなわち家畜は人間によって、さまざまな程度で生殖を管理されています。それゆえ彼らは性の独立性を失い、人間に支配されています。

というわけで、家畜は食と性の二大生理を人間に支配・管理されており、自由と独立を失っています。

そして最後に、その帰結として、

（3）家畜は、生と死、それ自身を失っています。生も死も、自律性を失い、人間の思うがままに生かされ、また殺されています。

ということは、つまるところ、家畜はそれ自身としての価値を奪われている存在である、ということになります。人間の欲望の対象としての価値しか認められないのです。野生動物が家畜になるということは、実にこのようなことを意味しているのです。

栽培作物についても同じことはいえます。そして、家畜制と作物栽培とが結びついた時、人類の原罪、すなわち、天然自然の秩序に対する人類の反逆の軌道が確立されたのです。

なぜこんなことになってしまったのでしょうか。

私は、石器と火の発明応用に、その遠因があると思います。この二つの出来事によって、人類は哺乳動物の中で決定的な優位を占めることになりました。

ここで、私は自明すぎてかえって日常気付かないでいる事実を指摘したいのですが、それは家畜制の問題は、実は主として私たち人間がその一員であるところの、哺乳動物の中で起きたということです。

地上の生物の進化史上、哺乳動物は最後に出現しました。私たちはこのファミリーに属しています。

石器を発明した、直立二足歩行する私たち人間の祖先は、この破壊の武器を、哺乳動物の手近の仲間たち、しかもある程度大型で目標としてとらえやすい仲間たちに向けました。この武器は、トラやライオンのキバよりも強力なものとなっていきます。火の発明は、人間の使用する破壊エネルギーをさらに強化しました。

石器と火の使用を背景にして、人類は莫大な潜在的エネルギーを手に入れ、これをどのように使うか、すなわち、天然の秩序との調和の道か、それともその破壊の道か、いずれかという重大な岐路に、私たちの祖先は立たされたのです。

「石器時代」というと、何か未開野蛮時代のように連想する先入観がありますが、それは大きな間違いです。野生哺乳動物の側から見ると、石器人の出現は、恐るべき脅威、異変として受けとられたでしょう。そして、人類の原罪はここにすでにはらまれています。

しかし、人類は石器と火のエネルギーの破壊力を自省し、自戒することもできました。この道をたどってゆくと、太古の人類の文化としてのアニミズム、汎神論的世界観が花を咲かせています。狩猟・肉食を自ら節制するという文化です。

これと逆の道は、肉食へののめり込みです。石器と火で武装した肉食哺乳動物への道です。この線上で、一部の地域の人類はついに、大型の草食・群生の野生哺乳動物の家畜化に成功するわけです。

家畜制＝生命の退化

人類は、あえて「地獄」ということばを使うとすれば、ここで地球を地獄に転化させる道に入っていったと私は思います。

地獄は、あの世で人間を罰するための場ではないのです。それは、人類がつくり出している地球の現実そのものなのです。地獄とは、人類によってしいたげられている動物たちの苦境そのものなのです。

石器と火で武装した人間は、確かに、野生動物を家畜として飼育し、また、役に立たない動物を絶滅に追い込んでゆく力を持っています。しかし、この「力」とは何か、を考えなければならないでしょう。

それは、地上で何千万もの種をつくり出してきた「力」とは逆のものであることは明らかです。生命を進化させる創造の力ではなく、逆に、せっかく地球という大地の母がここまで育ててきた生命を破壊してゆく、退化の力です。

家畜化はつまり、人類が生命退化の力を発見・応用した結果であると、私には思えるのです。地獄とはつまるところ、人類のつくり出した、生命が退化してゆく状態だと定義してもよいでしょう。

さて、人類学者たちの研究を本(もと)にして、家畜制度発生のあたりをもう少し詳しく考えてみることにします。

最古の家畜は、犬であるとされています。犬は人間の助手・番犬として、狩猟犬として現れています。狙われたのは群生する大型・中型の草食哺乳動物です。馬、シカ、牛、羊、山羊などの群れです。この群れをひとまとめにして捕まえようというのです。

そのためには、人間はこの群れの生態を観察しなければなりません。そこには、

①リーダーがいます。
②母と仔がいます。
③成長したおとなたちがいます。ここには、若いものと年寄りたちが含まれます。
④しかし、群れの一番の弱い部分として、生まれたばかりの赤ん坊とその母がいます。

どこを狙えばいいでしょうか。

二つあります。一つは、最も弱い部分としての、生まれたばかりの赤ん坊です。二つは、最も手ごわい存在としてのリーダーです。

群れを家畜化する方法は、二つの手口から成っています。一つは赤ん坊を捕まえるのです。これが一番容易です。そしてそうすると、母親がついてくるのでこれも捕まえます。二つ目の手口は、リーダーを殺すか、または捕まえて去勢することです。すると彼はおとなしくなります。

この伝を発展させてゆくと、何千頭もの羊の群れをごくわずかな人間と牧犬とで支配することができるようになります。

ネコ科の肉食哺乳動物が草食動物を捕らえるやり方はどうでしょうか。トラやライオンは、馬やシカの大群の近くに、親子数頭の群れで生活しています。時々後者の群れを襲いますが、そのリーダーはすぐ気付いて逃げます。群れは一斉にそのあとを追って逃走します。逃げ遅れた年寄りの個体が一頭か二頭捕まり、トラに食べられますが、それでトラたちは満腹して、一週間か十日くらいはおとなしくしています。

これで、お互いの食み合いの秩序が保たれているわけです。

人間が馬や羊の群れを根こそぎ家畜化するやり方は、トラやライオンの狩りのやり方から全く変形しているのです。今の人間は、ネコ科の動物を「猛獣」などと名付けているのですが、これはお笑いというものです。今日の人間の方が、比較にもならぬほどの肉食猛獣なのですから。

自然との共存から支配へ

家畜制の出現によって、この地上で何かが根本的に変わりました。

人間は、家畜という「財産」を所有することになったのです。ここで人間と自然の関係が、自然との共存、共尊から自然征服へ変質し始めたのです。この変質はまだ芽を出したばかりです。しかしこの芽はどんどん成長してゆきます。

家畜という「財産」所有者になった一部の人間の関心は、この財産を守り、増やすことに集中していきます。人間の精神の変化が見られます。

彼らにとって、自然は共存すべきものでなくて支配するもの、対決すべきものとなり、戦争の相手、目標となります。自然には、それ自体で独立した価値が認められなくなります。それは、人間の所有財産となって初めて価値あるものと認められるのです。

何千年もの間、家畜制度にどっぷりとつかってきた民族では、こうした自然征服的考え方が骨のズイまで人々の中にしみ込んでいることに気付きます。

地球の自然を人類の「共有財産」としなければならない、などという人々がいます。私はこのことばを、『エコロジー・ヒューマニズム』という西ドイツの「緑の党」関係の著作(日本語訳)の中に発見して、本当にびっくりしました。この本は、資本主義と社会主義を超える第三の道を目ざすシュタイナー学派の人々の意見をまとめたものだそうです。

エコロジストを自称し、他称される人々の中でも、むしろこのようなヒューマニスト、人類独尊主義者が多く目立つことに、私たちはいやでも気付かされます。

例えば前述の著作を通読してみても、私はその中に、家畜制と肉食の問題に触れているセンテンスを、ただの一ヵ所も発見することができませんでした。彼らにとって家畜制度は空気のようなもので、是非の議論は対象外になっているようです。このような精神状態から、「地球は人類の財産である」などということばが自然と出てきてしまうのです。「自然保護」という、いやなことばがあります。私はそれが大嫌いです。人間の財産としての自然を保護するというところから生まれたことばでしょう。もちろん、この「所有」と「所有欲」に人類の原罪を認める多くの聖者たちが出現し、私たちに所有欲から脱却すべきことを教えました。

しかし、せっかくですが、私にはこの人々の教えは現象的な対症療法の一つにすぎないように思われます。なぜなら、彼らは肝心要の、私たちの毎日の暮らしの中に定着している所有欲の発生源、家畜制度を明確に否定していないからです。

いや、もしかすると彼ら聖者たちは生存中はそう教えたにもかかわらず、後世、その教えがまるごと偽造されてしまったのかも知れません。

人類の歴史を考えると、私たちは、家畜制度で武装された集団の威力が地球全域を征服してゆくプロセスとして、世界史をとらえることができます。

一馬力ということばがあります。これは一頭の馬を使役した時の力を基準としているのですが、人間一人の力は、大体十分の一馬力に相当します。家畜を持たない非力な人間集団は、滅ぼされたり、また、奴隷化されてゆきます。家畜制が、人間社会の中に持ち込まれてくるのです。

何千頭、何万頭もの家畜を所有している牧畜民族は、このシステム、管理のノウハウを、人類それ自身の中に応用するわけです。そしてそのためには、武器を発達させる必要が生じてきます。

野生動物を家畜化させるのと同じやり方を、家畜所有人たち、牧畜民族は、近隣の非牧畜民の集団に適用します。そしてこのプロセスから、人類社会の内部に、筆舌に尽くしがたい悲惨な奴隷制が生まれてきたわけです。

野生動物に向けられた破壊の武器、石器、そして弓と矢は、動物をあらかた征服してしまったあと、同胞である人間それ自身に向けられることになりました。そしてそれから、私たち人類の歴史は戦争に次ぐ戦争、絶え間ない戦乱のエスカレーションです。

地上の何千万という種の中で、人類のように仲間同士で大規模な殺し合いを組織している、おろかではた迷惑な種はありません。つまり、人類は天然自然の生命秩序に逆らっているのです。

その原因、その起点は、石器による肉食と、その延長線上での家畜制度にあります。人類は、地球全体に侵略戦争をしかけているのです。人類もまた地球の子であり、地球の自然の一構成部分ですから、この戦争は人類それ自身にも向けられます。人類が人類自身の命を根絶やしにしようとして、戦争しているのです。こうなると、もう人類の発狂としかいいようがありません。

私は、「たたり」ということを真剣に考えざるを得ません。人類が滅ぼしてきた野生の動植物、また、人間の道具にさせられている家畜たち、栽培作物たちの達成されなかった無量の命が、私たちにたたり、私たちの精神を狂わせているのではないかと、私には思われるのです。

「山川草木、一本の草、一匹の虫といえどもことごとく成仏するまでは、我れもまた成仏せじ」という日本仏教の解釈は、もしかすると私たち人類が救われるための、核心的な現代の教えなのかも知れません。

第三章　家畜制度の歴史

家犬の登場

現代は、ヨーロッパ式の「科学」の全盛時代です。「科学」とはつまり、分科・専門の学であり、とめどもなく学問が細分化してゆく時代です。

しかし、どうしたことか、家畜制度とか、その歴史とかいった問題については、専門の学者はごく少ないのです。これは奇妙なことでもあり、また、何となく納得できる気にもなります。

学者、といっても、人類学者、考古学者たちは、彼らの研究の片手間的な仕事として、人類史における家畜制度の発生のテーマを追究してきました。その結果、最古の家畜は犬であるという定説ができました。今のところ、一万年から一万数千年前の間、古代オリエント、中央アジアといった地方で、犬の家畜化か始まったというのです。

学者たちの推測、仮説では、狩猟人たちの食べ残しの肉を求めてやってきた家犬の祖先たちが、人間の狩猟の助手の役割を果たすようになり、野生から家畜への道へ進んだ、というのです。

この仮説はもっともらしく説明しており、まず、事実はこんなところだったのでしょう。最古の家畜は、狩猟犬だった、というわけです。

このへんのところにも、多くのテーマがはらまれています（例えば、人間の助手にならなかった狼のその後の絶滅の運命など）が、省略されています。

ただその結果として、石器で武装した狩猟人の力、野生草食哺乳動物を捕まえる彼らの力がさらに飛躍的に増強されたということは自明のところです。犬を従えることによって、狩猟人たちは、野生動物を支配する決定的優位を占めるに至った、ということができます。

そしてこの状況から、人間の意識に一つの変化が生じたと私は思います。つまり、トーテミズム、アニミズム的世界観が内部から崩れたのです。ここに、原初的なヒエラルキー、階級制度の意識が生まれるのです。

狩猟人→家犬・狩猟犬→狩猟の対象としての野生動物、というヒエラルキーです。この関係は、その後の一万年余の人類史の中で、形を変え、複雑化したとはいえ、一貫していたのです。

牧畜革命

家畜制度の第二段階は、人類学者のいう、約一万年前の古代オリエント一帯での新石器革命、農牧革命と同時に始まります。新石器とは、石器をつくる技術の大きな発展の産物だというのです。これによって、より鋭い破壊力をもった石器がより早く、より大量に、そして経済的に（より少ないコストで）つくられるようになったのだと学者たちはいいます。そしてそのために、農業、牧畜革命が起きたのだというのです。

この説明を、とりあえず、妥当なこととして受け入れましょう。

このようにして莫大な破壊力を手に入れた狩猟人たちがいかにして群生大型・中型草食哺乳動物を家畜化していったか。このプロセスは、多くの仮説をつみ上げて、説明していく他ありません。犬の場合と本質的に異なるのです。犬はいわば、ある程度は、自発的に人間にエサ（食べ残しの肉）をもらうことの代わりに狩猟の助手となったといえます。

これに反し、馬や牛、羊には、およそ、自発的に人間の家畜になる動機がありません。自発性はひとかけらもないのです。したがって、人間は馬や羊の意志に反して、家畜となることを強制したわけです。この当時の人間には、強制する力と意志があったのです。人類史で大きな役割を果たした家畜は、牛、馬、羊、山羊、ブタの五種であることは周知の事実ですが、このうち、牛と馬は目方、かさからいって人間よりずっと大きく、数倍です。力もそれに比例しています。彼らを家畜にするためには、単に生け捕りにするだけでなく、そのあとの複雑な支配と管理のシステムを発明しなければなりません。

馴化（じゅんか）、ということばがあります。野生の牛や馬を家畜として飼いならすことをいうのです。家畜化の成否は、第一に「食」、第二に「生死」の人間によるコントロール、つまり逆にいえば食と性を家畜から人間の手に奪いとること、そして第三に人間による家畜の子供の教育、訓練のシステムにあります。

このことを牛や馬の種社会の立場からとらえ直してみると、どうなるでしょうか。

今西綿司先生は、ダーウィンの進化論を批判して、「今西進化論」を提示されています。そしてその中で、「種社会」というものについて強調されています。私はこの「種社会」と家畜化の関係という問題（これは今西説では説明されていないのですが）を解く必要があると思っています。

家牛（家畜化された牛）は、一体野生の牛の種社会の中で、どんな位置にあるのでしょうか。

人間は、野生の牛や馬、羊、山羊などをほとんど滅ぼしてしまいました。残っているのは家牛、家馬のみです。つまり人間は、それぞれの種全体、種まるごと、家畜化したのです。そういうことが起きてしまったのです。家牛は、野生の牛と同じ種でしょうか、それとも、別の種に変わったのでしょうか。遺伝子のレベルでいえば、両面は同じものかもしれません。しかし、大局的にみると、両者は別のものとしかいいようがありません。

何よりも、家畜には、「種社会」としての自律性、独立性が欠けているのです。飼い主としての人間に、生殺与奪の権を握られています。生かすも殺すも、人間の思うがまま、人間に隷属しています。

奇妙、奇怪な存在です。

種社会の独立性を破壊されています。人間という種社会の付属物なのです。

騎馬民族の出現

こうして、地球の生態系は、真二つに分裂しました。分裂させられたのです。

つまり、家畜所有人間という一つの種に隷属し、その家畜、あるいは栽培作物として生きのびることを辛うじて許される生きものと、いつ人間によって滅ぼされるかわからない野生の動植物に。

そして、人間社会それ自身が二つに分かれました。つまり、家畜を所有しているがゆえに、そのパワーを爆発的に増大させた集団と、家畜を持たないために、自分自身がいつ家畜的人間にされてしまうかわからない運命の集団とに。

人類という一つの種、それ自身が家畜制度の定着化によって分裂した、と私は考えています。人類史にとって、そして人類の現在にとって、このこと以上に重要な問題はないと私は思うのですが、にもかかわらず、今日まで宗教も、哲学も、科学も、文学芸術も、この点について知らん顔をしているのは不思議なことです。

家畜制度の第三段階は、騎馬民族の出現であると私は思います。

鉄器を使用するようになってから、もちろん、遊牧、牧畜民族にも鉄は入ってきます。そして今から三千年ほど前、中央アジアの大草原地帯の西端で、鉄製のくつわ、あぶみなど一連の乗馬のためのテクノロジーが発明されました。これによって、初めて人間は、馬を自由自在に乗りこなすことができるようになりました。

鉄製の刀剣で武装し、幾千頭の馬に乗って一日二百キロも、三百キロも移動する騎馬民族の軍団が中央アジアに誕生したのです。彼らはユーラシア大陸のすべての地域に侵攻して、武力征服国家をつくりました。日本列島には、四、五、六世紀頃にこの侵略の波が押し寄せて、征服者たちがあの大古墳をつくったことは、今では日本史の常識です。十五、六世紀には、ヨーロッパの騎馬軍団が中南米に上陸して、征服国家を打ち立てました。

今日の米ソの姿は、三千年前に中央アジアに出現した騎馬軍団のいわば、どんづまりといえます。日本民族の血の中にも、いくらかはこの血が入っています。時にはそれが爆発して、あるいは戦国時代となり、あるいは明治、大正、昭和に至る百年戦争の時代となるのです。

これは私見ですが、ユダヤ教起源の一神教を生み出した最も深い心理的源泉は、家畜制度にあります。人間と家畜の関係のアナロジーで神と人間の関係、神とキリストの関係、教会と信者の関係の論理がつくられています。

他方では、この一神教を信じない異教徒は、野生動物にたとえられています。だから、一神教の教会にとって異教徒は、絶滅させるか、信者＝家畜にするか、二つに一つということになるわけです。

旧約聖書の創世紀は、数千年、あるいは七、八千年にわたって古代オリエントで成長してきた家畜制度のイデオロギーの全面展開であると私は思います。この見地から、旧約聖書を批判し、その毒から人類を治すこと以上に今日緊急で重要なことはないと思います。

家畜制度のイデオロギー

家畜制度成立のイデオロギーについて、少し詳しく述べてみましょう。

まず第一にくるのは、人間が自然と断絶するという重大な結果です。人間は自然の一部であるにもかかわらず、家畜制度をつくり、それを固定化させることによって、自ら自然とのつながりを断ち切ったのです。いうまでもなく、このつながりは、人間が勝手に断ち切ろうとして断ち切れるものではありません。しかも家畜を所有する人間は、それにとどまらず、逆に自らの生みの親としての野生の自然を敵視するイデオロギーをでっちあげました。

自然征服のイデオロギー、自然を征服する戦争のイデオロギー。これが第二の結果です。人間が家畜化した野生動物の種類はきわめてわずかですが、この実践をバネとして、家畜所有人類は、地球および宇宙全体を敵にまわす戦争状態に突入したのです。これは人類にとって絶望的な戦争です。勝ち目はありません。

第三は人間が自然を「財産」とする見方の出現です。家畜は、人間にとって最初の「財産」であり、利子を生む最初の「資本」だったのです。そしてこの利子の源泉は家畜の生殖行為そのものです。人間はこの生殖をコントロールし、自然の生殖のリズムとテンポを増大させることによって、家畜財産からより多くの利子を手に入れようとします。これは人間による地球の生態系破壊の始まりでした。

第四は、家畜制度を人間社会そのものの中に導入することです。ここから、人類社会の分裂、征服者と非征服者への分裂が生まれ、限りない悲惨と悲劇、苦しみが、そしてそれと共に、呪いと憎しみ、復讐(ふくしゅう)心、怨念もふくれあがってきました。

しかし何よりも致命的な結果は、人類社会の中での戦争行為の定着です。私見によれば、人間の人間に対する戦争の真の原点は人間の自然に対する戦争であります。そして後者の出発点は、家畜制度にあります。家畜制度とはつまるところ、人類がその一員であるところの哺乳動物の一大ファミリーに対する宣戦布告であると私は考えています。

何とまあ、グロテスクな光景でしょうか。

哺乳動物社会への宣戦布告。そして人間の奴隷となることを拒否する種は皆殺しにする。奴隷として受け入れる種は捕虜とし、捕虜収容所に入れ、人間に都合のよいように改造してゆく。ここから先に進むにつれて、人間は自分を動物から切り離し、全智全能、宇宙の絶対的な支配者としての神の座に押し上げてゆきます。

そして逆に、自然全体を人間の奴隷にしようとします。

ユダヤ教とヘレニズム（古代ギリシア文明）を二本の柱とするといわれているヨーロッパ文明は、このようなイデオロギーの完成者であり、チャンピオンであります。

自然への宣戦布告

自然全体を人間の奴隷としたい、という願望。これこそ、私はまぎれもない、現代のヨーロッパ式科学の秘密であると判断しています。

家畜制度はまず、哺乳類全体に対して、絶滅か、それとも人間の奴隷となるか、という二者択一をつきつけました。次に人間は、動物界全体、植物界全体に対して、この二者択一をつきつけました。

そして、鉱物界に対しても同じことがなされています。

最後に微生物界です。

現代のヨーロッパ医学が、細菌の発見と、病気の原因を病原菌に求める方法論の上に確立されていることは、すべての人が知っています。この段階で、人間は、微生物をも家畜化しようとするわけです。

微生物全体を敵として宣戦布告したのです。これが現代の欧米式医学の正体です。今日流行の分子生物学と、遺伝子工学なるものは、生きとし生けるものすべてをひっくるめて、人間の家畜・奴隷としたい、という願望の表現であると私は考えています。今西錦司先生は、遺伝子工学などは、天につばするようなものだ、と説かれています。やがてそのツケが人間にまわってくるということです。

私は、今、人類が家畜制度の第五の段階（第四段階は、一神教という形での家畜制度普遍化のイデオロギーの完成にあると私は考えています）に入っていると思います。これは、二百年前のヨーロッパにおける産業革命と共に始まりました。

産業革命は、蒸気機関を動力とする機械制大工場システムの発明によって可能になったのですが、まず石炭採掘の領域に導入され、次いで繊維工業、それから鉄道、製鉄などの重工業、化学工業に波及しました。そして十九世紀の末には、主として米国で、農業にもこの産業革命の波が押し寄せてきたのです。

米国では、畜産業への機械制大工場システムの応用が、世界にさきがけて行われました。飼育から屠殺（とさつ）、精肉に至るプロセスが機械化されました。これによって食肉のコストが低下し、大量供給が可能となり、一般庶民に至るまで、日常の食卓に肉が提供されるようになったわけです。

世界の先進工業国は米国のあとを追っています。

つまり、「家畜の機械化」ということが今日の第五段階で、テーマになっているのです。

機械とは一体何でしょう。

米国の有名な歴史学者、ルイス・マンフォードに、『機械の神話』という著作があります（日本語訳は河出書房新社）。この本は私の愛読書の中の一つですが、マンフォードは機械の発生を、上から下への命令の伝達システムに求めています。

機械は、死物です。

機械は、生命機能の一部のイミテーションですが、しかし生物ではありません。生物の場合は、病気やケガをするとそれを修復する機能が働きますが、機械は死物ですから、故障したらそれきりです。今日の工場制の畜産業は、家畜を死物としての機械に転化しきってしまおうというものです。

「家畜の完全監禁へと向かう雪ダルマ式の拡大傾向」（ジム・メイソン、ピーター・シンガー著『アニマル・ファクトリー』現代書館、一八五頁）が云々されています。西側先進工業国におけるそのスピードは、恐るべきものです。動物工場に収容された、にわとり、ブタ、牛などは、一生を暗い、身動きのできない狭いオリの中で暮らすことを強制されています。成長促進のために、ホルモン剤を注入されています。

これは、しかし家畜の世界だけのことでしょうか。人間自身の今日と明日の運命をそれは予告してはいないでしょうか。私は、人間の自己家畜化の状況については、第五章で詳しく述べます。人類の家畜化とは、ヒトという一つの種社会が内部から自己崩壊してゆくプロセスでもあります。

家畜制度を全廃する以外に、このプロセスから逃げる道はない、と私は思うのですが、この認識は、私たちが家畜制度の歴史を真剣に研究してゆく中からおのずと生まれてくるでしょう。

第四章　西洋と東洋の家畜との関わり

牧畜と農耕

西洋は、遊牧、牧畜の優越した社会であるといえます。このことは多くの人が一致して認めるところであり、定説として採用されています。家畜制の影響は、西洋社会のすみずみまでいきわたっているといわれています。私は西洋で実際に生活した経験がないのですが、文学・芸術など、これまでの見聞から納得できる説です。それに対し、日本を含む東洋は、農耕社会の性格が強いと学者はいいます。

人類学者たちは、いわゆる新石器革命、農牧革命後に、狩猟採集経済から脱け出した人類社会が、その土地の地理的条件の違いから、牧畜民族と農耕民族の二つに分化したといっています。

日本では、京都学派の学者たちが、この視点から、ユニークな生態史観を展開しています。

牧畜民族の本場は、もちろん、ユーラシア大陸の中央部の大草原地帯です。「東洋」というのは、この中央大草原と高原、山肌一帯の南側を指しています。

中国とインドは、東洋の主要部分ですが、この二つの地方でこそ、実のところ、農耕民族と牧畜民族の四千年にわたる攻防の歴史がくり広げられてきたのです。

日本史の特徴

学者の研究によれば、紀元前八〇〇年頃、中央アジア草原地帯の西端で、騎馬民族（鉄製の乗馬用道具を完成させ、鉄製の刀剣で武装した一大軍団）が出現したこと。そしてここから出発した武力征服の波が、数百年のうちに全ユーラシア大陸に及び、そして朝鮮を通って、三、四世紀には日本列島にも到達したことが証明されています。つまり日本にも、牧畜民族の血が入り込んできたわけです。

中国史は、牧畜民族と農耕民族の相克闘争の歴史として描写されていますが、日本史はどうでしょうか。

この根本のところで、日本史は中国や朝鮮と異質なのです。つまり牧畜民族、騎馬民族の与えた影響がずっと弱々しいのです。鎌倉時代に、蒙古が日本占領に成功していたとしたら、おそらくは日本にも大量の牧畜民族の影響が導入されたでしょう。

日本史における騎馬民族の影響は、古墳時代、奈良時代、そして平安時代の初期までの五、六百年の間にきわめて顕著に見ることができます。しかし、平安時代の四百年の間に目を見張るような平和的変化が生じました。このことは、すべての日本人がよく知っているところです。

京都の天皇も貴族も、著しく女性化し、非軍事化されたのです。仏教は、空海と最澄によって日本化への一歩が踏み出され、民族の中に浸透してゆきます。殺生禁断の教えが定着してゆき、以後徳川時代の末期まで、一千年にわたって日本人はほとんど家畜の肉を食べることをしなくなりました。

家畜としては軍馬だけが制度として定着しました。牛車が貴族用の乗りものとして使われましたが、いつの間にかこれも廃れ、何と、駕籠(かご)が発明され、徳川期まで日常に使われていたのです。

弥生期に水田稲作農耕が始まり、日本列島は二千年余にわたって、徳川期まで権力農耕社会に入るのですが、この間日本人の食生活は植物性のものがほとんどで、たまに魚を食べ、ごくまれに野生の動物の肉を食べる、といった内容だったのです。

おそらく、この間の日本列島は、世界でも稀な純農業社会であったといえます。この点で日本は中国大陸と遠く隔たっていったのです。ただし日本が東南アジア地域と異なるところは、一度騎馬民族の征服を経験しており、逆に、これを原住民的なものに吸収同化した、ということだと私は思います。いわば、騎馬民族の攻撃に対して、一種の免疫をつくることができたのではないかと思うのです。

日本原住民による征服者の同化吸収

日本は、中国のみならず、インドからも多くの恩恵を与えられています。古代インドの思想と宗教は、森の思想、森の中で育った思想と学者はいいます。砂漠の思想としてのユダヤ教起源の一神教と対比して語られています。

このインドに、四千年ぐらい前から、遊牧・牧畜民族のアーリア族が侵入してきました。その結果、インドに特有のカースト制度が定着しました。原始仏教には、このカースト制度への反逆、カースト否定の要素が歴然と存在しています。のみならず、仏教には人類独尊を超えた、万類共尊への志向さえも芽を出しています。中国、朝鮮、日本へと伝わってくる中でも、この芽は死にませんでした。そしてそれは、平安仏教と鎌倉仏教の五つの宗派の形で結実したと私は思います。

中国では、道教と仏教は習合しています。そして日本でも、老荘哲学と仏教は見分けがつかないまでに一つに融合しました。

重要なことは、禅が武士階級に定着してゆくことによって、人殺しを業(なりわい)とする職業、軍隊の中に、ある種の変質が生じたということです。これはやがて、日本化された武士道として完成されてゆきます。

ここで天皇と日本歴史の関係の問題について、触れてみたいと思います。

天皇の起源が古墳時代に発しており、そして江上波夫東大名誉教授の説かれるように、朝鮮半島経由の騎馬民族征服説の正しいことは、今では学界の常識です。日本史の特徴は、日本の原住民が長い時間をかけて、この武力征服の波を吸収同化してしまった、というところにあると私は見ています。

確かに天皇家の起源は、多くの学者が指摘するように、百済(くだら)、新羅(しらぎ)、高句麗(こうくり)の王朝にあります。しかし日本原住民の女性は、天皇家に入り、そして天皇家を日本原住民の血の中に同化してしまったのだと、私は指摘したいと思います。ここに、私たち日本人が天皇家に感じる親近感の秘密があるといえます。

私は、このようなことが起きたのは、結局徳川期に至るまで、日本に家畜制度が定着しなかったからだと思うのです。

日本とヨーロッパ

七世紀、アラブの砂漠、オアシス地帯にイスラム教が起こりました。それから、同根のキリスト教との間に延々と今日まで続く、地上と霊界の覇権争いが始まりました。最初の数百年はイスラム教が主導権を握りましたが、次にはモンゴルが勃興し、イスラム教、キリスト教のいずれも大きな打撃を受けています。モンゴル帝国が短期間のうちに姿を消したのち、キリスト教はイスラム教に追いつめられ、そして起死回生の大博打(ばくち)を打ちます。これがポルトガル、スペインに始まる、いわゆる大航海時代です。

日本は十六世紀に、このヨーロッパキリスト教の侵入に直面しました。そして結局、幕末の長州、薩摩の対仏、対英戦争の敗戦の結果、日本への欧米キリスト教科学技術文明の侵入が全開となったわけです。

それは食生活を一変しました。牛肉を食べることが、今や時代の最先端をいくかっこいいことになりました。家畜を飼い、家畜の肉や牛乳を食生活に取り入れることが、生活の向上の大目標となったのです。明治以降の日本の欧米化の中で、家畜制度の定着こそ、最も重要な側面であると私は指摘したいのです。

ある意味では、縄文以来の日本列島原住民の伝統の根源が、家畜制度を基礎とする欧米文化の流入によって破壊されたとさえいえるでしょう。

明治以前と以後とでは、日本民族のすべての面について、変質が生じているのです。この点をよく考えることなしに、安易に日本史を語ることはできません。日本はこの百数十年、すでに欧米の軌道の中に力ずくで組み込まれてしまっているのです。

私たち日本の原住民、庶民は、これまで「負けるが勝ち」「長いものには巻かれよ」「柳に風」という流儀で、うまくやってきました。欧米文明についてもこんな具合にやってきました。

日本は、欧米に力ずくで対抗しようとして百年戦争を続けたのち、広島、長崎の原爆で旧式日本軍国主義は消えました。今（当時）私たちは、経済の面で欧米に戦争をいどみ、調子よく連戦連勝しています。しかしこのことは同時に、日本列島のすみずみまでの欧米化、自然破壊の進行をも意味しています。

この事実がいや応もなく、私たち日本人の反省を生み出します。

欧米文明への批判と反省

私たちはこの百数十年、欧米とつき合い、欧米を研究し、欧米をモデルとして学び続けました。今や私たちは、欧米を十二分に知りつくした上でこれを卒業してもよい汐時(しおどき)です。そして私は、欧米的なるものの根底に、家畜制度を見るべきだと思うのです。

欧米は科学です。

科学が欧米に地球を支配する力を与えました。そして事実彼らは、(日本も今はその一員となっています)科学によって地球を支配していますが、この支配の結末は、実は地球の命の破壊です。欧米の科学とは、実は破壊の科学、死の科学であることが、余すところなく実証されています。

だから私たちは、この科学を改革して、生命の科学、創造の科学をつくり出し、復活させようとしています。なぜ欧米からこのような死と破壊の科学が生まれるに至ったのか、という大問題を問い、そしてこれに正しい解答を出す必要があります。

欧米文明は毒を放射しています。私たち日本民族も、この毒を存分に吸収し、また自ら毒を発しています。明治の初め以来、多くの日本人がこのことに気付き、また警告してきました。そして日本の良き古き伝統を復活させ、よみがえらせることを説いてきました。私はこうした先駆者、先輩たちの業績をふまえて、家畜制度全廃論を唱えているわけです。

教育の欧米化

今、日本では「教育問題」がクローズアップされています。世界でも一、二を争うほど完備されたといわれる日本の教育制度が、どうもおかしい、ギクシャクする、日本人のからだに合わない、改革しなければならない、という声、そして暗黙の中での叫びが満ちあふれています。

いうまでもなく、この教育制度は明治初年以来、欧米から輸入して、日本が国力を懸けて営々として築きあげたものです。

欧米の教育は家畜の訓練、飼育とよく似ています。欧米の教育の出発点はキリスト教会による信者の教育にあるのですが、これがそもそも家畜の飼育、調教と似ています。

日本の伝統的な教育方法は今日でも、落語家や日本舞踊、華道、茶道、武道、歌舞伎、能などの中に生き続けていますが、これらは公式の教育システムから全く排除されています。ここでは以心伝心というように、心を伝えようとしています。つまり、この日本の伝統では、師と弟子の基本は、先達と後輩の関係であり、その間に濃密な仲間としての意識が熟成されるのです。そして何よりも、神々しい自然の美へ到達しようという共通の意志の存在が前提されています。そしてそこからおのずと、先進と後進の間の礼儀というものがにじみ出てくるものとされています。礼が大変重要視されます。

欧米式の教育はこれとは全く異質であることは、皆よく知っています。それは知識の切り売り、知識の詰め込み、ということにつきます。

近代日本の百年は、教育の面でも欧米の物まねをして優等生になりました。その結果、学校の荒廃、特に教師と生徒のとげとげしい敵対関係が全開状態になってしまったことは、今ではすべての日本人が知っています。教えられたことは覚えるものの、生徒、学生たちから創造エネルギーが衰退していることを、多くの関係者が嘆いています。

日本列島での家畜の定着

日本の農業は長い間、大規模牧畜には向かないといわれてきました。日本の生態系では牧草地が少ないからです。戦後米軍の占領政策の一部として、米国産の小麦を日本人の主食メニューの中に組み込むように指導され、学校給食がすべてパンと牛乳主体に組織されました。科学者もパンと肉、乳製品が栄養学的に理想であることを宣伝し、農林省も酪農を奨励しました。その結果は無残な日本農業の破壊です。

このように官財学界および民間が一致協力した形で、日本民族の食性を欧米型に変える運動が四十年近くも進められました。そのため、私たち日本人の食は、そして農も、二千数百年前の縄文から弥生への大変革に次ぐ、根底からの激変のプロセスにあります。

家畜の肉を食べることが、私たち日本人の日常の生活の中に、しっかりと組み込まれたのです。

乳児の授乳についても、加工牛乳が政治家や学者から推奨され続けた結果、今や人工栄養・加工牛乳によって育った乳児が七十パーセントに達しているそうです。母乳で育てることが、奇人・変人扱いにされかねない社会になろうとしているのです。

確かに「家畜制度」は、日本列島に今初めて定着しようとしています。これは日本民族の伝統、いや日本列島の自然、生態系の根本的変質といってもよいのです。そしてこの道程は、わずかこの二、三十年の間に進行したのです。

日本人は今、三つのタイプに分解しつつあると、私は指摘したいと思います。

一つは、家畜制度になじまず、日本古来の民族的伝統に生きている人たちです。

二つは、欧米型の家畜制度になじみ、それに同化してしまっている人たちです。

三つは、両者の間にあって、どちらの要素も矛盾のうちに持っているような人たちです。

欧米型の家畜制度になじむということは、欧米型の自然観、すなわち自然征服思想、自然との対決のイデオロギーを身につける、ということを意味します。野生の動物や植物を敵視し、抹殺してゆく自然観を血や肉にしてゆくということでもあります。

私が日常、特に強くそれを感じるのは、地方自治体が道端の「雑草」に除草剤を振りまいて殺している、という最近の世相です。こんな感覚は、日本民族の歴史の中で未だかつてなかったことです。

確かにかなり深く、日本は西洋に組み込まれました。日本は東洋の一部であるよりは西洋の優等生です。

ニヒリズムの病を治す道

私たちはこの百数十年、西洋を懸命に学んできました。すべて西洋化することが、私たちの理想であったのです。この目標は達成されました。

しかし今、気がついてみると、西洋文明は没落しかけています。西洋の文明は自然破壊と死の文明であることが、地球上の心ある人々によって自覚されています。

西洋文明の最後のことば、それはニヒリズムです。ニヒリズムは、生の意味の喪失、生の無意味化のプロセスであるといえます。広島、長崎以降の世界史は、ニヒリズムの蔓延(まんえん)の時代であるともいえます。ニヒリズムは人類の死に至る病気ですが、この病気を治すには、病の根源を見きわめねばなりません。

私はそれは人類独尊という病、ヒューマニズムという病であると思います。そしてそれは、家畜制度によって生み出され、日々促進されているのです。なぜなら家畜制度を媒体として、人間は動物界全体に宣戦布告しており、不断の戦争状態にあるからです。ひいては人間は、自分自身を含む地球の生命全体に対する永久戦争状態にあるのです。

私たちは地球に対する侵略戦争をただちに停止する道を求めています。そしてそれは、どうしても家畜制度全廃論にいきつかざるを得ないと私は思います。

第五章　人間の自己家畜化と人類の退廃

小原教授の学説

小原秀雄女子栄養大学教授（動物学・人間学）は、一九七〇年頃から、人類の自己家畜化の現象に注目していました。『自己家畜化論』（対談、小原秀雄・岩城正夫、群羊社）の中で、小原教授はこのテーマを初めて詳しく説明しています。

形態的に今日の人類が家畜化しているのではないか、という指摘はすでに欧米の動物学者たちが数十年も前から行ってきました。性行動や食べ物の家畜化。そして「われわれの形態が家畜に非常に似ているということは、人類学者はほとんどみんな認めています」（二一八頁）

小原教授は、これらの現象をまとめて、一つの壮大な説を立てようというわけです。ここでは詳しく小原教授の説を解説している余裕がありませんので、深く知りたい方は先に挙げた本を御覧下さい。

ローレンツとフロイト

　ノーベル生理・医学賞受賞者、コンラッド・ローレンツの『文明化した人間の八つの大罪』（日本語訳、思索社）という本は大変重要な著書ですが、これも人間の自己家畜化論のテーマと通じるところがあります。こうした研究が動物学者たちによって書かれていることに注目したいと思います。

　私はずっと以前から、二十世紀最大の思想家などと称されてきた、ジークムット・フロイトの学説について、何か大きな間違いがあるのではないか、と思い続けてきました。しかし、それにもかかわらず、フロイトの原父殺害についての「エディプス・コンプレックス」説なるものが、奇妙にもある種のリアリティーをもって世間に影響を与えていることは否定できません。さらにここに、去勢されることへの無意識の恐怖なるものが、フロイトによって指摘されます。

　私は今、フロイト学説についての、新しい一つの説明を用意したいと思います。フロイトが発見したという今日の人間の無意識、日常の表面的意識界から抑圧されて奥に秘んでいるもの。しかも性衝動と深く結びついている、この潜在意識の世界。それを抑圧することによって、文明なるものが成り立っているという、この無意識の世界。

私はこの正体こそ、人間による野生哺乳動物の家畜化と、そして人間自身の自己家畜化の過程であろうと思います。

中央アジアの太古の人間が、馬、牛、ブタ、羊、山羊の群れを飼いならそうとする時、最大の「敵」は、この群れのリーダーでしょう。なぜなら、このリーダーは群れの安全を守る責任を負っているからです。それゆえ、人間が群れをまるごと家畜化するために、リーダー（最も賢く、力強く、経験の豊かな壮年のオス）を処分し、排除しなければなりません。そして、人間がその地位にとって代わるわけです。

私は「原父殺害」という人類の原罪についてのフロイトの説は、実は野生の羊、牛などの群れのリーダー殺害という事実のすり替えではないか、と推測するのです。もちろん人間は本物のリーダーを処分して、自分自身をリーダーに見せかけるのですが、果たすべき役割はまるで逆のものです。野生の羊のリーダーの役目は、自分の群れの安全を確保することですが、見せかけのにせもののリーダーとしての人間は、野生の動物の群れの自律性を奪い、野性なるものすべてを滅ぼし、ひたすら人間の思うままに動く道具としての家畜をつくり出そうとするわけです。

家畜の性の支配

哺乳動物は、私たち人類がそこに属している大きな一つのファミリーですが、家畜化とは何よりもまず、文明的人類の哺乳動物世界に対する全面戦争として始まったという意見は、すでに述べました。

この戦争は、約一万年続いています。そして私たち人類は、野生動物に対する戦争をやっている間に、自分自身も家畜化するプロセスに入り込んでしまったわけです。

小原教授は、この人間の自己家畜化が完成の段階に入ったのは、十七世紀以降であろう、と述べています。「そして二十世紀末の今、このプロセスはほぼ完成したと同時に、また別の意味では我々人類は本格的な自己家畜化の入り口にいるにすぎない」ともいっています。大づかみにいって、この歴史認識は妥当であると私も思います。

哺乳類の中で、私たち人間と最も近い仲間は霊長類と呼ばれるサルです。人類学者や霊長類学者たちは、チンパンジー、ゴリラ、オランウータンなどの生態を調査研究していますが、こうした動物たちや、群生する草食の馬、牛、羊などの群れのリーダーは責任の重いものですが、権力者ではありません。

権力という日本語は、仏教からきていると聞きました。「権」というのは、仮りの、うたかたの、という意味だそうです。

家畜の群れを支配する人間は、リーダーというのではなくて、確かに一つの権力者です。そしてこの「力」は、野生の動物たちの命を健やかに全うさせる方向とは、全く逆の方向に働いています。家畜支配の権力のモデルが、人間社会の中に適用される時、ここに人間の自己家畜化の過程が始まったように思います。

そして、誰でも知っているように、野生動物を家畜として飼いならすということは、食と性をコントロールすることを意味します。

食については、私自身も別な所で詳しく説明しています（拙書『日本の食革命家たち』柴田書店）ので、性のコントロールについて少し考えてみましょう。

群れを飼いならすということは、トップのリーダーを殺害、処分することですが、このことは恐らく野生動物の群れの中に大きなパニックを引き起こすはずです。リーダーが死ぬと、正常なケースでは、代わりのリーダーが出てくることになります。しかし、この場合はどうでしょうか。

家畜を支配している人間は、自分たちが群れの**にせ**のリーダーになり代わろうとしているのですから、次のリーダーが出てくることを許すことはできません。人間の支配を脅かす恐れのある、元気のよい成年のオスの抵抗を無力化する必要があります。

ここで考案されたのが、「去勢」手術です。

おそらくこの一歩は、人間による自然破壊、地球の命の破壊への、決定的な転換点であったと思います。そしてこの行為は、当事者の人間自身の心理に、深いキズを与えたに違いありません。

ところで、「去勢」は同時に、人工的なタネ付けのために保存される、去勢されないオスをも生み出すことになります。タネ付け用のオスと労役用の去勢されたオス。こういう形で、家畜の正常な性は人間によって破壊されました。

他方では、家畜のメスの性はどうなるのでしょうか。メスの生殖作用は、ひたすら人間のために利用される、繁殖機械の機能に変質させられます。

このような目で、私たち人間社会の性の状況を見ると、フロイトが創始した二十世紀の精神分析学がえぐり出した、現代人の性の抑圧、ないし管理体制が生々しく浮かび上がってきます。

人類の自己家畜化の三つの段階

私は、人間による野生動物の家畜化によって、哺乳動物の世界、ひいては地球上の生態系全体が二つに分裂したのだと思います。この分裂の中で、地球の状況は次のように三分解しました。

一つは、犬、牛、羊、ブタなどの家畜化をテコにして、地球のすべての生命を支配しようとする人間と、
二つは、人間に生殺与奪の権を握られてしまった動植物たちと、
三つは、まだ人間の支配の外に置かれている野生の動植物たちと。

過去一万年の地球の歴史は、三つ目の野生の自然が滅ぼされてゆく過程であったといえますが、それはまた人間自身の野性なるもの、人間本来の本源的な自然が失われてゆくプロセスでもあったのです。

地球の大自然の分裂はまた、人間界の分裂を引き起こしました。

人類の自己家畜化という一つのプロセスは、人類が人間を家畜化してゆく側と、家畜化されてゆく側とに分解してゆくことを意味します。「自己」そのものが分裂するわけです。

精神と肉体の分裂、といってもよいでしょう。精神は貴く、肉体は卑しい。このような定説ができ上がりました。人間の肉体は否定しようもなく、動物の仲間であり、哺乳動物の一種です。この事実を拒否するための理屈として、精神は肉体という卑しい牢獄の中に閉じ込められている、といった説さえも出されて、精神と肉体の分裂と切断を促進しました。

私は、人類の自己家畜化の歴史を、次のようにまとめることができると思います。

第一は、心の問題、心の崩壊です。アニミズムの衰退、ともいえるでしょう。

心は人間の身体のどこにあるのか、と死体解剖的に調べても発見できません。心とは、実は万物万象の中に宿る大宇宙そのものであると私は思うのです。だから肉体が死んでも、心がそのまま消えてしまうわけではありません。しかし、人間が哺乳動物の世界に宣戦布告して、戦争状態に突入してから、人間のこの意味での心は深く傷ついています。なぜなら、人間はまず哺乳動物、次に地球の動植物全体を敵とすることによって、大宇宙の生命の流れに敵対しているからです。人間は自分の心そのものを破壊しているのです。

人間は心の病気に苦しんでいます。それを治すためにこれまで、いろいろな対策、治療法が試みられています。そしてこうした努力の帰結するところは、人間が宇宙意識に目ざめなければならない、幸福の秩序との調和をとり戻さなければならない、という自覚でしょう。

これは妥当な方向でしょう。それはそれでよいのですが、心の病気を生み出している原因、その根源が、家畜制度と、人間の自己家畜化にあるという事実を、はっきりと認識する必要があります。

第二は、からだ、肉体の変質と退化です。

もっとも、身体・からだという古来の日本語と、近代ヨーロッパから輸入された肉体という翻訳語の意味はかなり異質です。しかしここではこの問題はあとまわしにしておきます。

野性の人間に対して、今日の文明化された、あるいはより率直にいって、家畜化された人間の肉体は、ひどく退化していると、多くの学者が認めています。目、鼻、歯、耳、あご、手、足、皮膚、その他ほとんどすべての器官の機能の弱化と衰退現象が進んでいます。

要するに、人間の「原始感覚」が衰えているのです。野口体操の野口三千三（みちぞう）さんや、操体法の橋本敬三さんは、原始感覚を確かにとらえているものと思われます。

人間は飼育動物や栽培植物をいじくりまわして、不自然な奇形をつくり出してきたのですが、天然農法の藤井平司さんは、このように肥大化した作物を、人工の絶滅寸前の生態系の産物と見ています。

第三は、人間と地球の生態系の社会構造の崩壊です。

今西錦司先生は、地球の生物全体社会ということを問題にされますが、家畜制度の出現によって、この地球の生物全体社会がメチャクチャな大混乱に陥ってしまったのです。地球の生命系全体が、退化と衰亡の道に入り込んだといってもいいでしょう。

家畜制度の定着と共に始まった文明と称されるものは、実は人間と地球生命の破壊と滅亡へのプロセスであったのです。

家畜制度とアニミズム

家畜制度と共に、人間は自分の意識の中で、宇宙そのものを真二つに分裂させました。

そして人間自身も、神と動物とに分裂してしまったのです。

人間の中には、神と動物が同時に共存している、などともいわれます。このようないい方は、もちろん、動物にも、植物にも、宇宙のすべてにも神が宿るというアニミズム、汎神論の否定の上に成り立っています。

こうしたいい方の中では、野性的なものは軽蔑（けいべつ）され、差別され、そして、何かしら悪魔的なものと見なされます。野性なるものは、頭から駆除され、飼いならされるべきものとされるのです。野性はまた恐怖の対象ともなります。

前章で述べたように、徳川時代に至るまで、日本列島には家畜制度はごく微弱にしか根付いていませんでした。特に家畜の肉を恒常的、日常的に食べるという習慣は全くなかったといってよいでしょう。このことが、一種独特の日本人の生活感覚、アニミズム的なものを濃く残した独自の宗教観念を生み出しました。この伝統は、まだ根絶やしにされているわけではありません。

今、日本民族の深層心理は、苦しみ、もだえ、悩んでいます。なぜなら、明治以降、特に敗戦後、全般的な欧米化と共に、家畜制度が怒濤（どとう）のように、日本列島に浸透してきて、太古以来、ついきのうまで維持されてきた日本民族のアニミズム的信仰の根幹がぐらついているからです。そしてこのプロセスで、最も苦しんでいるのが、野性なるものから完全に切断されている学校の子供たち、学生たちです。

この一万年の文明（という名の人間による自然征服と自然破壊）の歴史は、次のように区分けすることもできるでしょう。

第一段階：人類の哺乳動物に対する戦争、家畜化と野生の哺乳動物の皆殺し。
第二段階：人類の植物世界に対する戦争。
第三段階：人類の微生物に対する戦争。これがつまり、十七世紀頃に始まる現代西洋医学の時代です。
第四段階：人類の昆虫に対する戦争。これは今、殺虫剤による昆虫皆殺し作戦の段階に入っています。

今日の世界の先進国の農業ビジネスは、これらの要素のすべてを包含したものです。私たちの日常の生活はこのような農業（という名の地球生態学の徹底的破壊）を土台として成り立っています。

今、日本の子供たちは、昆虫でさえ、デパートで一匹三百円で買うような具合です。人工のモノにとり巻かれています。都市環境は、人工そのもの、人工オンリーです。野性なるものをすべて排除するところで都市は成り立っています。公園の緑も、管理された自然です。

小原教授は、「このような人工的都市こそ、人間が自分自身を閉じ込める動物園のオリのような役割を果たしている」と指摘しています。

世界の権威あるいくつもの公的な機関の予測によれば、今、地球の人間社会は未曽有(みぞう)のスピードで都市への人口集中が行われており、二十一世紀初頭には、世界の人口の五十パーセントが大きな都市に住むようになる、といっています。都市行政はすでに第三世界では破産しており、先進国でも崩壊の兆候が出ています。

食べ物の改革から

私たちは、このような人間の自己家畜化から解放されて、本来の人間性、人間の命を取り戻してゆくには、まず食べ物の改革から始めることができると思っています。

今日の人間の食事は、ますます家畜のエサのようなものに似てきています。最近ある新聞の記事の中で、御亭主に何年間も、ドッグフードを食べさせていたという奥さんの話が出ていました。今日の時代を象徴するような、笑うに笑えない出来事です。

学者たちは、家畜化された動物はおとなの年齢になっても成熟せず、幼児のままに留まる特徴を指摘しています。その方が人間の思いのままにあやつるのに便利なのです。そして今日の文明人にもまた、この幼児化の特徴が見られることを、多くの学者たちが説いています。これはまぎれもなく、人類という種全体の生命力の衰退の兆候です。

私たちは今、人類と共に、地球の生命全体が衰退していることに気付き始めています。人間自身を含む地球の命を守るためには、問題の根源である家畜制度と人類自身の自己家畜化とをまな板の上に載せて、これを解決する必要があります。

第六章　自由人の食律と家畜制度全廃論

新皮質脳文明＝理性と霊性の不均衡

桐山靖雄氏の『間脳思考』（平河出版社）に次のように書いてあります。

「わたくしたちのこの世界は、新皮質脳がつくり出した世界である。新皮質脳こそ、原人というより猿人に近かったネアンデルタール人を、現在のホモ・サピエンスにまで高めた高度の知能の源泉である。しかし今この世界を見る時、新皮質脳が大きなミスを犯していたことは明白である。……新皮質脳が生み出した人類文明のいきつく先は、自殺である。しかも、それはすぐ目の前に見えている」

桐山氏はこのように指摘したのち、霊性の場としての間脳をこそひらけ！　と叫んでいます。

知性や理性の場としての人類の新皮質脳は、一万数千年前から異常に発達し始めた、と学者は説いています。

それでは、霊性の場としての間脳は？　それはサルにはあるのか、ないのか。人類だけに特有の発達を見たものなのかどうか。それはいつ頃からはっきりと人類の中に発達し始めたのか。

間脳、それに関連して松果体とか、いろいろな器官の名前が挙げられていますが、こうした問題は、ごく最近、生理学者によって研究されるようになったのだそうです。

桐山氏は、私たち人類の新皮質脳の肥大によって間脳が圧迫され、その働きが低下し、衰退していると説いています。そのために、理性と霊性のバランスが崩壊している、といいます。原始仏教こそ、この間脳の働きを再活性化するための技法を教えるものであったといわれます。

脳の発達を促した穀菜食

ここで私自身の一つの推論、仮説を立ててみます。

新皮質脳と間脳は、やはり同時に発達し始めたのです。そしてその主たる根拠は、食べ物の変化です。木の実から草の実（穀物はその一種です）、草の根、葉などを食べるようになった、食性の変化です。草の実は、より多くの生命エネルギーを濃縮しています。美しい花を咲かせる草が、私たちの脳を発達させたといってもよいでしょう。

穀物と野菜。この食べ物が、人間の霊性と理性を発達させました。

桐山氏は間脳の開発によって、人類はホモ・サピエンスからホモ・エクセレンス（卓越したヒト）に飛躍しなければならず、そうしなければ、人類の自滅は避けられないと説いています。

霊性とは、私たち人間が大宇宙、大自然と一体になる働きともいえます。アニミズムということばで、文化人類学者はその働きを呼んでいます。この霊性を取り戻し、復活させるために役立つことはすべて、貴重なものです。

人類の苦悩は肉食の量に比例

いつ頃から、どのようにして、霊性と理性のバランスを崩す、新皮質脳の異常な肥大が始まったのでしょうか。

確たる証拠を出すことはできませんが、どうもこれが家畜制度の出現、定着と密接に結びついているようなのです。厳密な因果関係は立証できません。状況証拠はあります。

東洋医学では、肝臓と脳に強い相互関係を認めています。しかしこの場合、脳のどの部位を指しているのでしょうか。肝臓は食べ物の消化にかかわる器官です。この辺のところは実に興味深いのです。また脳と生殖器官にも、密接な相互関係が認められています。

そして過剰な肉食が、人間の心、精神を否定的な方に、破壊的な方に相互の闘争と殺し合いの方に変えることは、経験的に認められてもいます。物欲、性欲を過多にするのです。この過程が、生理学的にどのように跡づけられるのか、これは今後の問題として残されていますが、この方面の専門家に期待しましょう。

最近約一万年の人類の歴史を通観すると、人類社会の苦悩と退廃の程度は、家畜制度の発達と家畜の肉を食べる量の増加に大体比例しています。誰かが両者の相互関係のグラフを作成してみれば、おそらくぴったりと相応することでしょう。

家畜制度は天然自然に対する大罪

霊性のよみがえり。確かにこれは、今、多くの東洋の知恵を受けつぐ宗教家が説いているように、直面する人類と地球の命の危機を解決するための、必須不可欠の修業だと思います。

そして、この霊性の復活のための一つの重要な前提が、肉食をやめて穀菜食を全人類が実行するということでしょう。穀菜食は人類が将来、ホモ・エクセレンス、自由人に進化した時に、自ら選びとるべき食律となるでしょう。

そしてその時、人類は家畜制度の誤りを悟り、またそれによって犯した罪の大きさにも気付き、家畜制度全廃が全人類のコンセンサスともなるでしょう。その時、人類は自然と和解し、宇宙の秩序との調和を取り戻すことになるでしょう。

というわけで、人類は今、家畜制度が天然自然の秩序に反逆する大罪であることに気付こうとしています。

狭義における家畜とは、五種類から七種類の中型草食哺乳動物です。これに人間の助手として出発した、犬、猫という肉食度の強い雑食性哺乳動物が加わります。にわとり、七面鳥などの鳥もいます。冷静に考えてみると、この一万年の間、人間によって家畜にされてきた動物たち、そのことによって自主的自立的な生命のエネルギーの燃焼を妨げられてきた動物たちの不安と恐怖、怒り、怨念のエネルギーは、莫大なものとなっているはずです。

このエネルギーはどこへいくのでしょう。それは消えてなくなるでしょうか。そうは思えないのです。

世にいう、動物霊が人間にとりつくというのは、この辺の問題のように思われます。将来、人類は単に家畜制度を全廃するのみならず、過去において人類が苦しめてきた家畜動物たちの成仏できない霊に成仏していただくための、大々的な供養をしなければならないでしょう。

それだけではありません。人類は家畜化の過程において、家畜として役に立たない野生の哺乳動物を数多く絶滅させたり、あるいは絶滅寸前に追い込んでいます。こうして人間の頭の中に、次第に地球の自然に対する全面戦争のプログラムが組み込まれていきます。草食哺乳動物の家畜化に始まって、ついには植物界そのものに対する戦争を、人類はしかけています。さらには、地球の大地そのもの、鉱物、そして海そのもの、大気そのものへの戦争です。

米ソ核対決の裏に大量肉食

こうして今、地球には、地球の生態系を守ろうとする、みどりの運動、エコロジーの運動が、西ヨーロッパ先進工業国から始まっているわけです。

私自身も、「日本みどりの連合」に参加して活動しています。欧米のエコロジー運動は、私の知る限りでは外見上は大きな広がりを見せていて頼もしいものですが、今日地球を全面制覇している欧米文明の自然破壊的要素の原点ともいうべき家畜制度の問題性については、どうでしょうか。動物の権利を守る運動、動物解放戦線の直接行動、動物実験反対運動など、注目すべき動きがありますが、家畜制度全廃という目標は立てられていないようです。

現象的には、米ソの核対決の問題が、今日の地球の命を脅かす最大のテーマであるように見えます。

しかし、一歩退いて観察すると、米ソいずれも、肉食牧畜遊牧民族の軍国主義としては同根であることに気付きます。彼らは互いに不安と恐怖に駆り立てられているのです。人々の恐怖のみなもとを解決する必要があります。それは大量肉食と、それを供給する家畜制度です。

ですからエコロジー運動は、やがて家畜制度全廃という目標をしっかりと立てることになるでしょう。そこまでいきつかざるを得ないのです。肉食（乳製品も含めて）は、ガンの原因となりますが、人類による家畜制度は、地球生命全体に対するガンのような役割を果たしています。

東洋的「自由人」への脱皮を

人類史は、家畜制度の定着を境として、次のような軌跡をたどってきたといえるでしょう。

（1）自然人。自然と共存し、共尊する生き方をしてきた人々。原始人とも呼ばれます。

（2）天然の食律に違反して自然にケンカを売り、自然への侵略戦争を始めた家畜制度を持つ人々。そしてついには、この対自然戦争が、人類それ自身の内部に持ち込まれ、人が人を殺す永久戦争に暴走するのです。これを奴隷人ともいえるでしょう。

（3）将来の展望。私たちは、単純に原始の自然人に戻るわけにはいきませんが、霊性に目ざめ、天然自然の食律を取り戻し、宇宙の秩序にかなった「自由人」の生き方に脱皮し、変身しようとしています。

「自由人」という時の「自由」を、私たちは西洋的にではなく、東洋的、仏教的に解しています。西洋では、自由とは、奴隷状態から解放された状態を示すものであり、人間の欲望の無制限の解放といった意味に傾いています。しかし、仏教でいう自由はそんなものではありません。

「自」は自然の「自」です。「自由」は「自然」とつながります。東洋的、仏教的発想では、自由と自然は一つのものなのです。これに対し、古代ギリシアに発する西洋的自由は、人間の自然に対する支配と収奪、自然に対する人間の侵略戦争、人類独尊的色合いが濃厚なのです。「自由」という同じことばを使っても、このように内容が違ってきます。

私たちが将来の自由人への変身をいう時、この自由は、人間が思うままに自然をコントロールしようというのではなくて、人間が大宇宙、大自然と合体し、融合できる状況を意味しているわけです。

一即多、多即一。

自即他、他即自。

個の中に全体が宿り、全体の中に個がある。このような宇宙の法則についての認識は、古代仏教において、最高の段階に達していたとよくいわれますが、この評価は妥当だと思います。

生命エネルギーで破壊を無力化

『ノストラダムスの大予言』で有名な五島勉氏は、著作『ハルマゲドンの大破局』（光文社カッパ・ビジネス）の中で、人類の自殺、自滅を救うかすかな望み、可能性があるとするならば、それは唯一、仏法の生命の哲学が人類の意識を変えることだと述べています。

私も今、同じ認識に到達しています。幸い、私たちの生まれ、住んでいる日本には仏教が生きており、神道と並んで日本人の宗教の主流の一つとして働いています。

そして仏法の教えの一つは、まぎれもない不殺生であり、これは単に人間のみならず、けものや虫、鳥に至るまで生きものを殺すなということです。

仏法は、そして日本民族独自の宗教としての神道もまた潜在的に、家畜制度全廃論であると、私はあえて主張したいと思います。

日本民族の伝統の中には、江上波夫東大名誉教授のいわれるように、騎馬征服民族の血もわずかに入っています。そして明治以降の百余年は、私たちの中でこの騎馬民族的、家畜支配を土台とした社会システムの傾向が圧倒的な力を持った時代だったといえます。このようにして、私たちは欧米的スタイルに順応しているわけです。

　我々日本民族が欧米に順応しているのはなぜでしょうか。それは欧米の力が強いからです。しかしこの「力」が、実は自然破壊の力であって、生命創造の力でないことに、私たちは気付こうとしています。

　それゆえ、マハトマ・ガンジーはインド独立運動をサティヤーグラハの運動としました。ガンジーの理念を「非暴力」と翻訳することは大きな間違いです。ガンジーは破壊の暴力に対して、真理を把握する力、真理の力を育てることによって、インド民族の独立を実現させたのです。これは生命エネルギー、創造エネルギーを大きくすることによって、破壊の暴力を無力化しようとするものです。破壊の暴力に対して、同じ破壊で対抗すれば、とてつもない勢いでこの暴力はエスカレートします。

　憎しみに対して憎しみで応えるなら、この世は憎しみで充満してしまいます。そして私は思うのですが、人間が家畜制度を維持する限り、破壊と憎しみのエスカレーションは止まらないのです。家畜の怨念が人間にとりつくのではないでしょうか。そしてまた生理的にも、家畜の肉を多量に摂ることによって、肝臓から脳へと、不安、恐怖、怒り、絶え間ない欲求不満、支配と征服の欲望などがつくり出されるのでしょう。

地球破滅阻止は家畜制度の全廃で

仏法の中で、エコロジストの立場から私が最も高く評価していることばは、浄土宗、浄土真宗の系統で有名な「大無量寿経の四十八の誓願」です。この仏説の日本的解釈の中に、山川草木から一匹の虫に至るまで、この宇宙の万物万象が成仏しない限り、私もまた成仏しない、という趣旨の思想が、平安期から鎌倉期にかけて成立した日本仏教の中で強調されています。

私はこの教えは、家畜制度全廃論の根拠になっていると思います。

成仏、仏に成るということは、この大宇宙の森羅万象ことごとく、その本願を全うすることだと私は考えるのですが、人間の家畜にされた動物は、成仏することを妨害されているのです。人間によって無理無体にねじ曲げられているのです。浄土真宗にいう「本願」とは、このように解釈すべきだと思うのですが、間違っているでしょうか。

牛の乳は仔牛のために出てくるのですが、人間はこれを横取りしてしまうのです。最近の新聞報道によると、日本のある地域の乳幼児の九割に動脈硬化の現象が出ているという調査があるそうです。恐るべきことです。その原因が、母親の肉食過多と、人工乳栄養にあることはあまりにも明白です。典型的な老人病の動脈硬化が一、二歳の乳幼児に出ているという現実!

日本列島の生態系は、牧畜に向いていないことは、すべての日本人が知りつくしています(北海道はやや違いますが)。それなのに今、日本民族は、アメリカのまねをして、牛肉を食いたい、豚肉を食いたい、という一心で追いかけているうちに、一人年間二十五キログラムぐらいの肉を食べるようになりました。これはまだアメリカの四分の一ですが、戦前に比べると数倍になっているでしょう。一人一日平均六十グラムほどになります。この肉を生産するために、日本は二千万トンもの家畜用のエサとして、とうもろこしなどの穀物を米国から輸入しています。

申しわけ程度のお金や物質を、飢えているアフリカに送るのみでなく、家畜用の二千万トンの穀物を、日本のお金でそっくりそのまま、飢えているアフリカに送るようなシステムが必要ではないでしょうか。

私たち日本民族が、家畜制度全廃という仏教や神道の本当の心に目ざめて、家畜の肉を食べずにやっていけば、こんなことも簡単にやってのけられます。そして日本民族がそのように行動すれば、地球のとげとげしい破壊と破滅への空気が、どんなにか明るく、愛に充（み）ちた空気に変わることでしょうか。

第七章　宗教と家畜制度の関係

日本人の精神世界の特質

ある本の中で、こんな話を読んだことがあります。

白人のキリスト教の牧師が、日本で長いこと教会で司祭として活動していたのだそうです。この教会に、熱心な日本人の老婦人の信者が通っていました。日曜日のミサはもちろんのこと、他に週一回以上は教会にきていたそうです。

ある日、この老婦人が悲しい顔をして、牧師にたのんだそうです。私の家の家族同様に可愛がっていた飼い猫のためにミサをあげて下さい、と。もちろん牧師はキリスト教の立場からすれば途方もないこの要求を言下(げんか)に拒否したのみならず、いかに彼女の要求が誤っているかをこんこんと説教したのですが、彼女は説得されませんでした。そして結局、老婦人は知り合いのお寺で、お坊さんに猫のための供養をしてもらったというのです。

この話は実に象徴的です。

それは、私たち日本人の宗教生活というものと、世界宗教としての仏教とキリスト教（およびユダヤ教起源の一神教）の三者の関係について、多くのことを物語っています。

私はここでは、日本人の宗教性、精神世界のいくつかの特質について述べたいと思います。

一九五〇年代に大ベストセラーになって多くの人々に読まれた、お医者さんの安田徳太郎という人が書いた『人間の歴史』（全六巻・光文社）という本があります。私も、この本が出た当時、愛読し、再読した記憶があります。今、改めて読み直してみました。

彼は、日本の宗教について、次のようなことを書いています。

「敗戦によって、これまでの国家神道がはねとばされると、まるで申し合わせたように、これまで、はなも引っかけられなかった、安ものの神さまが復興し出した。こういう安ものの神さまは何千年来、庶民の信仰を集めたものであったが、明治維新による天皇制と国家神道の強化によって、淫祠邪教とか、日本人の面汚しと軽蔑されて、かたすみに追いやられたものであった。それでも、農民、商人、職人は、国家神道に遠慮しながらも、春秋にはみんなでカネを出し合って、じぶんたちの安ものの神さまを祝った。これが敗戦によって、ガラリと変わってしまった」

「わたくしが疎開していた寒村に、名もないおんぼろ神社があった。ところが、敗戦の翌年の秋になると、どこからともなく、誰に遠慮がいるものかという声がおこって、いつのまにか、境内に、どこで手に入れたのか、大きな山車を二台ならべ、その上にりっぱな女の人形を祭り、祭りの夜に提燈をいっぱいぶらさげて、村中をひきまわした。山車にいる青年たちの鉦や太鼓のはやしと、それを声援する近郷近在の農民たちの異常な興奮の中に、わたくしは、思わず新しい日本の復興のさきぶれを感じた」

「はたせるかな、日本の復興は農民の祭りからといわれたように、全国に祭りブームがおこり、それに平行して、日本の復興はどんどん進んでいった」(『人間の歴史』第六巻一一頁)

安田徳太郎氏は、こういう庶民の名もない神社の御神体は、たいてい、性器や性神であった、と指摘しています。そして明治維新で弾圧される前の日本列島は、性神で充ち充ちている状況であった、としています。

文化人類学者は、石器時代にすでに人間は宗教を発明していた、というのですが、この仮説の根拠となる物的遺物として、死者を葬る墓とか、宗教的儀式の遺跡とか、男性の性器、女性の性器をかたどった遺物などが発掘されています。

性器が、人間の繁殖、生殖のみなもととして、崇拝されたことは、容易に想像できます。性器信仰を通じて、人々は生命創造のエネルギーを、命のいとなみを、発見し、日常の生活に応用したのだと私は解釈しています。

宗教心の正反二つの道

生命創造を認識することは、個々の生命の尊厳と、死者を悼む心と結びつきます。だから、人間の宗教心の発生と同時に、死者を葬る儀式を私たちの祖先は発明したわけです。

ここで、すでに、人間の宗教心には、正反二つの道が現れています。

一つの方向は、人間のみならず、この宇宙の万物万象に生物創造の働きを認識し、森羅万象、すべてのものの生命の尊厳と神秘、神聖なるものを直観する道です。大宇宙を一連の大生命体として見ることです。これはどこまでも宇宙の真理に迫ってゆくものといえましょう。

二つ目の方向は、生命の尊厳（したがってまた、死の尊厳）を人間のみに限定するものです。私は、この考え方を生み出す根拠として、家畜制度があると思うのです。

家畜における生殖行為、性行為というものを観察してみましょう。

例えば、競馬馬です。種馬は、血統書と、若い頃のレースにおける実績によって、ランクを決められています。そして上のランクになるほど、メス馬との交尾の料金、タネ付け料が高くなります。なぜなら、〝一級品〟と認定された種馬ほど需要が多いからです。一回のタネ付け料が百万円か、二百万円かよく知りませんが、彼らの性行為そのものが飼い主にとっての商品なのです。これに対し、タネ付けの需要のない馬は、屠殺されて馬肉となります。

自由とは正反対のもの、これが家畜の一生です。家畜にとっては、生殖行為も、生命活動も、そして死そのものでさえも、自由になりません。飼い主としての人間の思うがままに動かされます。反抗に対しては死の罰です。

もしも、家畜を飼っている人々の世界観、宗教心の中に、家畜の生命の尊厳をみとめるような部分が残っていたとしたら、彼らは家畜の受けている苦しみに共感して、いたたまれなくなり、確実にノイローゼになり、精神に異常をきたしてしまうでしょう。それゆえ、この人々は自衛上、どうしても、家畜制度を承認し、肯定するような宗教とイデオロギーの体系を発明する必要に迫られるわけです。

家畜制度を肯定する宗教

このような家畜制度肯定の宗教がどのようにして発生し、成長し、今日のような巨大な姿に展開してきたのでしょうか。

ここでは、要約的なスケッチを試みることにします。

最初の決定的な発明は、造物主、創造主、つくりぬし、という純粋に人工的な観念です。この観念は、実に便利にできており、感心してしまいます。

よく知られていることですが、日本の神話にはこの種の創造主は姿を見せません。日本の神道にはつくりぬしはいないのです。これは改めて強調しておきます。仏教にも、創造神はおりません。

日本の最近の宗教統計によると、各種宗教の信者は、合計二億人をこえるそうです。ということは、平均して日本人は一人で二つ以上の宗教の信者に登録されている計算になります。つまり、ふつうの日本人は、大体、神社の氏子であり、お寺の檀家でもある、という形で、神仏両教を同時に信仰しているということです。

ふつうの日本人にとって、宗教生活の中で、創造神という人工的観念はほとんど存在しないのです。

神道では、万物万象は、夫婦神の和合、性行為の結果として生まれるのです。つまり、神と人の関係、夫婦神と万物の関係は、父母という両親と子の関係なのです。

仏教では、万物万象は本願をとげて仏に成る、と教えています。仏は初めもなく終りもない無量の寿、無量の空間です。

日本にも、唯一の造物主を信じる一神教徒も、少し存在するといわれていますが、本当でしょうか。私にはなかなか信じられません。

創造主というこの人工的イデオロギーは、実に不思議な構造になっています。この地球上には、多くの天地創造の神話が伝えられており、人類学者、宗教学者、民族学者がそれらを記録しています。

しかし何よりも不思議なことは、この天地がある前に、その外に、設計図を持った人間の姿によく似た創造主がいる、という発想です。

この創造主はどこに住んでいるのでしょうか。

明らかにこの造物主という観念は、家畜の運命を左右し、家畜の性と食を思うがままに支配するに至った人間自身の自画像であると、私は思います。そして、この創造神が、牛や馬や羊やブタを、人間に奉仕すべきものとしておつくりになられたとすることによって、人間の責任を免除する精神的システムをつくるわけです。神の名において、動物の家畜化を永続化させたのです。そしてこの神の正体は、家畜を飼育している人間以外の何ものでもありません。

家畜制度ができあがる以前の太古の人間の知恵、その自然観は、アニミズムと呼ばれています。汎神論ともいえます。宇宙の万物万象の中に魂があり、神が宿っている、という正しい考え方です。

馬にも、牛にも、魂があり、神が宿っています。仏性を抱いているのです。一本の草にも、一匹のみみずにも神仏が宿るのです。

動物・植物世界への侵略戦争

人間が、家畜制度をつくり、動物世界に対して宣戦布告を行い、永久戦争に突入したのは、七、八千年前の古代オリエントと中央アジアを舞台としてのことでした。やがて、人間は植物世界に対しても侵略戦争を始めました。この経済システムは、古代エジプトとメソポタミアで、いまから五、六千年前に完成されました。このような、自然（動植物）に対する征服戦争の勝利者となった人間をモデルとして、これらの地域から、創造神の観念が発展してきました。

この神は、犠牲を要求します。

人間が発明した人工的な造物主の神殿に、家畜が引き出され、殺されて、その死体がささげられるのです。この行為によって、家畜制度が神聖なものとして承認されるというしくみなのです。

私たち日本人にはなじめないやり方です。神道では、神社や神だなへのおそなえものは、五穀、水、塩の三点が基本であり、仏教では長いこと肉食は禁止されてきました。

神が人間を神に似せておつくりになったのではなくて、自然に対する征服戦争を始めた人間が、自分に似せて神を発明したのです。この神は、自然の生命創造エネルギーを一手に独占しています。そしてそれを通じて、この神を信仰する人間の手に創造エネルギーが独占されることになります。ここのところに、本当に重要な地球史上の転換、あるいは退化へのUターンの秘密がはらまれていると、私は思います。

有畜農耕のシステムをつくり上げることによって、人間は、動植物の生命創造力を自分たちの側に奪い取り、その自律性を否定し、抹殺し始めたのです。

この論理は、さらに進むと、人間と動植物の間に絶対的な境界線を引くことを求めます。この境界線のこちら側は神の世界、創造力の世界であり、そしてついには霊魂に目ざめることによって、この神を信ずる人間もまたその内側に入ることを許されます。

境界線の向こう側は、けだものの世界であり、霊魂なき肉体だけの世界であり、そして人間といえどもこの神を知らず、この神を信じないものは獣同然の存在、というふうに考えられるのです。

悪魔とは自然征服を妨害するもの

けだものが、「悪魔」という観念に発展しました。あるいは、「地獄」という観念にも展開していきます。

神と悪魔、天国と地獄、善と悪、光と闇。この二元論的対立は、恐るべき泥沼です。悪魔とは何でしょう。これは、神の名を借りて人間が行う自然征服の事業を妨害するもののすべてに対して人間が名付ける名前であると、私は定義したいのです。

悪魔は、人間に手なずけられていない野性的なるものすべて、すなわち、大自然であり、大宇宙そのものなのです。しかし、そもそも人間がつくり出した神の観念は、宇宙のすべてを包み込んでいるはずでした。それゆえ、神と悪魔という、二つの人工的イデオロギーは、お互いに自分こそ大自然そのものであるぞ、と主張して譲らないのです。

この辺のところは、私たち日本人にはなじみ難く、理解に苦しむわけです。

古代ユダヤのソロモン王の時代にさかのぼると伝えられる「悪魔の軍団」というものがあるそうです。その絵を見ますと、ことごとく、架空の、あるいは野生のけだものの姿、あるいは獣と人間のキメラが描かれています。

神を信ずるものの使命は、悪魔をやっつけること、根絶してしまうことですが、このような宗教のことばに翻訳されたかたちにおいて、人間は野生の動植物を神の名において皆殺しにし、人間の奴隷としての動植物の存在だけを特別に許可するというお情けを与えたのです。

幸いにして、このような宗教は、私たち日本人を支配するまでに至っていません。

仏教の核心はアニミズム

世界宗教の一つとしての仏教を、どう見るべきでしょうか。

仏教は一つの普遍的宗教ではありますが、同時に、二千五百年前のインドに行われた民族的宗教の色合いをも持たされています。そしてこのインドでは、カースト制度を骨格とするバラモン教と、その後身としてのヒンドゥー教が過去数千年の間、主流となってきました。それゆえ、仏教には、バラモン教から生まれてヒンドゥー教に吸収されてしまった、インド固有の宗教状況の理解がどうしても必要となります。

お釈迦さま直系の原始仏教と、その後の小乗と大乗への分裂、中国へ伝播したものと東南アジアに伝わったものの分裂、そして中国から朝鮮を経て日本に渡り、やがて日本化するに至った仏教と、それぞれについて特色があるでしょう。

中国では道教と仏教が融合し、日本では仏教渡来以前から道教の影響を受けている神道と中国化された仏教が融合しました。したがって、二重の意味で日本仏教は道教の色合いが濃いといえるでしょう。道教は、老子の無為自然の教えを土台としています。人為、人工を戒めています。そして、それは日本列島の自然とよく調和して、定着しました。

しかし、インドでは、仏教はカースト制度打破という当初の使命を実現できず、やがてカーストの中に没入してしまいました。

仏教の主流あるいはその精華は、日本列島に移り、ここで開花した、ともいえます。そして、この場合、仏教の教義の核心は、大宇宙の万物万象に命あり、魂ありという、アニミズムではないか、と私はひそかに思っているのです。

しかし、仏教が生まれ、そして発展した古代インドの歴史的背景からして、そこには、家畜制度を肯定し、さらには人類それ自身の中に差別と上下の支配構造をつくるカースト制度をも認める部分があるのです。

私は、昨年（一九八四年）四月、南米ペルーに旅行した時、現地の創価学会の信者の人たちと話し合いましたが、彼らは皆口をそろえて、二十一世紀は東洋の哲学の時代になる、といっていました。

果たして二十一世紀が仏教の時代になるでしょうか。

もしそうなるとしたら、おそらく、仏教それ自体の内部からの改革、万類共通の、例えばアニミズム的なものへの純化、そして何よりも、食律の再構築が必須とされるだろうとも思います。

第八章　家畜制度と哲学、科学の関係

家畜制度と奴隷制

今日の哲学や科学の祖先は、古代ギリシアに始まる、といわれています。そして、それを集大成したのは、あの有名なアリストテレスです。そして、アリストテレスが欧亜に大征服王朝をつくったアレクサンダー大王の先生であったことも、あまりにもよく知られています。

アリストテレスの先生がプラトンであり、プラトンの先生がソクラテス、そしてこのソクラテスは獄中で毒杯を飲んで死んだわけですが、この人々を生んだ古代ギリシアが古典的奴隷制度（個別化され、アトム化された私的奴隷が売り買いされる）の社会であったことも、これまたかくれもない、有名な話です。

家畜制度が人間社会の名に持ち込まれるにあたって、次のような発展の諸段階を経過すると、私は考えています。

（1）遊牧・牧畜民族同士の闘争、戦争がエスカレートしてゆく。そのことによって、彼らの武力、破壊力がとてつもない勢いで肥大化してゆきます。

（2）こうして武力を強化した牧畜民族は、周辺の農耕民族を襲撃して掠奪（りゃくだつ）し、そしてついには、あたかも家畜であるかのように後者の農耕民族を隷属化させ、生産物の一部を税金として取り立てます。地球上のあまたの武力征服王朝の正体がこれです。

この段階で、家畜制度は人間社会の中にガッチリと組み込まれました。そのことの結果、人間による地球生態系破壊の永久戦争のプロセスが始動してしまったのです。

家畜所有人間による野生動物に対する全面戦争が布告されたのみでなく、それに続いて、人間同士の無限の殺し合いも始まったのです。人間は、自然を敵とした果てもない戦争に突入したのみでなく、人間自身をも敵とした戦争にふみ込んだのです。

（3）さて、次にくるのは、古代ギリシア、古代ローマ型の社会です。ここでは、民族共同体から引き離され、根こそぎにされ、労働市場で売り買いされる個的奴隷制度が発展しました。これは、人間の家畜化の、より一歩前進である、といえるでしょう。

資本主義的および社会主義的賃金奴隷制度がその延長線上にあることは、容易に見てとることができます。

根底にある二元論

古代ギリシアの哲学・科学と、ルネッサンス以降の現代ヨーロッパ科学とは、いうにいわれぬ密接不可分な縁があります。しかし、両者の間には重要な違いもあります。こういう問題については、欧米ではそれこそ、数限りない著作が書かれてきました。古代ギリシア哲学・科学と現代ヨーロッパの哲学・科学に共通しているものは、主観と客観、肉体と霊魂、精神の二元論です。

これに対応して、哲学史上で、唯心論と唯物論という二つの党派、あるいは学派が生まれ、鋭く闘争してきました。概ね、支配階級は唯心論、奴隷階級は唯物論というふうに区分けされています。

肉体は卑しいものであり、下賤であり、獣的であります。そして精神こそ高貴なもの、神的なもの、不滅、不朽のものなのです。古代ギリシアの哲学・科学をつくった貴族にとっては、これは当然すぎるほどの日常的な真理であると思われたわけです。

労働は苦役であり、家畜や奴隷が行うべきもの、卑しい下劣なもの、というのが古代ギリシアの哲学です。市民たるものの理想は、「観照」である、というのだそうです。手を汚さず、きれいきれいで労働から解放されたレジャーを楽しむ生活こそ、あるべき高貴な市民の姿であり、そこからこそ哲学や科学が生まれてくる、というのです。

これに対し、技術は奴隷のわざであるとして、蔑視されました。純粋科学、純粋芸術、そして純粋哲学というものが、古代ギリシアで初めて花を開いた、などということばがよく使われています。

近代ルネッサンスと、そして宗教改革は、いわゆる下賤な労働者、農民、職人たちが担い手となりました。中世封建社会において被支配階級であった都市勤労市民が、やがてブルジョアジーとして勃興し、フランス大革命を起こし、世界全体に資本主義の時代をつくったというわけです。

人類独尊の哲学と万類共尊の哲学

哲学には、唯物論と唯心論の二つの流れがある、とよくいわれるのですが、私はこれは正しくないと思います。あるいは、より正確にいえば次のようになると思います。

哲学には、二つの流れがあります。

その一つは、人間の自然に対する侵略・征服戦争を肯定する立場の哲学、すなわち人類独尊の哲学です。この哲学の中の二つの型として、唯物論と唯心論がありうるのです。

二つ目は、万類共尊の哲学であり、アニミズムの哲学です。

つまり、哲学の根本問題は、物質と精神関係如何（いかん）、ということにあるのではなくて、人間と自然の関係をどうするか、どうあるべきか、という問題であり、したがって結局は、人はいかに生くべきか、という人生論にあるわけです。いわゆるマルクスの階級闘争主義の哲学は、人類独尊という大枠の中での、ブルジョアとプロレタリアの仲間げんかの哲学にすぎないといえるし、反共主義の人々の哲学も、その裏返しにすぎないでしょう。

プロレタリアがいかにしいたげられているか、とめどもなくいいつのる人々の心には、生命の自律性のすべてを強奪されている家畜の苦しみは響いてこないわけです。いわゆる開拓によって滅ぼされる野生の動植物の運命は、この種の人々には無縁なのです。

今、日本でもエチオピアの飢餓難民を救え、というキャンペーンが花ざかりです。しかし私にはむしろ、植物をとりつくされて丸はだかにされてゆくエチオピアの砂漠の運命の方が大切だと、あえていいましょう。

一人の人間の命がそんなに大切なものなのですか。いや、そんなことはない。地球の命そのものに比べたら、人間の命など、何ほどのことがあるでしょう。

仏教や道教には、そして太古の祖先たちのアニミズムには、このような悟りがあったと思うのです。

人間は植物を母としています。そして有畜権力農耕を始めた人類は、この私たちの母なる植物の皆殺し、大虐殺の永久戦争を、この七、八千年続けています。母殺しの哲学。そう、まさにそれです。

石器に始まる欧米式ヒューマニズム

人類独尊の哲学。これを、近代ヨーロッパはヒューマニズムと名付けて、天まで持ち上げました。メイド・イン・ヨーロッパのヒューマニズムは、人類と地球の命を滅亡させる凶器のイデオロギーであると、私は考えています。

このヒューマニズムが十八世紀以後この地球を埋めつくすようになると、ヒューマニズムを批判することは許されなくなりました。私はあえてこのヒューマニズムを否定し、欧米式ヒューマニズムこそ人類滅亡の元凶であると指摘しているのですが、この説をより詳しく説明するために、どのようにして人類史の中で、人類独尊の哲学が生まれ、発展して現在に至ったのかを考えてみましょう。

（1）太古の時代、宗教も哲学も科学も芸術も、分化せずに、人間の精神作用としてすべてがひとつながりのものとしてありました。これを人間の「精神世界」と呼んでもよいでしょう。しかし人間の精神世界は、確かに他のサルたちとは異なっていたのでしょう。石器の製作と応用を人類学者は詳しく研究しているのですが、ヘーゲルが『大論理学』で述べているように、道具の発明は、目的が自覚的に意識されることと相互に関連しています。目的の認識と原因結果の認識とは、また、それぞれ微妙に異なっているのですが、自然の石器の発見使用から、人工石器の発明使用に至る間に、人間の独自の精神世界が形成されたことはまず間違いないことでしょう。

この人間の精神世界に、実は、初めから、人類独尊と自然破壊の大きな問題がはらまれていたように思われるのです。

（2）人間は何のために石器を使用したのでしょうか。いうまでもなく、食べ物を得るためです。石器の機能を考えてみますと、それは主として物理的破壊であることが分かります。この破壊力が、やがて今日のような核兵器による地球の破壊や、工業による地球生態系の破壊にまで肥大化するわけです。

石器の破壊力が、大木を切り倒すことを可能とし、また、哺乳動物を家畜とすることをも可能としました。新石器時代のいわゆる「農牧革命」において、すでに人類は地球生命体の敵としての姿を現していたと考えられます。そして、人類独尊の哲学はこの時に誕生したといってよいでしょう。

そしてそれとほぼ同時に、人類はそれの誤りに気付き、反省をも始めていたと私は思うのです。

太古の原始社会がつくり上げた厖大（ぼうだい）なタブーの体系こそ、この真剣な反省のあかしでしょう。それは、自ら解き放った破壊のエネルギーを、自ら封じ込めようと努力する人間の社会の反応です。そして、こうした経験を通じて、人間は、創造と破壊の微妙な関係を理解し、万類共尊の哲学をアニミズムというかたちで完成させていったのでしょう。

私は、新石器革命以後の一万年を、人類独尊の哲学と、万類共尊の哲学の闘争、相剋、競争の時代と名付けようと思います。

（3）人類独尊の哲学の最高峰として、アリストテレスとデカルトを挙げるのは妥当なところでしょう。その中でもデカルトは、もしも人類が核戦争と人口爆発、環境破壊で近い将来滅亡するようなことがあれば、人類の滅亡に功績があった哲学者の第一位として、文句なしに、未来の宇宙の歴史の中に特筆大書されることは間違いありません。ヘーゲル、マルクスが、デカルトの敷いたレールを走っているにすぎないことは、もちろんのことです。

万類共尊の哲学のトップには、老子と荘子がくるのは当然です。

私は、西洋哲学対東洋哲学、というこれまでの分け方では、十分ではないと思っているのです。むしろ、これからは、家畜支配を土台とした人類独尊の哲学対、家畜制度を前提としない万類共尊の哲学という分け方をした方が、人類史の本筋に迫れるのではないかと思うのです。

（4）人類独尊の哲学は、次のように発展してきました。

第一期　人類独尊的宗教のカサの下に被護されたかたちでの人類独尊哲学の時代。ユダヤ教起源の一神教の時代で完成。

第二期　宗教の保護を脱出し、自立した人類独尊の哲学の時代。デカルト以後。

第三期　少数エリートの哲学から、大衆の欲望の全面肯定に至る時代。すなわちデモクラシーの名のもとに、大衆の個人個人の感覚の中にまで人類独尊イデオロギーが血となり肉となってしまった時代、すなわち現代。このことの象徴が、今、全世界で起きている肉食消費の爆発です。

自然の平等搾取を目ざしたマルクス

ここで、マルクスの哲学に少し触れてみることにします。

マルクスは、大学生時代はヘーゲル主義者でした。そしてそのあと、フォイエルバッハ主義を経てヘーゲルを卒業し、さらに一八四四年には、古典経済学とフランス社会主義を経てフォイエルバッハも卒業し、弁証法的唯物論、史的唯物論、自然弁証法という自分の哲学を立てたといわれています。

マルクスの哲学はまた、徹底した無神論でもあります。マルクスの「功績」は、すべての人間一人一人を自然の支配者たるべきものとして持ち上げたところにあります。マルクスの哲学は、人類独尊哲学の総仕上げであるといえるでしょう。マルクスはフォイエルバッハを批判して、これまでの哲学は世界をさまざまに解釈しただけだ、新しい哲学は世界を変革する、といったのですが、これは地球を人類独尊で思うがままにつくり変えるという意味となります。

資本家や労働者という人間内部の階級差別をなくし、平等に、そしてすべての人間が自由に自然界を思うがままに搾取し、利用し、征服できるような未来、これがマルクスが夢みたユートピアです。

このユートピアを実現するための原動力は、しいたげられたもの、またしいたげられた民族の怨念と憎悪です。マルクスはこの怨念と憎悪というガソリンを燃料として、階級闘争の大火事をあおり立てるわけです。これがマルクス・レーニン主義のいう、宣伝煽動(せんどう)です。

人類に滅ぼされてゆく野生の自然、そしてまた人間それ自身の内部にひそむ自然からすれば、この階級闘争は、どっちもどっち、資本家も労働者も同罪でしょう。

マルクスの哲学が、デカルト哲学に由来する資本主義の害悪を治療するどころか、まるで逆にその病を悪化させ、ついには死に至らしめる劇毒薬であることは、明らかなところです。

宇宙大生命体への道

哲学は、科学の方法論でもあり、また論理学でもあります。

家畜制度を土台とした人類独尊哲学は、人間と動物、植物のつながりを切断しました。そして自然破壊によって、人間の領土を拡大するための道具としての個別科学がつくられていきます。

これに対し、万類共尊の哲学は、「科学」をつくりません。科学とは、分科の学であります。分解し、分断してゆくプロセスです。生命破壊への道です。

万類共尊の哲学は、科学ではなくて、東洋風の学問の道を生み出しました。それは個別の領域を入り口としながら、つねに大宇宙の全体に通じる「道」なのです。それゆえ、個々の学問と、哲学とは密接不可分な全体を形成するのです。

東洋風、そして日本式でゆくと、どんなに小さなテーマからでも、それをどこまでも求めていくと、ついには宇宙大生命体の究極の真理、万類共尊の哲学を体得する、という具合に、学問の道は構成されているのです。哲学は、哲学者という知の専門家の専有物であるどころか、生活者万人のものとなるわけです。

万類共尊の哲学が復興する時代、復権しなければならない時代が今きています。さもなければ人類に未来はなく、明日はないでしょう。

人類独尊の哲学は退場すべき時がきています。アリストテレス、デカルト、ヘーゲル、マルクスは、地球生命を滅亡させる哲学としての実績を十二分に私たちに実証してくれました。

古代ローマ帝国の興亡の歴史は、今の私たちに多くの教訓を与えてくれることを、トインビーは語っています。彼が指摘しているように、ローマにおいて、貴族と奴隷の階級闘争が果てしもなく続きましたが、結局共倒れとなり、西ローマ帝国そのものが消え失せ、そのあとにはゲルマンの蛮族とキリスト教会が生き残りました。

今日の、資本主義と社会主義は、同じ人類独尊哲学の土俵の上で、お互いに相手を悪魔だ何だとののしり合って、相互絶滅戦争のキバを研いでいますが、人類はこのレベルを卒業して、万類共尊の哲学に目ざめなければもう生きられない、と多くの心ある人々が気付こうとしています。

殺虫剤で殺されようとしている一匹の虫の運命を悲しむ心に、目ざめてください。これが万類共尊の哲学の目ざめなのです。

一杯の牛乳を飲む前に、仔牛に飲ませるべき乳を横取りされる母牛の悲しみに思いをはせ、彼女のために一滴の涙をそそいでください。

万類共尊の哲学を、地球規模でいい表すとどうなるでしょう。これは「地球は生きている」「地球そのものが一つの生命体」、ということでしょう。

これに対し、人類独尊の哲学でゆくと、地球は、「人類の共有財産」という説となるでしょう。地球が満員となったら、宇宙に植民地をつくればよい、という、宇宙への侵略説です。

今、人類の中では、この二つの地球観が対峙し、対抗しています。

地球から、さらに大宇宙へと、この二つの流れは展開してゆきます。そして今、心ある人々の中で、地球は一つの生きものである、地球の命を壊してはならない、という目ざめもまた起こりつつあるのです。

第九章　工場的家畜制度の歴史と現状

近代的家畜育種学の確立

「家畜を飼うということの難しさはエサを正しく与え、動物の健康を保つということもあるが、それよりもむしろ、世代を継いでいくことの難しさのほうが大きく、熟練を要するものである」（野沢謙、西田隆雄著、『家畜と人間』出光書店、一〇五頁）

家畜化の初期には、家畜と野生原種の交流によって世代交代が支えられていた、と考えられます。つまり未だ完全な家畜とはいえないわけです。

古代エジプト、そして古代ローマが、家畜化を進める上で、大きな役割を果たしました。特に古代ローマ人は「明らかに家畜の選択淘汰を行っていた。……ローマ時代の牛の体格が著しく増大していることを示している。豚肉加工品が普及したのもこの時代であるし、営利的な鶏業が起こって、産卵能力に対する人為淘汰が行われている。ヴァロやコルメロのような養鶏技術書も著わされており、これらはこの分野の古典として評価されている」（前掲書、一一一頁）

ローマ帝国が滅びたあと、彼らの家畜技術も後世に伝わらずに消え去ったといわれます。

古代エジプトとローマの家畜育種技術が、より発展したかたちでよみがえるのは、ヨーロッパのルネッサンス、とりわけ産業革命後だそうです。

「イギリスを中心とする、ヨーロッパに興った家畜の育種事業について重要なことは、ここに初めて家畜集団がその野生原種と完全に切り離されたことであろう。……家畜化がここに至ってようやく完成したということができるかも知れない。動物の生殖は、彼らによって初めて、完全にヒトの管理下に置かれることとなったのである」（前掲書、一一三〜四頁）

このような「近代的家畜育種学」を確立したのは、ロバート・ベクウェル（一七二六〜一七九五）で、羊、牛、馬の新品種をつくり出すことに成功し、そして彼に続き多くのブリーダー（育種家）が、十八、九世紀のイギリスに輩出されたといいます。そしてそれと共に、家畜の血統登録簿なるものがつくられるようになりました（一七九一年、イギリス、サラブレッド馬に対して公刊されたものが最初）。

食用集約畜産の進展

生殖を管理するためには、遺伝学が不可欠のものとなります。一九〇〇年に、メンデルの法則が再発見され、近代遺伝学が誕生した、といわれます。そしてこの遺伝学が、二十世紀の家畜育種の理論的基礎を与えたわけです。

石炭と石油がエネルギー源として用いられるようになってから、労役家畜の役割は終わりました。ブタは肉製造機、鶏は卵・肉を生む機械、牛は肉・乳を生む機械として位置づけられ、この目的のための育種と改良の技術が発達しました。

どうやら、一九三〇年頃が、工場的家畜制度、アニマル・ファクトリーへの跳躍点になっているようです。

(1) まず十八世紀末葉のイギリスで、野生原種と完全に切れた家畜の育種が始まります。
(2) 次に、遺伝学が二十世紀初頭に誕生して、育種のための理論を提供します。
(3) 化石燃料の使用によって、農耕、運輸、戦争用の労役から家畜は解放され、食用家畜としての用途に専門化してゆくのが、二十世紀、第一次世界大戦後です。

（4）第二次世界大戦を経過したのち、一九五五年頃から、今日のいわゆる集約的畜産業が、イギリスとアメリカあたりから始まったといわれています。「一九五五年頃から、畜産の様相は世界的に急激に変化した。いわゆる集約畜産の進展である。集約畜産の下における家畜管理の諸特徴を要約すれば、①メカニゼーションの進展と施設の装置化、②省力的管理の追求、③環境制御の三点にある」（三村耕、森田琢磨著、『家畜管理学』養賢堂、六～七頁）としている。

この新しいスタイルの本格的な家畜工場システムの出発点、一九六〇年代の初めに、イギリスで、ルース・ハリソンの『アニマル・マシーン』（原著は一九六四年、日本語訳は一九七九年、講談社）という告発の書が出版されています。ハリソン女史のこの本が出てから、二十年が経過しています。一九八〇年に出版された三村麻布大学教授、森田東京農工大学教授の『家畜管理学』は、集約畜産が、一方に畜産公害問題、他方に家畜の福祉問題、家畜の種としての生存の権利の問題を生み出した、と説いています。

家畜の運命をたどる人間

また一九八〇年には、フリーのジャーナリスト平沢正夫氏が、『家畜に何が起きているか』(平凡社)を出しています。このように、日本でも一九七〇年代の終わりから一九八〇年代初めにかけて、遅まきながら、アニマル・マシーンの悲劇が世間で問題にされるようになったわけです。

波岡茂郎北海道大学獣医学部教授は、『家畜はいずこへ』(一九八二年、講談社)の中で、人類は大きな危機に直面していること、そしていずれ「家畜文明からの訣別(けつべつ)をしいられるかもしれない」と書いています。

家畜の運命は、やがて人間の運命に転化するでしょう。

波岡茂郎北大教授は、『家畜はいずこへ』の扉に、旧約聖書の伝道の書、三章十九〜二十一節から次のことばを引用しています。

人の子らに臨むところは獣にも臨むからである。すなわち一様に彼らに臨み、これの死ぬように、彼も死ぬのである。彼らは皆同様の息をもっている。人は獣にまさるところがない。すべてのものは空だからである。皆一つ所に行く。皆ちりから出て、皆ちりに帰る。誰が知るか、人の子らの霊は上にのぼり、獣の霊は地にくだるかを。

確かに旧約聖書には、時としてこの種の、人類独尊を戒めることばがあります。特に詩篇や伝道の書にあり、キリスト教徒の中のエコロジストは、聖書をこの観点から再解釈しようとしているようです。

ルース・ハリソンは『アニマル・マシーン』の扉に、次のような詩をのせています。

重く口を閉ざして、じっと動かぬ
鉛色の空間　暗黒の被告席
悪臭胸をつく監獄
生涯を封印する鉄鉉
そして待ち受ける　未知の感覚

衝撃は短い　が、鋭いだろう
おもしろくもない安手の斧
でかい黒の首切り台

――W・S・ギルバートへおわびを込めて――

「農場の動物を生まれてから屠殺するまでに永久に閉じ込めて収容するシステムが、この三〇年ばかりの間に着実に成長し、その地歩を築いてきた。……数限りない動物をぎっしりと詰め込むので、彼らは手足を伸ばすこともままならず、やっと生きているといった始末である。彼らは目のあらい格子床の上に立っているのだが、その下ではいつも自分の糞尿が頑張っていて、どいてくれない。そしてお日様を拝むのは、屠殺のため外に連れ出される時一日だけということもしばしばある。健康を害するような環境で飼育されているため、頼みの綱は抗生物質やその他の薬剤である。それも日常的に使用しなければならない。」（『アニマル・マシーン』日本語版への一九七七年の序文、四頁）

「最後に一言。本書は動物の受難を扱っている。視力が落ちて見えなくなった目を彼らの受難に向けて、凝（じ）っと見て我が身をふり返り考えていただきたい。私たち人間自身もだんだん力が衰えてきたのではなかろうか。人間による人間の扱いの点でもいよいよ冷酷無情

になっているのではなかろうか、と。」(前掲書、六頁)

拘禁・薬漬けの工場製家畜

食用集約畜産の対象は、にわとり、牛、ブタの三者にしぼられています。この他には、実験動物(ネズミなど)、ペット(犬、猫その他)、食肉、毛皮用のうさぎ、きつねなど、も使われています。そしてさらに魚も養殖化され始めました。

いや、今や、残り少ない珍種の野生動物がまるごと、一方ではその生活の場を奪われて滅亡に追い込まれながら、他方では観光用、観賞用に、人間の目を楽しませる対象として、準家畜化されています。

そして最後に、微生物の家畜化に、人間は手を着け始めています。いうまでもなく、今流行のバイオテクノロジー、遺伝子工学がその武器です。

ブロイラー用鶏が、今日の「合理化」された近代畜産の極限であることは、多くの人々によって指摘されています。ブロイラーとは、食肉専用に育てられた若鶏のことです。人間でいえば十歳の少年少女です。ブロイラー鶏舎には、何千羽ものヒヨコがぎっしりと詰め込まれています。窓はありません。夏は炎熱地獄です。ほこりっぽく、じめじめして、すごく臭い。素人は三分といられない、とハリソンは書いています。

病気のために、しばしば大量の鶏が死亡しますので、抗生物質など、ますます多くの薬がエサの中に混ぜられています。屠殺場へ出荷する時に、鶏がおとなしくしているように精神安定剤を水の中に入れておく「技術」も開発されたそうです。

採卵のためには、ゲージ養鶏です。ハリソンはこれに「ニワトリ〈工場〉の狂気」というサブタイトルを付けました。

鶏をゲージ（かご）で飼うアイデアは、一九一一年にさかのぼるそうです（アメリカ）。このシステムは、一九三〇年頃から米英両国で実用に移され、一九五〇年代から爆発的に発展してきたといいます。この採卵工場はますます大規模となり、オートメーション化され、一人の大人と一人の子供で一万羽の管理ができるそうです。

ハリソンは、食肉用のオスの仔牛の集約飼育についても調査しています。この仔牛たちは生まれてすぐに母牛から離され、真っ暗闇の畜舎に集められます。身動きもできないように首を鎖で縛りつけられた、完全拘禁のまま一生を過ごします。そして少年期になると、屠殺場いきです。生まれて初めてここでお日様を見るのですが、それも数時間の運命です。

生きていない動物たち

家畜ということばそのものが、すでに古くなってしまいました。「家」はすでにないのです。

その代わりに、「経済動物」ということばが使われるようになっています。これも不気味な響きを持っています。

にわとりについていえば、かつての日本では約六百万戸の農家のほとんどが、それぞれ十羽からそこらを庭先で飼っていたものです。このような風景は、この二十年くらいのうちに姿を消したのだそうです。

統計によると、一九七八年の日本の鶏飼養戸数は、三十万戸弱となっています。特に、肉用鶏については、約一万戸で、一戸平均一万一三六一羽（一九七八年）というふうに、年々大規模化しています。それが一九八四年には、なんと十三万戸に激減しています。肉用鶏は一戸平均二万羽としてあります。

『一九八四年版日本の畜産業』（ハイライフ出版）というこの統計書の巻末には、「養豚場の伝染病対策に……オーエスキー病、豚コレラ、ウイルスを殺す、動物用医薬品、パコマ」「AR、SEPの両疾病に有効です。オーロファックRS、タイロシンサルファM」「鶏の呼吸器性マイコプラズマ病、豚の流行性肺炎に動物用タイロシン」などなどの、薬の広告が満載されています。

日本のモデルとなっている米国では、一九八四年現在、約二億六千万羽の採卵用鶏が飼われているが、そのうちの五十二パーセント、一億三一〇四万羽が、百万羽以上規模の六十三社によって飼われている、とあります（『畜産の研究』昭和六〇年三月号、一一五頁）。

こうした工業的畜産のための種畜は、ほとんど米国の巨大企業によって独占されているのだそうです。これらの企業で品種「改良」、育種を専門にしている研究者の状況は、狂気寸前だ、とハリソン女史はすでに二十年も前に書いているのですが……。

「集約的動物飼育法が非難されて然るべき最大の根拠は、この方法で飼育される動物は死ぬ前から生きていないという点にある。ただそこにいるだけだという点にある。畜産業者は動物に対して事務的な態度で接して飼育しているのであって、そこにはもはや動物に対する暖かい思いやりなどあるわけがない。彼らの多くは全くあけすけに、自分の飼っている動物が大嫌いだと公言するのである」（『アニマル・マシーン』二三三頁）

なぜ飼育者たちは、彼らの家畜を嫌うのでしょうか。ともかく、いまや畜産業は一つの工業的企業の仲間入りをしたのですから、労働者もまた、それにふさわしい「近代的」労働条件を「要求」するのも当然でしょう。そうしてみれば、彼らには、ひどい悪臭を発する鶏やブタ、牛の糞尿がいまいましくてならないのです。これを何とかできないものでしょうか。

そして、近代的産業労働者としては、年中無休でにわとりの世話をするなぞ、我慢がならない、ということにもなるでしょう。週休二日制を保証するような完全オートメーションによる乳牛飼育システムを、野付東京農工大学助教授が開発したそうです。もっとも未だコストの関係で実用化はできないらしいのですが。

淘汰あるいは選択ということばが、その毒々しさを全面展開しています。「優良」品種が選択され、「劣悪」品種は即座に淘汰、すなわち殺される、という作業が日常的にこの業界で積み重ねられています。優良というのは、いかに安いコストで、そしてなおかつ、人間に迷惑や面倒をかけることなく、より多くの卵、肉、乳を人間に提供できるか、です。

かつては一頭の乳牛から、一年に四千キログラムくらいの乳を人間は搾っていましたが、今では八千キログラムを要求されます。六千キログラム程度の牛は即、屠殺場いきです。年一万キログラムが今「優良酪農家」の目標とされています。米国での最高記録は年二万五千キログラム、日本では最近、北海道十勝地方で二頭の乳牛が二万キログラムを突破したそうです（『畜産の研究』昭和六〇年三月号、五四頁）。

本来、母牛が仔牛に飲ませる乳は千キログラムといわれていますから、人間はその八倍もの乳を取り、そして十倍、二十倍もの経済能率を上げさせようとしているわけです。

魔女裁判に発する野生の弾圧

フランスの哲学者、ミシェル・フーコーは十七、八世紀のヨーロッパ史を研究して、実はそれが大幽閉の時代、「監獄国家」の時代であることを証明しました。

私はどうもルネッサンス以降の近代ヨーロッパの歴史が、人間をも含む地上のすべての野生的なるもの、生命の中の野生的要素の絶滅に方向づけられていたように思うのです。この方向が、家畜に対しては家畜化の完成となり、人間に対しては生まれた時から野生的なるものを封殺する家畜調教的教育方法の完成となった、と私は推測しています。

教育と家畜制度の関係、これは大変大きく、根の深い問題ですが、後日の機会に詳しく私見を述べたいと思います。

欧米では、出産の直後に母親から赤ん坊を引き離し、一人で寝させておく、授乳時間の時だけ抱き、あとは決して抱かない、というのですが、こういう育児のやり方を、米占領軍は、占領中に日本国民に押し付けました。そして日本人は、政府も国民も唯々諾々と、受け入れてしまったわけです。

私は、このような不自然な育児法、赤ちゃんの立場からすれば、「魂の殺人」とでもいうべき育児法が、一体どんな経過で欧米に定着してしまったのか、ぜひ、どなたかに教えてもらいたいと思っているのですが、恐らくは、十三世紀から五百年の間、ヨーロッパに荒れ狂った魔女裁判の結果でしょう。

キリスト教会は、女性と母性（そして当然、女性は自然を象徴し、母性はこの大地、地球を象徴します）を敵視し、罪悪視し、悪魔視するという、奇々怪々な教義を打ち立てました。私には、家畜制度合理化のためのつじつま合わせのように思えるのです。魔女裁判は、野生なるもの、人間に征服されていない大自然そのものを、イデオロギーの世界でまず打倒し、潰滅させる役割を果たしたのではないでしょうか。ヨーロッパ人の精神は、このために深く傷ついたのです。このような人々によって、近代の完成された畜産が発明されたという、この歴史的背景を私は指摘しておきたいのです。

第十章

遺伝子工学と動物実験
――家畜制度の最前線

近代科学は自然の切り取り

現在、遺伝子工学についてなされている多くの議論には、一つの重要な見落としがあります。それは、近代の自然科学における「動物実験」の積み重ねが遺伝子工学の成立の大前提になっている、という単純明快な事実です。

そしてさらにいえば、この「動物実験」という方法は、ガリレイ、ニュートン以後の近代物理学の実験主義を生物学に応用したものです。

ガリレイは、ピサの斜塔から物体を落として時間を計測する実験によって、アリストテレスの権威を否定しました。これは、近代の実験主義科学の有名なエピソードです。

しかし、一体ここでいう力学的「実験」の正体はどういうものでしょう。

よく知られているように、ニュートン力学の方程式は、二つの物体、あるいは三つの物体の相互作用を計算できます。しかし、これが何十、何百という物体の相互作用となると、複雑すぎて、実験不可能となります。

ここで、実験というのは、幾億とも知れない無量の万物万象のからみ合いによって成り立っている大自然のごく一部を、勝手気ままに切り取って単純化し、抽象化してゆく手続きであるといえます。

自然を人間の側に切り取る、という発想、ここに重要な意味があります。実は私は近代ルネッサンスのヒューマニズムの本質をここに見出したのです。

ルネッサンスの時代には、少なくとも、三つの要素があります。

第一は、宗教改革です。マルチン・ルターがローマ法王庁の腐敗を弾劾して、宗教改革の火ぶたが切られました。そしてそれを入り口として、ヨーロッパのキリスト教国の一部の人々は、唯一神の束縛から解放されて、人間の欲望の全面肯定に向かい、人間を神の座に押し上げるプロセスに進みました。

第二は、古代ギリシア文明の復興です。ヨーロッパ文明には、二つの柱がある、といわれます。一つは、ヘレニズム、つまり古代ギリシア文明の継承であり、二つはキリスト教文明だ、というのです。

四世紀、コンスタンチヌス皇帝の時代に、ローマ帝国がキリスト教を国教としました。そして間もなく、ゲルマンの侵攻によって西ローマ帝国は滅亡します。ギリシア、ローマの都市文明は解体してゆくのですが、やがてオリエント地方にイスラム文明が抬頭(たいとう)し、キリスト教ヨーロッパ文明はイスラムに圧迫されます。そして十五世紀、東ローマ帝国がついにイスラムに滅ぼされたのち、ギリシア、ローマの文化的遺産がキリスト教ヨーロッパに流入し、ルネッサンスの一つのきっかけをつくった、と伝えられています。

第三は、大航海時代と呼ばれているように、ローマ法王庁にあと押しされた世界征服の開始です。

これらの三つの要素は、一神教教団国家から、その鬼子としての近代資本主義が生まれてくるための前提条件となったといえます。

ルネッサンスに端を発する自然破壊

ルネッサンスの時代精神は、人間主義、ヒューマニズム、人間の権利至上主義、ということができます。

神権絶対主義から人間主義、人権絶対主義への哲学の転換。これが、近代科学の発生期における、パラダイムの変革だったわけです。人間と自然の関係が、劇的にここで一変したのです。

自然は、神から独立した人間にとっての征服の対象として位置づけられるに至ったのです。このような自然観を生み出す芽はもちろん、石器の製造を発明した人類の誕生と共に人間の本性の中に組み込まれていたといってよいでしょう。

人類の三百万年の歴史は、人間がつくり出したこの自然破壊力の発達を、自省と自制の力で封じ込めようとする危険に満ちた波乱万丈のプロセスであったのです。

ヨーロッパ近代とは、つまるところ、この自然破壊のエネルギーの展開を抑制する一切のブレーキ装置が壊れてしまった一つの時代、と私は定義したいと思うのです。この意味で、それは悪の全面開花の時代、ともいえます。

ですから、この時代のヨーロッパの哲学者たちは、よくこの点を観察して説明しています。ロック、ホッブズ、マンデビルなどを読むと、キリスト教会によって悪とされてきたもろもろのことが、むしろ逆に人間社会の発展の原動力として是認され、賞賛されていることに気付きます。

自然は、人間の力を超えた神秘なるものではなくて、人間の思うがままに管理されるべき財産である、というローマ法が、十二世紀以来、キリスト教ヨーロッパに強力に復活してきたのですが、近代ヨーロッパは、いわば火薬と大砲で武装した新ローマ帝国なのです。

ニュートン力学は、何よりも、鉄砲や大砲の弾道を計算する武器をヨーロッパに与えました。近代科学は、自然を破壊する力を幾千倍、幾万倍にもしました。それを武器にして、ヨーロッパは世界を支配し得たのです。

この科学の新パラダイムにおいては、自然は一画ずつ人間に切り取られ、捕虜とされ、監獄に閉じ込められます。それが、科学者の実験室なるものです。そこから科学は始まるのであって、それなしには科学はそもそも成立しない、というのです。

この辺のところを、自然科学者廃業宣言を出された今西錦司博士は、よく理解されていると私は評価しています。またゲーテも、この核心点を突いた叙述をしています。

動物実験はこの線上で、近代ヨーロッパ科学の中に必然的に登場してきました。広い意味では、家畜制度そのものが動物実験を内包しているということはいえます。しかし、前章で述べたように、家畜制度は、ルネッサンス以後の近代ヨーロッパにおいて初めて完成の域に入ったのです。

育種は、すでに動物実験の一つの結果です。人工的な種の創造は、人間が地球上に人工生態系をつくり出す、より大きなプロセスの一要素としての意味を持っています。

遺伝子工学はダーウィンに代わるか

デカルトは、人間機械論という考え方を公にしました。人間以外のすべての動植物が機械のごときものとして定義されるのはいうまでもありません。

一九五〇年代の分子生物学が遺伝子の構造モデルを解明した時、デカルト以来宿題となっていた生物機械論、つまりニュートン力学的に生命を説明するという科学者の夢が表現されたとして、一般世間に大いに歓迎されました。

ついに科学は、生命それ自体を捕虜とし、科学者の実験室の中に監禁することに成功した、と彼らはいうのです。

家畜制度の最前線がここにあります。

リフキンが『エントロピーの法則』(第二巻)で説明しているように、科学は今、ダーウィンに代わる、遺伝子工学の展開を土台とした生物進化論を必要としています。この進化論は、唯一神による天地創造の神話をある程度取り込んだものとなるでしょう。唯一神は追放され、そのポストを全智全能の新人類、超人類、神のごとき人間が占めることとなるでしょう。遺伝子工学を武器とした人間が、自分の都合のよいように地球の全生命を改造するという未来が開けてくるのです。ということはまた、人間の必要としない生物は即刻、この地上から抹殺され、駆除されるのです。

人間はこのような意味で神に成るのです。

しかし、少し待ってください。果たしてこのようなセオリーは、近代科学の根本的性格、すなわち実験的精密数学的手法、手続きの枠内に入るでしょうか。一体、この宇宙の進化のプロセスは、科学者の小さな実験室の中に閉じ込めることができるものなのでしょうか。進化論は、実験科学の一分野として定義できるでしょうか。ダーウィンの進化論は、ビーグル号に乗って世界を探検した結果、生まれたセオリーです。それを証明する材料として、地質学と化石の研究が挙げられます。なるほど、それらの材料は、地球の生命の進化の順序を説明はしています。しかし、弱肉強食の生存競争、自然選択によって進化が行われたというダーウィン説の科学的証明の代わりにはなりません。ダーウィン進化論はメンデルの遺伝学と、ド・フリースらの突然変異説との組み合わせによって、昨日まで命脈を保ってきました。

分子生物学は遺伝子の構造を解明した、といっています。ここに、少なくとも二つの疑問があります。

一つ、原始生物のような単純な生命の遺伝子の中にも幾百億とも知れない情報が組み込まれている、というのですが、この情報は一体誰がどのようにしてたくわえたのでしょうか。つまり、無生物から生命が発生するプロセスは、依然として何一つ明らかにはされていません。

二つは、遺伝子は親と同じ構造を複製するというのですが、それでは種の進化を説明することができないだろう、ということです。

全生物の家畜化を目ざす生物工学

遺伝子工学は、生命の秘密を何一つ解明したわけではありませんが、逆に、生命を破壊する力は遺伝子組み換え技術というかたちで手に入れました。この技術がどのように使われるか、その答えはすでに家畜制度一万年の歴史の中に示されています。

遺伝子工学を含む「生物工学」という領域が、これからやろうとする仕事のカタログを考えてみましょう。そうすると、彼らは、この地球の全生物を人間の欲望の最大限の充足に都合のよいように改造する計画を持っていることがわかります。

家畜（ドメスティックアニマル）制度は、今、遺伝子工学を武器とする人類によって、地上の全生物に普遍的に適用されようとしています。リフキンが『エントロピーの法則』で述べているように、この過程の本質は、生物工学による人工的な生物進化の道のコントロールです。地球上では、種の変化は、百万年を単位として進行します。人間はその速度を百万倍も早めて、何ヵ月、何週間という単位で新種をつくり出そうというのです。その目的は、いまよりも十倍、二十倍も多収穫できる米や小麦、とうもろこし、あるいは一日に十個も卵を産むようなにわとりなど、人間により多くの富を与える「経済動物」を生産することです。

一木一草に宇宙を見る東洋

動物実験の是非が、ここで改めて根本的に問い直される必要があります。それはヨーロッパ式の実験精密科学としての自然科学に固有の手続きです。東洋の医学には、動物実験という方法論は見当たりません。「実験」という概念そのものについての哲学が異なっている、と私は思うのです。

西洋の現代科学では、よく知られているように主観と客観が厳密に区分されています。主観・観察者と客観・観察対象とが相互に切り離された存在なのです。現代科学の方法論の要点は、どのようにして外界の影響を切断して一つの観測対象のみを純粋に測定するか、という手続きにあると私は思います。これを「還元主義的」と名付けるいい方もよくなされます。確かに、要素還元主義という重要な要素も、ここにはあるのですが、しかし私にはどうもこの命名は皮相なレベルで行われているように思えてなりません。つまりこのい方では、「価値論」「価値評価」のレベルが脱(ぬ)け落ちているのです。

万類共尊、この大宇宙の万物万象が、互いにその価値を尊重し、平和的に共存する（An Universe in which all being respect each other values and maintain peaceful co-existenz）。東洋の哲学や知恵、太古の社会のアニミズムの自然観においては、一滴の水、一本の草、一匹の虫といえども、その生命はかけがえのない尊いものであり、そこには無量の全宇宙が宿っている存在として認識されます。ですから、この宇宙観によれば一本の草花にも、およそ量的に測定することのできない無量の空間と時間が内包されている、とみるのです。日本では、和歌や俳句というかたちで、こうした宇宙観が人々の日常の生活感覚の中に定着していました。

このような見方を取れば、観察者と観察対象の間には、共通の宇宙の気脈が流れている、という結論が引き出されることになるでしょう。「情報」が流れるのです。

ついでに、日本語の「情報」と、英語の「インフォメーション」ということばの違いも、問題にしたいと思います。私たちは何気なくインフォメーションの日本語訳として情報ということばを受け入れているのですが、これは少しおかしくはありませんか。

日本語では、情報、つまり感情、情熱の情、なさけの情、なのです。主観が入っているのです。報とは、客観的側面であるとすれば、情は主観です。情報は、主観と客観の相互浸透の産物として表現されているではありませんか。人間のすべての知識は情報なのですが、これは命あり、情ある宇宙の万物万象からの人間へのあいさつなのです。

これに対して、西洋科学の実験主義方法論とは、そもそもどういうものでしょうか。彼らの基本姿勢は、自然を逮捕し、個別に独房に監禁し、そして人間に都合のよい供述を拷問によって自白させようというのです。いかにたくみな拷問技術を駆使するか、これが科学者の腕の見せどころである、というわけです。

このような精神は、実は中世ヨーロッパキリスト教会によって五百年の間実行された魔女裁判、魔女狩りによって準備されたものである、と私は考えています。そしていうまでもなく、この魔女裁判は、ヨーロッパの伝統的な自然医学を根絶やしにしてゆく過程であったのです。

動物実験は人類のエゴイズム

こうなってみると、「家畜」ということばには、まだ救いがあるとさえ感じられます。なぜならそれは、人間の家庭、家族、家というものと何らかの情の結びつきのあった時代の家畜、という表現だからです。

実験動物に対しては、人間の情はありません。情の切断されたところで、初めてそれは成立するのです。だとしたら、そのような手続きによって積み重ねられる知識はどんなものになるのでしょう。情なき知識。死の知識、死へと向かう知識です。

今、地球の人類によって蓄積されている科学の知識は、必然的に生命の破壊と絶滅を志向することになります。

私は、家畜制度全廃論の一つの重要な部分として、万類共尊の立場から、「動物実験反対」の主張を、日本においてもはっきりと打ち出したいと思います。

動物実験を肯定する側の根拠を聞いてみたいのですが、それは恐らく人類の幸福と福祉、健康、人権のために、そして科学技術の進歩のために、動物を実験材料にすることは必要だ、ということ以上には出ないでしょう。人類独尊主義、人間中心主義、人間至上主義の哲学を取る限り、このような一般世間の常識に抵抗することは困難です。

私たちが、地球は一つの生命体であり、人間はこの地球生命体の子供である、そして幾千万種の生物たちは、私たちの血を分けた兄弟である（それはまた、分子生物学の証明した事実でもあるのですが）、という認識に立つならば、人間の福祉という人類エゴイズムによって、私たちの兄弟である動物たちを実験材料にして虐殺することは、情において耐えがたいことであるはずです。

第十一章

ヨーロッパ・エコロジー運動の現状と日本の課題

英国は十二パーセントが菜食者

ヨーロッパのエコロジー運動との系統的な交流を始める最初の試みとして、私は一九八五年の三月から四月にかけて、約一ヵ月、英国、フランス、ベルギー、西ドイツを旅行しました。

これまで、日本での「ヨーロッパみどりの運動」についてのマスコミ報道と交流は、どうも「西ドイツみどりの党」、そしてその反核平和運動に極端に偏していたという印象を私は持っています。そのために、ひどくゆがめられたイメージがつくられていると思います。自然食、自然医学、自然農法といった生活の土台からの建て直しに、ヨーロッパのエコロジー運動はどう取り組んでいるのか、この点をこれからじっくりと見てゆきましょう。

正食運動を欧米に広げた桜沢如一氏の影響は、マクロビオティックということばで、特に米国に定着しています。ボストンに本拠を置く久司御知夫さんの「クシ・インスティテュート」は、一九七〇年代の後半からヨーロッパに伸びています。特に英国とベルギー、オランダが活発なようです。

久司さんのマクロビオティック運動のヨーロッパ本部は、ベルギーのフラマン地方の港、アントワープにあります。私は三月三十日の夜、約二時間半、そこで「マクロビオティックとみどりの政治」というテーマで講演しました。八五年の十月に、マクロビオティックの欧米の連合大会を開き、二年くらい後に、マクロビオティック世界大会を開く計画だと聞きました。

ヨーロッパにはまた、英国を中心として、ベジタリアン（菜食主義者）の運動もあります。ただしこの場合には、乳製品は肉食の中に入れないわけで、私たちのいう穀菜食ではありません。

三月二十二日から三日間、英国ドーバー市公会堂で開かれた「ヨーロッパみどりの運動」第二回大会には、十九ヵ国七百人の人々が参加して、ヨーロッパ全域にエコロジー運動が新しい波として定着していることを実感したのですが、大ざっぱに見て、西欧には七百万人くらいの「みどりの運動」の支持者が出てきていると推測できます。私の第一の関心は、この人々のうち、自然食（穀菜食）を実行しているのはどのくらいなのかということです。

これは国によって随分違うようです。英国とベルギーがベジタリアン的、自然食的風潮の最も発展しているところでしょう。英国ではベジタリアンが今急増していて、人口の十二パーセントといいますから、「みどりの党」の支持者の数倍です。

「動物の権利を守る」が共通課題

ドーバーの大会には、ニューサイエンスの旗手として著名な米国のフリッチョフ・カプラも出席して演説していました。「科学改革」の機運も、欧米のエコロジー運動の中で成長していることはわかります。

私は、いろいろな人たちに、森下敬一先生の腸造血説についての紹介をしたのですが、手ごたえとしては、ヨーロッパのエコロジー運動は未だ、この初歩的な事実をキチンと確認し得ていないと感じました。科学改革という場合、何から具体化されるかといえば、すべての人々にとって最も身近な科学、すなわち医学から、ということになるはずですが。

しかし、私が一つだけ、強烈な印象を受けたのは、ヨーロッパのエコロジー運動の中で「動物の権利を守る」という課題が、共通の政策として合意を得ている、という事実でした。そしてこの課題は、とりあえず、「動物実験反対」運動というかたちで発展しているのです。日本では見られないことです。

英国エコロジー党の綱領の中に、「動物の権利」という一項目があります。そこに次のように書かれています。

「人間の便宜のためにならば動物をどのように利用してもよい、という今日の社会の常識は、エコロジー的社会においては受け入れられない」と。

個人としては、日本でもこうした考えを抱き続けてきた人たちは多いでしょう。しかしヨーロッパでは、それがエコロジー運動のコンセンサスとなっているわけです。確かに、この点ではヨーロッパの運動は本筋に入っており、日本の現状よりずっと先へ進んでいると、評価できます。

西ドイツの週刊誌『シュピーゲル』（一九八五年四月一日号）の動物実験についての特集記事を、少し詳しく紹介してみます。

西ドイツには「動物実験に反対する医師たちの会」という運動があるそうです。この会のハンブルクの婦人科医ディートリッヒ・ベスラーさんが集会で示したスライド（おりの中でイスに縛りつけられているサル、切り裂かれた胴体から内臓がたれさがっている犬、頭に電気ゾンデを埋め込まれている猫、ギロチンで首を切られたネズミなどの）写真が同誌に掲載されています。

多くの演劇、テレビのスターたちもこの運動に参加しているそうです。ハンブルクやハイデルベルク大学の医学部では、学生たちが講義の際、動物実験を拒否しているそうです。
いま全世界では一年間に約一億匹の実験動物が「消費」されている、と『シュピーゲル』誌は書いています（他の論者によると年間二億匹以上となっています）。西ドイツでは約一千万匹と推定されています（日本では二千万匹くらいでしょう。一九七〇年に千九百万匹という数字も出されています。米ソ、日本、この三国が動物実験でも超大国の位置を占めています）。

製薬メーカーが一つの新薬を市場に出すために、平均して十万の実験動物が「消費」されます。また、全実験動物の九十パーセントは化学あるいは製薬産業の研究室で「使用」されており、わずか八パーセントが医学の研究に使われる、とされています。

いわゆるLD―五〇と呼ばれる試験が、特にヨーロッパの動物実験反対運動の標的となっています。この「LD―五〇」というのは、一種の毒性検査です。Lは致死（Letal）を、Dは服用量（Dosts）を意味します。検査すべき物質が異なった濃度でいくつかの実験動物群に与えられます。そして一グループの五十パーセントが中毒で死ねば、検査の目的は達せられるというわけです。

また、数えきれない動物たちが、熱心すぎる若手研究者の名誉心の犠牲になっており、軍事研究でも動物実験は行われています。

ヨーロッパの動物実験反対者たちは、今日の動物実験の源流は、フランスの哲学者デカルトにまでさかのぼることができる、としています。そしてさらに、フランスの有名な生理学者クロード・ベルナール（一八一三〜一八七八）が、近代の動物実験学の土台をつくったといいます。「私は動物の生きた体を死んだ物体と同じように扱うことができるということを教えられた」と彼は書いています。

一八三〇年代にはすでに、ヨーロッパ各地で動物実験に反対する運動が起きたそうです。一九六〇年代の終わりに、それはエコロジー運動と提携して、自然征服的な科学への批判という新しい、より根本的なアプローチを以って復活したわけです。

世界第二の動物実験王国日本

ひるがえって、日本ではどうでしょうか。田嶋嘉雄氏（実験動物中央研究所）は、日本には欧米諸国に見られるような急進的な動物実験絶対反対論者は見当たらない（『ラボラトリーアニマル』第一巻第一号―一九八四年、八頁）、と書いています。しかしそれと同時に、一九七四年十一月の総理府世論調査によると、日本人の間で、動物実験肯定が五十一パーセント、反対が二十三パーセントだったというデータも田嶋氏は引用しています。「一九七〇年の数字では、主要各国の実験動物消費数は、米国が三八〇〇万~四一〇〇万、ソ連が二〇〇〇万、日本が一三〇〇万~一四〇〇万、フランスが四三〇〇万と推定されています」(同上誌、三頁)。そうすると、一九七〇年から十五年経過した今、この数は二倍から三倍にも増えているでしょうから、今全世界で年間二億匹にもなっているでしょう。その中で日本はおそらくソ連を抜いて米国に次ぐ第二の動物実験王国に、いつの間にかのし上がっていたのです。

日本人の伝統的宗教といわれている神道や仏教は、実験室の中であわれに犠牲になってゆく動物たちの運命に心を痛めることはないのでしょうか。

ガンジーは『健康論』の中で、動物実験を生命に対する犯罪として、手きびしく糾弾しています。ガンジーのことばに共鳴する日本人もきっとたくさんいることでしょう。しかし現実には、田嶋氏が書いているように、日本の科学者たちはこれまで何の反対も妨害もなしに、思いのままに動物実験を拡大してこれたのです。日本の世論は、ほぼ無条件にこれを支持してきたのです。

例えば、食品添加物の毒性の問題です。私たち、自然食を実践しているものとしては、化学的食品添加物の全廃を提唱するわけですが、世間一般のいわゆる住民運動、消費者運動などにおいては、食品添加物の毒性を「科学的に」証明しなければならない、という理由から、人間の食べ物の安全性の確保のために、「LD—五〇」の動物実験を当然の前提として容認してしまう考え方の方が、むしろ今日の日本では圧倒的に優勢なのです。

ひどくおかしなことではないでしょうか。

それからまた、反公害運動についても、同じことが見受けられます。

例えば、水俣病の問題ですが、私はかなり以前に、反公害運動の立場からつくられた水俣病の映画を見たことがあります。ここでは水銀が水俣病の原因であることを証明するために、サルを実験に使っていたのです。サルに水銀を注入し、そして瞬間に冷凍するのです。それから、輪切りにしてゆくのです。水銀が脳にも集まっていきます。それで水俣病を説明しようという発想なのでしょう。私はそれを見て、どうしようもない嫌悪感と後味の悪さを覚えたのです。どこか、戦後の日本人は狂っています。

日本にとって、戦後の四十年という時代は、米国の科学技術に追いつき追い越せ、の時代だったのですが、今やこの国家目標は達成されようとしています。そしてその代わりに、日本人は伝統的な食文化を自ら破壊して、米国化するという犠牲を引き受けたのです。

日本列島の数万年に及ぶ人間の生活史の中で、初めて、家畜制度が定着してしまったのです。それが日本人の心をも変え、日本人の自然観、動物観、植物観をも欧米化したのです。

日本の運動は「夜明け前」

しかし、日本人の二十三パーセントは動物実験に反対している（少なくとも心の中では）、というのです。ですから、今後、実情が知らされてゆくにつれて、必ず、日本でも欧米のような「動物の権利を守る」世論、「動物実験反対」の世論が盛り上がってくるに違いありません。

そしてそれから初めて日本にも、本物の、万類共尊という意味でのエコロジー運動の芽が出てくることでしょう。ということは、逆にいえば、まだ日本には人類独尊を超えたエコロジー運動は、一つの大衆的な運動としては成立していないわけです。これがヨーロッパの一ヵ月の旅行から私が得た結論です。

戦後日本のデモクラシーの目標は、人間相互間の「差別」をなくそう、ということでした。だから、「反差別」というスローガンが錦の御旗（みはた）になってきたのです。その結果、日本人の九割が中流意識を持つようになりました。そして一億一心、挙国一致で人間の欲望を満足させるために、地球生態系の破壊を強行しているわけです。

エコロジー運動は、人間中心主義を超越する、この精神的跳躍によって開幕するのです。戦後デモクラシーを超える、このスピリチュアルな飛躍なしに、日本ではエコロジー運動は出現しないでしょう。そしてこのスピリチュアルな飛躍とは、実は何よりもまず、地獄に押し込められている私たちの血を分けた兄弟たち、実験動物たちの救いを求める声を聞く感覚を取り戻す、ということだと私は思うのです。

東洋の叡知を

動物の解放、そして植物の解放、さらにはすべての生命の解放を。

おそらくは、欧米のエコロジー運動は、この方向を目ざして進んでいるのです。そして、だからこそ、それは西洋の文明への根源からの自己批判という哲学的思想的な色合いを濃厚に見せているわけです。

彼らは東洋の叡知を求めています。しかし、日本に東洋は生き続けているでしょうか。

私はヨーロッパで改めてこのことを考えさせられました。

今、欧米のエコロジー運動の中で重要な役割を果たしているいく人かの理論家、学者の名前を聞きました。ルドルフ・バーロ（西ドイツ）、フリッチョフ・カプラ（米）、ヨハン・ガルトゥング（ノルウェー）、テオドル・ローザック（米）、ネス（ノルウェー）という五人の名前が挙げられました。

カプラとはドーバーで、ガルトゥングとはパリで会いました。バーロについては、ボンで「西ドイツみどりの党」の人々から詳しく彼の説を聞きました。ネスについては、ドーバーで「ノルウェーみどりの党」の人々から説明を受けました。彼らはいずれも、東洋の哲学や宗教に深く傾倒しています。ガルトゥングは「ガンジー評伝」を近く出版するといっていました。

彼らが求めている東洋の文化は、日本に生き続けているでしょうか。三月二十九日夜、私はパリで、東洋と西洋の関係について三時間ほど講演する機会を与えられましたので、世界史の発展段階についての私の説を簡単に要約して話しました。私はそこで、西洋の一神教キリスト教文明による、三波にわたる日本列島侵略と植民地化の試み、について述べました。

第一波は、戦国時代末期、スペインとポルトガルによる企図です。これに対して日本は切支丹禁止と鎖国を以って応えました。

第二波は、幕末です。英仏米そしてロシアの四国が、日本占領とキリスト教化を企てています。すべての日本人が知っているように、明治維新と文明開化で対応しています。

第三波は、敗戦と米国の占領、国家神道の禁止、キリスト教化が企図されました。

すべてこの企ては失敗し、日本はキリスト教国になりませんでした。日本列島は依然として八百萬(やおよろず)の神々の住むところです。

しかし、科学の世界だけは一種独特です。日本の科学界では、キリスト教をとびこえて、無神論、唯物論が支配的です。この人々には、仏教や道教、神道の世界はとてつもなく縁遠いのです。科学界が変わらなければ、日本列島のエコロジー化は不可能です。そして、今、科学界の変化が日本独特のスタイルで始まろうとしているように私は思います。

例えば、この四月三十日に発足した「みどりの文明学会」ですが、会長に茅誠司元東大総長、副会長に筒井迪夫東大教授、常務理事に朝倉孝吉成蹊大学長、福岡克也立正大教授(事務局長)、三島昭夫朝日新聞編集委員、この他に理事として、ノーベル賞の福井謙一京大名誉教授他、東大、京大、一橋大、同志社大、早大、慶応大の教授や、NHK、共同通信、日本経済新聞の有力な記者たちなど約三十人が名をつらねています。日本の世論の中に、みどりのトーンが次第に大きくなろうとしていることを実感します。

これまで奥深くひそんでいた東洋の叡知が、一斉に新たな芽を吹き出す時期がきているようです。時がくれば、日本人は一夜のうちにエコロジー的に変心する底力を秘めている、と私は信じてきました。

表面的に見ると、日本のエコロジー運動は欧米に比べて大変遅れていて、その力はまことに微々たるものですが、目に見えない、内に秘められている不思議なパワーを、よく研究する必要があります。

日本は、おみこし社会という一面を持っています。明治初年からの日本人のおみこしは、欧米流の唯物論的、自然・生命破壊的科学技術でした。今や私たちは、エコロジーを、万類共尊を、おみこしに、ご神体にして、みんなでかつぐ時がこようとしているのです。

第十二章　肉食の生理学と病理学

「死」を食べる肉食

まず、植物食と肉食を比較して、どこに根本的な違いがあるかを考えてみましょう。

一目見て明らかなことは、植物食は原則として生きているものを食べる、ということで、した（過去形の「でした」というのは、いまや化学的食品添加物やさまざまな加工食品化によって、植物食といえども、命を失っているものが多くなっているからです）。

これに対し、肉食、動物食は原則として、「死体」を食べるわけです（生乳や鶏卵は未だ生きているとはいえますが）。ここから、どういう結論が出てくるでしょうか。

植物食の方に、問題なく食べ物としての優秀性が与えられます。

肉食は「死」を食べるのです。すなわち、動物が死亡したその瞬間から始まる、この死体を分解する腐敗菌の活動を、一緒に食べることになります。この腐敗過程に対抗するために、焼いたり、煮たりして熱を加えるのですが、それでも刻々分解と腐敗は進みます。腸の中でも腐敗が進行します。それがひどくなると、よく知られているように、「食中毒」を起こすわけです。

動物が死ぬと、微生物が繁殖してその死体を分解し、無機元素に還元する。そして大地に戻る。これが自然の成りゆきです。

私たちは、哺乳動物の大ファミリーの一員です。

哺乳動物は、大型爬虫類が地球の大きな天変地異によって滅びたあと、今西錦司氏のいわれる「大進化」を遂げたわけですが、同時並行的に、いやむしろそれに先行して、植物界も「大進化」(顕花植物の登場)を実現しています。

ここで注目すべきことは、昆虫と、そして鳥の役割です。昆虫は八十万種といわれ、動物の三分の二を占めるそうです。昆虫は植物の生存にとって、切っても切り離せない大切な仲間です。そして昆虫の世界でも、もっぱら植物を食べる種と、他の昆虫を食べる種とに分かれていて、生態系のバランスを取っています。

鳥もまた、植物性の種と、肉食性(昆虫や他の鳥を食べる)の種とでバランスを取ろうとしています。哺乳動物のファミリーも、同じように、主流としての植物食の種と、少数の補完的抑制要因としての肉食性の種とに分かれてバランスを取っています。

人間の祖先は食虫性

人間を含む草食動物が、植物（その炭水化物）を食べて胃腸の働きによって血液をつくり、血液が体をつくってゆくプロセスは、森下敬一博士の著書によって詳しく解明されているので、ここではあえて触れないことにします。

肉食動物の場合には、動物の肉（蛋白質）をいったん炭水化物に分解するという手続きが、余分に必要とされます。栄養消化の過程において、大きなハンディキャップが課せられているわけです。つまり、食物消化に、より大きな負担がかかっているのです。

動物行動の観察者たちは、大蛇が獲物をのみ込むと、それが消化されるまで一週間も一ヵ所にじっとしている、といっています。ライオンやトラのような動物についても、似たような事実が報告されています。

哺乳動物の中で肉食と植物食の種の行動を比較してみると、肉食動物は概して、孤独、早熟、早老、寿命短く、家族や群れは安定せず、夜行性、という特徴があります。

草食動物は、群れをつくり、寿命はより長く、太陽の出ている間は活動しています。

最近の人類学者の研究によれば、人類の故郷アフリカに生まれた人類の祖先には、植物食型と肉食型と、二種あったようだ、そして植物食型は肉食型に滅ぼされたのかも知れない、などといわれています。三百万年もの昔のことを、かすかな遺跡を手がかりに推測することは大変難しい話です。

西丸震哉さんは、人類の祖先は一千万年ぐらいさかのぼって、その食性は、植物および虫だったのではないか、という説を立てています。恐らくこの時代の祖先の姿は、身長一メートル以下のかなり小型のサルのようなものだったのでしょう。

虫を食べる、ということは、ありそうな話です。そして、いま私は考えるのですが、虫を捕まえるということは、虫の習性、虫の食性を観察することにつながるはずです。つまり、虫がどのような植物を食べるか、を知ることになります。食虫性の人間の祖先たちは、虫のあとから、さまざまな禾本科や菊科など、最も新しくこの地上に出現してきた植物の食べ方を学んだ、といえないものか、と私は思うのです。

人間とサルの食性は、どこで決定的に違ってきたのか、といえば、それはサルが木の実（果物）どまりであるのに対して、人間は禾本科の草の実（穀物）を食べることを知ったことに違いありません。そして実はそれは、人間（の祖先）よりも先に、虫や鳥たちが食べていたわけです。人間は、虫を追ってそれを食べるようになった、という説も立てられるでしょう。

熱帯雨林から周辺の草原へ、人間の祖先がのり出していったのは、虫や鳥に導かれていったのかも知れません。熱帯雨林の中では、サルは安全でした。いわゆる天敵がいないわけです。このことは、最近の霊長類学の研究によって確かめられています。

安全なこのジャングルから草原地帯へ、人間の祖先が何らかの動機と必要があって出ていくわけですが、一千万年前のアフリカ、あるいはそれ以外の土地での熱帯雨林のまわりには、どんな生態系が展開されていたのでしょうか。

当時の人間より、ずっと大型の哺乳動物（草食および肉食）がすでにすみ分けていたのです。

人間の祖先は、どこに自分たちの生態学的な位置を新たにつくることができたのでしょうか。彼らは、幾巨万年もの間、熱帯林を出たり戻ったりしていたはずです。そうしている間に、他のサル類との食性の違いが決定的になったというわけでしょう。そしてその間に、身長、体重、脳の大きさが大体二倍くらいになったと推定されます。

少しずつ森から草原に位置が移ってくると、人間の祖先たちは、すでに展開されている、哺乳動物の中の草食と肉食の種の相互関係の中に引き込まれることは必至です。

彼らの最初の食性は、植物と虫、そして植物の中で禾本科や菊科、そしていも類が大きな比重を占めることになったでしょう。

人間が使った最初の道具は、いも掘りに使われた棒や小石であると推定してもよいかと思います。いもを食べるのは、虫やネズミのたぐいでしょうから、ここでもまた虫が出てきます。

人間に先行する草原地帯の哺乳動物とは、こうした食性は直接ぶつかり合うことがありません。草原に次第に定着してきた人間の祖先の前に、馬、シカ、羊などの草食哺乳動物と、彼らを食べるライオン、トラなどの肉食動物の食み合い関係が展開されるのみでなく、人間はそこでどういう役割を果たすのか、という新たな問題が生じました。

肉食のきっかけは猛獣との戦い

二つの状態が考えられます。

一つは、ライオンやトラが人間を時々襲って食べてしまう、という事件です。

二つは、彼らが他の草食動物を襲って食べている状況を目撃することです。

前者から生まれてくるのは、いかにしてライオンから自分たちを防衛するか、という問題です。あいにく、熱帯林のように逃げ場としての樹木がありません。そして人間の生理は、馬のような逃げ足を持たないわけです。

彼らは、当初は森の中に逃げ込むこととしていたでしょう。逃げるという態勢から、棒や石を道具として、武器として戦うという姿勢への転換が、どこかで起きたに違いありません。

そしてこの変化と並行して、ライオンのように草食哺乳動物を食べる「肉食」という食性もまた、人間の中に生じたものと考えられます。

ライオンと戦うということは、人間が肉食動物化する道につながります。ライオンと戦う技術は、容易に草食哺乳動物に対する狩猟に転用されます。

おそらくこのような人類の習性の本質的といえる変化が、一千万年前から三百万年前の間に、すなわち、ざっと七百万年という時代の流れの中で、アフリカ、その他の熱帯林とその周辺を舞台として生じた、と考えたいのです。

人類にとって、つまり、この七百万年の間に、一つの重大な選択が行われたのです。

森林から草原に出た時、ライオンやトラから他の草食動物のように逃げまわる一方であれば、人類はそうした草食動物の一種として生態系の中に組み込まれていったでしょう。

あくまでも逃げるか、それとも立ち向かうか、大変微妙なところにいたわけです。逃げたり、対決したり、態度は転々としたことでしょう。そして、この過程の中で、人類は道具を武器として、ライオンの爪やキバに対抗することを学んだわけです。

氷河期、マンモスが絶滅した

熱帯林から草原に出て、そこでライオンのような大型肉食哺乳動物を道具、武器で打ち負かしたのは、恐らく五百万年前、その前後の二、三百万年の出来事だったのでしょう。たぶんその時、人類独尊型の今日の地球の状況に向かってスタートしたのです。人間を取って食うような種はいなくなったのです。

百万年くらい前から、人類はアフリカ、ユーラシア大陸の全域に広がり始めています。そして今、人類は地球を独占し、独裁的暴君としてふるまうようになったのですが、その原点といえば、人間が草食動物の繁殖力、持久力、集団としての団結力と、肉食動物の破壊力、攻撃力とを併せ持つに至った五百万年前（プラス・マイナス二百万年）の時代に求められるのです。

このような食性と習性を持つに至った人類のうち、ヨーロッパと中央アジアに住みついた人々は、氷河時代に、肉食的狩猟的要素を特に強く発展させました。今の自然人類学で、コーカソイド、コーカサス人種と呼ばれる白色人種、アーリア人種です。

これらの人々の中に、「肉食の病理」が著しく発達したことは疑いありません。彼らの先祖たちは、氷河期のユーラシア大陸でマンモスを狩りつくして、ついに絶滅させてしまったらしいのです。これは実に、武装した人類による、生物絶滅の第一号と思われます。

肉食動物も、自然の生態系の中では決して破目（はめ）を外すようなことはなく、そこにおのずからの節制がなされているのですが、人類は道具の発明と応用によって、生態系破壊への道を切り開いたのです。人間の肉食が、あるいは肉食動物的行動が、ここでは地球の自然生態系の病気となっているわけです。

生態系の中の未完成種＝人間

肉食が、どのような生理的プロセスを経て、肝臓から脳へと伝わり、怒りと猛獣的闘争心をかき立ててゆくか。これは重大な学問上の宿題ですが、状況証拠的には、はっきりしています。

プロレスリング。これはいかにも欧米の肉食民族にふさわしい格闘技ですが、レスラーはバケツ一杯の肉を毎日食べるなどといわれています。

肉食による怒りっぽさの感情の裏には、常に相手に対する恐怖の念がひそんでいます。殺(や)らなければ殺される！　いつもこんな気持ちでいるのです。やられたらやり返せ。あるいはもっと進んで、やられる前にやれ！　こうした感情が心を支配することになります。恐怖、あるいは警戒心。これは肉食動物に襲われる草食動物の心理ですが、人間には肉食動物の闘争性、攻撃性と同時に、草食動物の恐怖心も共存しています。これでは、まるでまとまりがつきません。

人間の本性は何なのか。これは、長い間、哲学や倫理道徳、宗教の問題として、人々の間で論じられてきました。最近では、人類学、心理学などの専門科学の問題としても、種々研究されています。そして、さっぱり問題の核心に達しないのです。しかし私の意見では、これは研究の方法、思考の手続きに誤りがあるのです。

人間の本性を、人間だけで限定してどれほど細密に考えても、正しい解答には至ることはないでしょう。なぜなら、東洋の知恵がすでに洞察しているように、万物は相関しており、人間の本性は、すなわち全宇宙の万物万象のネットワークの中にのみあるからです。

そして何よりも、人間とは何かという問いに対する答えは、人間の食べ物の中にあるのです。けれども、人間の独自の、さらに自然の秩序に順応した食性というものが、未だ確立されていない、というのが実相なのです。

とすれば、人間はまだこの地球で、生態系の中に安定した地位を占めていない存在、自分が何ものであるか自分にも分からない未完成、ないし未熟の種、あるいは地球にとって危険なできそこないの種である、というべきでしょう。

自分たちは何を食べるべきか、はっきりと自覚していない種、これが人類なのです。

現代日本のアイドルスター松田聖子さんと神田正輝さんの二億円結婚式の記事によると、五百人余りの招待客のために、松阪牛三百頭が殺されるのだそうです。といってもこれらのお客が一人で牛の半分を食べるわけでもなくて、シャトーブリアンという特上とされる部分の肉（一頭から一キログラムとれる）を食卓にのせるために、こういうことになるとか（『週刊朝日』一九八五年六月二十八日号、一二二頁）。

すでに数千年も前から、王侯貴族の結婚式においてくり返されてきていることとはいえ、一組の日本人男女が結婚するのに、三百頭の牛が屠殺されるというわけです。

人間以外の動植物の性と繁殖のいとなみにおいて、他の生きものをこんなに犠牲にする例は、まずありません。人間の増上慢（ぞうじょうまん）ここに極まれり、といいたいところです。

こんなことを、自然はいつまでも許しておくでしょうか。

人間の本性は、人間をとりまく自然、動植物の側から定義されるべきだと、私は思います。天地自然の側から観察すれば、人類の食性は異常な狂いを示しています。そして、食性の狂いにつれて、生殖、繁殖機能にも狂いが生じています。

宇宙秩序に則った食性を

植物生態学者の宮脇昭横浜国大教授は、「私たちが、人間の共存者との共存を拒否した時に、いわゆる公害や自然破壊の問題が起きてくる。従って、現在の環境破壊の本質というのは、邪魔者を皆殺しにしようとした人間の、あくなき、自己維持のエゴイズムが根源となっていることは確かである」（『生きものの条件――植物生態学の立場から』柏樹社、三七頁）と指摘しています。

宮脇氏のいわれるように、人類独尊のイデオロギーの適用によって、今日の公害と環境破壊が起きているのですが、この人類独尊イデオロギー形成の根は、今常識的に考えられているほど浅いものではない、すなわち、まず五百万年はさかのぼって問題は発生している、と私は指摘したいのです。

しかし、人間にも高尚な倫理道徳、愛、慈悲などの性向が一部にそなわっていることは事実です。これをどう説明したらよいのでしょうか。

これは人類の天与の食としての穀物菜食、とりわけ稲の実、米という穀物の一種を「主食」とする人々の食性から説明できます。

倫理学では、人間の道徳は本性の内からくるのか、それとも人間外から、超時間的なところ、すなわち神のようなものからくるのか、という論争が続いているのですが、クロポトキンが『相互扶助論』の中で、人間の道徳が動物の相互扶助の習性の延長である、と説明していることは有名な話です。

しかしクロポトキン説も、説明不十分です。なぜなら、人間は自然と対決し、自然を征服する傾向を示していて、この点で他の動植物の仲間たちと異質な危険性を持っているからです。

それを、人間の食性の誤りによって説明していかなければ、人間行動の善悪の問題を解決する道が見つからないのです。善といい、悪という。それを判断する基準は、地球の生命の生成発展に置くべきなのです。この基準から、人類は自分たちの食性を反省し、宇宙の秩序に合うように改めることを、大自然そのものによって求められているわけです。

第十三章

家畜制度と地球生態系の破壊
——動物解放への序説

『沈黙の春』の危機

一九六〇年代に、米国で『沈黙の春』（カーソン著、邦訳新潮社）が出版されました。農薬、特に殺虫剤の多用によって、やがて虫も、鳥も死に絶えてしまう、沈黙の春がやってくる、という警告です。

それから二十年、状況はどう変わったでしょうか。農薬の害を訴える世論は広がりました。農薬を使わない自然農法の意義も、公に論じられるようになりました。しかし、地球全体では、逆に、農薬と化学肥料の多用は深く進行しています。

第二次大戦後の時代は、人間と地球生命体の関係においては、人類が昆虫を絶滅する意志を実行に移し始めた時代、といえるでしょう。

昆虫について、少し触れてみたいと思います。

地球学、地質学によると、地球の歴史は次のような段階に分けられます。

一、無生物の時代（四十六億年前に地球誕生）
二、原生代（三十億年くらい前から六億年前まで）
三、古生代（六億年前から二億五千万年前まで）
四、中生代（二億五千万年前から一億年前まで）
五、新生代（一億年前から現在まで）

古生代に生物は海から陸に上がりました。まず植物が、そして次に動物が。

昆虫は古生代に生まれ、そして中生代、新生代と、数億年の間に地球のあらゆる陸地に広がりました。現存する動物のすべての種の八十パーセントは昆虫である、と推定されています。

昆虫の主たる食べ物は植物です。

人間の祖先が新生代もずっと下って、一千万年前に姿を現しました。三百万年前には、私たちの祖先は石器を道具として使うことによって、他の動物からかけ離れた威力、破壊力を持つことになりました。

一万年ほど前の農耕牧畜革命によって、人類が栽培作物をつくり、また野生動物を家畜として飼育するようになって、事態は激変したのです。つまり、人間は、鳥や虫や獣たちを、自分たちの財産である作物や飼育動物を横取りする、不らちな「敵」として認識するようになったのです。

農業の歴史は、「害虫」との戦いの歴史である、ということができます。しかし、第一次世界大戦で毒ガスなるものが使用されるまで、そしてその技術が殺虫剤製造にふり向けられるまで、人類は「にっくき害虫」との戦争で、必ずしも決定的優勢を得ることはできませんでした。なぜなら、昆虫は数億年を生き抜いてきただけに、たくましい繁殖力をそなえているからです。

いま、米ソには、ごくわずかな量で数十億人を殺すことのできる毒ガス様の兵器が用意されているといわれています。この技術が、殺虫に、昆虫皆殺しに、向けられているのです。

生態系の破壊は自滅への道

地球生態系を人類が破壊してゆく、という時、私たちはその破壊の範囲がとてつもなく広大であることに気付いています。

破壊の第一は、大気そのものです。大気とは何でしょうか。

子供用の『地球』（学研の図鑑）の二八頁に、「植物がいまの空気をつくった」と書いてあります。このように、二十億年の間、海中の植物のはき出す酸素によって今の大気がつくられた（窒素約八十パーセント、酸素約二十パーセント、アルゴン一パーセント、その他いくつかの微量成分、特に水蒸気と、炭酸ガス、二酸化炭素）ということは、世間の常識となっています。

原始の地球の大気は、今の金星の大気（二酸化炭素九十五パーセント、窒素四〜五パーセント、その他一パーセント）と同じようなものだったと考えられています。つまり、酸素はほとんどゼロだったのです。

四億年前、植物の光合成、炭素同化作用によって、大気中の酸素が急増してきます。そして、植物のつくったこの大気中の酸素によって、動物は生かされているのです。そしてまた、動物が出現して酸素を消費することによって、酸素の比率が二十パーセント以上に増えることを抑えています。

もし酸素の比率がどんどん高くなってゆくと、発火、爆発しやすくなり、地上に生命が生き続けることができなくなります。

今、人類は二つの方向で、この大気を破壊しています。

一つは、酸素の生産者である植物、森林を破壊することによって。

もう一つは、化石燃料の大量消費によって、二酸化炭素の比率を高めることによって。


破壊の第二は、水です。水は生命の母です。

しかし、陸上の動植物は塩分を多く含んだ海水では生きていけません。淡水と呼ばれる、河川水と地下水、これは地球上の水のわずか一万分の一にすぎません。この部分を人類は今、ひどい勢いで汚染しています。


破壊の第三は、森林です。

今、人類は、地上の森林の生長量の十倍を伐採しています。このスピードでゆくと、百年のうちに地上の森林はゼロとなるでしょう。それが人類の自滅となることは自明です。


破壊の第四は、表土です。

植物が育つのは、地表わずか一メートルかそこらの表土ですが、これまた、数億年かかって地球が育ててきたものです。

人類は、この貴重な生命の母を破壊しています。今、地球上の農地には、表土が三兆五千億トン存在するのに対し、土壌流出は年間二三〇億トン。つまり、年率〇・七パーセントの割合で減ってゆくといわれています（レスター・ブラウン編著『西暦二〇〇〇年への選択——地球白書』実業之日本社、九九頁）。ということは、このままでゆくと百年余りで表土はほとんど消えてしまうわけです。

家畜化は魚、虫、微生物へと

大気、水、みどり、土地。この四つの面で、私たち人類の「文明」は、百年かそこらの間に地球の生命の土台そのものを絶滅させるように動いています。

地球生命に対する人類の罪。これはあまりにも明らかです。そしてこれはまた、未来の人類の子孫に対する罪でもあります。このような地球への罪に対して、私たち人類全体が総懺悔（ざんげ）することが求められていると、私は思います。

かつて、明治、大正の時代に、西田天香さんは、在家仏教を実践して、「懺悔の生活」ということを提唱されました。

今、私たちは、天香さんの境地を一歩深めて、「地球生命体への人類の総懺悔の生活」

（これを、私たちはエコロジーの運動、万類共尊の地球を目ざす運動と名付けています）を実践しなければ、二十一世紀は人類が地球生命を道づれにした破滅の最終局面となってゆくでしょう。

私は、この地球への懺悔の生活の第一歩は、肉食全廃、家畜制度の廃止、動物の解放、だと思います。

動物。これは海中、水中の動物と、陸上の動物とに分けられます。陸上の動物は、昆虫、鳥、爬虫類、哺乳動物です。そして、私たち人間は、哺乳動物の一員としてこの世に生まれながら、一万年来、この仲間たちに徹底的な絶滅戦争をしかけてきました。

その結果、今では、家畜化された幾種類かの仲間をのぞく野生の哺乳動物たちは、すでに絶滅されてしまったか、あるいは間もなく絶滅させられる状況に追い込まれています。いずれの種も、生息地を破壊され、個体数が極度に減少しています。

人類の地球破壊の原点は、この哺乳動物のファミリーに対する暴力的支配にあるといえるでしょう。

哺乳動物界で、人類の個体数は今、とび抜けて大きな数（四十八億）となりました。家畜（犬、猫、牛、馬、ブタ、羊など）をすべて合計しても、人口の数には及びません。

ネズミは厳密には家畜ではありませんが、人間に寄生していて、人口数に匹敵するぐらいの数があります。その他の哺乳動物の個体数は加速度的に減っています。これらすべてを合わせて、一億もいるでしょうか。

こうして、野生の哺乳動物の絶滅は間近いこととなっています。そうしておいて、人類は「野生動物の保護」などといい出すのです。これは動物園化を意味しています。

野鳥もまた、狙われています。人間の家畜となるにわとり、七面鳥などをのぞく、すべての野鳥が、哺乳動物の仲間と同じ運命をたどろうとしているのです。

そして次には魚です。一九七〇年代に、漁獲量は、魚の自然の繁殖量を超過しました。そこで人間は、魚の家畜化を本格的に推進し始めました。野生の魚の滅亡と、まさに家畜である養殖魚の時代にまっしぐらに進んでいます。

最後に、虫と微生物が残りました。

人類は、虫を益虫と害虫に区別し、害虫を皆殺しにしようとして、殺虫剤をつくり出しました。微生物については、遺伝子工学を使うことによって、同じ結果を生み出そうとしています。

人類の動物支配は、今、ようやく完成の域に達しようとしています。

牧畜革命が地球破壊の発信点

奥井一満北里大学教授は、「あまりにひどい人間のルール違反」について、次のように説いています。

「ヒトの非生物学的特徴が行為となって現れた時、それは、傍若無人、まさに横暴極まりないものとなる。はっきりいって、地球の生物の共存とか生態学とか、すべてを等価値、あるいは対等とする見方でみると、今日のヒトという動物種の存在は悪としかいいようがない。その根拠は、これまで述べたように、生物界のルールを無視して、生物界に居座っているからだ。あらゆる規律を無視し、周囲に迷惑を及ぼしながら『俺にも住む権利がある』と居直っているマンションの住人のようなものだ」（『はみ出し者の進化論』光文社カッパ・サイエンス、二〇五―六頁）

ヒトが、生物社会のルールに違反している、という時、その核心は、私たち人類が他の動植物と「すみ分け」（今西進化論）ようとせず、地球を人類のみで独占して、他の生物を排除しようとしているところにあると、私は解釈しています。

しかし、ヒトといえども、初めからこのような罪を犯したわけではなく、また自覚してこの道をたどったわけでもないでしょう。

どこかで、ヒトは道を誤り、生物の秩序の破壊者となり下がってしまったのです。そしてそのことによってまた、自らの命の核をも破壊して、不幸と悲惨、地獄をつくり出したのです。

どこでヒトは決定的な生物社会にとっての悪への道に入り込んでしまったのでしょうか。

私は、それは草食性哺乳動物を獲物から家畜に転換することを意図した時だと理解しています。狩猟から家畜化へ。これを人類学者は、「新石器・牧畜革命」と名付けています。この「革命」なるものは、実は人類独尊による地球破壊への発進の号砲だったのです。

仏教は「縁起の法則」ということをいいます。この伝でゆくと、ヒトがこのような道に迷い込むには、それなりの縁起があるはずです。すでにそれは起きてしまいました。私たちにできることは、今、万類共尊の立場から状況を正しく認識することです。

そうなれば、私たちはどのようにやり直したらよいか、そのやり方を知ることができます。

地球意識への目ざめ

「地球意識への目ざめ」ということがいわれています。

『グローバル・ブレイン』という本があります。グローバルな、地球的な脳という意味を表現しようというのです。著者はピーター・ラッセル、出版社は工作舎です。

私は、この本の著者の博学多識と華々しいイマジネーションには敬服の意を表することにやぶさかではありませんが、この若き米国の秀才の感受性には、地球の生きものの痛みと苦しみ（人間によって押し付けられている）が、ひどく縁遠いものとしてあるのではないか、と思いました。

「地球意識への目ざめ」とは、私たち人類の存在と行動を、地球の立場から見るということでしょう。

地球は今、私たちヒトのふるまいを、どう見ているのだろうか。つねにこのように考え、反省すること、それが万類共尊的地球意識というものです。

これに対して、「人類独尊的地球意識」というものも、あり得ます。これは実は、地球の目ざめではないのです。それは、人類と地球の対決の意識です。ヒトによる地球征服、地球の奴隷化の志向です。

地球はヒトの召使いと見なされ、ヒトの財産として定義されるのです。

ピーター・ラッセルのいう「地球意識」がどちらの立場に立つものなのか。この問題はじっくり考えてみようと思っているのですが、判定の基準だけは明確にしておく必要があります。

それは、家畜制度是非に対する態度です。ここでは三つの立場が可能です。

第一は、明確な家畜制度肯定の立場です。人類の福祉増進の役に立っている、というのです。

第二は、家畜制度否定、動物解放の立場です。動物をヒトの奴隷状態から解放する、という方向です。

第三は、家畜制度については態度保留、意見なし、中立的、無関心、視野に入ってこない、答えたくない、答える必要なし、という立場です。今の日本人にはこのタイプが多いかも知れません。

第一の立場をとるとすれば、その地球意識は、必然的に人類独尊となります。地球への関心は、ヒトの財産としてのこの地球をどのようにうまく管理してやろうか、という方向に収斂（しゅうれん）してゆきます。

家畜の大部分は、哺乳動物です。つまり、私たち人類の最も近い同族なのです。この家族の中に、分断の一線を画します。こちらはヒト、むこうは家畜。生かすも殺すも、ヒトの「自由」です。ここですでに、「自由」ということばに変質が起きています。ヒトの自由は、家畜にとっての束縛であり、自由の反対です。ヒトの自由の拡大は、家畜の自由の、より完全な喪失です。

よみがえれ、トーテミズム

人類は、家畜制度を確立することによって、もともとヒトの中に内包されていた非生物的傾向を固定化させ、反生物的動物に転落してしまいました。「いずれにせよ、人間の非生物的な面は、挙げていったらきりがない。そんな存在が生物の世界にいるということが、そもそもの矛盾のはじまりだ。ヒトは、動物面（づら）をすること自体、おこがましいのである」（前掲書、二一二頁）

ヒトの反生物的傾向とは、端的にいえば、死物への逆転に向かう傾向です。ヒトは、動物界にこの要素を持ち込み、そして次いで、植物界にも同じものを持ち込んでいます。ヒトの「文明」のいきつくところ、その理想とするところは、荒涼たる死の世界です。

ニーチェは、十九世紀末にこのことを指摘しました。神は死んだ。ニヒリズム万歳。これがニーチェの天才的な時代への洞察だったのですが、彼の予見したニヒリズムは第二次世界大戦後になってようやくその一部を世に現すに至りました。

石器を道具とした人類の本性の中に、この「ニヒリズム＝完全なる死と破壊」が組み込まれていることは明らかです。そしてそれは、ヒトが生命創造のエネルギーを発見し、応用するに至ったこととの裏面なのです。表、大ならば、裏もまた、大なり、というわけです。

かつて人類は、トーテミズムによって、動物たちとの血縁関係を自覚しました。これは三百万年の試行錯誤と反省ののちに、祖先たちがたどりついた一つの「エコロジー的＝万類共尊的」宇宙観でした。このコスモロジーの中で、祖先たちは狩猟の威力、破壊力を自ら抑制し、歯止めをかけることの必要を自覚していたのです。

家畜制度の採用は、このトーテミズムの枠組を完璧に粉砕しました。人類の意識の中で、自然破壊へと向かう傾向が野放しにされたのです。それだけでなく、それ以降、トーテミズムを守る人々を、野生人、野蛮人として狩りつくすプロセスもまた始まったわけです。

家畜制度全廃論と動物解放論とは、私たちの祖先のトーテミズムの今日的よみがえりと発展でもあるのです。

付章１「動物実験」の歴史と現状

動物実験の起源

動物実験は、近代西洋科学の一部として開発されたものです。

「動物実験法は動物に刺激を与え動物が示す反応を解析する方法で、医学・生物学の研究になくてはならない手段である。したがって、医学の進展は動物実験法の開発によってもたらされたといってよいであろう。医学研究には人体を使うことができないから、古くから研究が行われていながら、その進歩はみるべきものはなかった。十八世紀になって臨床観察や死後の解剖時代となり、二十世紀になってようやく動物を使って実験が行われ、以後急速に実験医学が盛んとなった。特に今世紀後半における実験医学の進歩は画期的であるが、その推進力は開発された動物実験法によるといえる」（中村、奥木共著『生物・医学実験学――実験動物の生物学』北隆館、一二六頁）というわけで、この短い文章の中に、死と破壊をこととする現代西洋科学者の本音がよく表現されています。

最初にこの破壊主義的、暴力主義的西洋医学の標的とされた動物はネズミです。愛玩用のハツカネズミが、十九世紀のヨーロッパで、実験動物用のマウスとして飼育され始めました。

ほぼ同時に、ラットが出てきます。野生のドブネズミから実験用ラットへ、という道筋です。モルモットも愛玩用から実験動物に転用されました。いずれも十九世紀のヨーロッパから始まっています。

ハムスターは、一九三〇年にヘブライ大学のアハロニ教授がシリアで捕獲したのが初めで、それからあっという間に世界中に実験動物として広がりました。その後、ウサギ、イヌ、ネコ、ブタ、サルなどの動物の実験動物化が進められています。

動物実験の現在

「実験動物の開発の方向として次のことが考えられる。最も重要なことは実験の目的に適した特性を持つことであるが、使いやすい動物ということから性質が温順、小型で飼育管理に多くの労力を要しない、飼育に広い面積を要せず、器材も小型で経済的であること、繁殖・生産が容易かつ計画的に量産が可能であって、必要な数の動物がそろえやすく、一時に大量使用できるなどがあげられる。

例えば、マウスは一世代が短く、一年に三~四回継代できること、それによって遺伝的要因のコントロールが容易であることなどからさまざまな特性を持った系統がつくられていること、固定・麻酔・投与など実験しやすいなど多くの利点がある。しかし、血液・尿など検体が少ないこと、臓器が小さく観察・処理しにくいこと、外的条件に影響されやすいことなど、不利の点がある」(前掲書、一〇七、一一〇頁)

地球上に生存する動物の種類は百万ないし百五十万種といわれますが、この中で実験に使用されている動物種は五八五種だそうです(前掲書、一一六頁)。

そしてそれは、①実験動物、②家畜、③愛玩用動物、④野生動物(Animal obtained from Nature)の四種に区別されています。

実験動物の用途は、①研究、②検査(この中に、毒性試験が含まれます)、③診断、④製造(ワクチンなど)と大別され、そしてさらに七十項目に細分化されています。

実験動物の食べ物は、最近は固型飼料(動物に選択の自由がない)化の大勢にあります。

無菌動物 Germfree が研究者によって求められています。帝王切開または子宮切断術で胎仔(たいし)を無菌的にとり出し、無菌環境(アイソレータ)内で人工哺育(ほいく)しようというのです。

ノトバイオートGnotobioteは、無菌動物に特定の微生物を定着させたものです。SPFは、無菌動物またはノトバイオートに、いくつかの特定の微生物を投与して定着させたものです。

近年は、動物実験の機械化自動化など、近代化が急速に進んでおり、欧米日本では大規模な動物実験センターが巨額な資金をかけて次々に建設されています。

日本では、一九七三年に東京大学医学部に附属動物実験施設が完成したのを皮切りに、北大、東北大、京大、東京医科歯科大、それから次々に施設ができて、今では三十数ヵ所に増えているそうです。(『ラボラトリー・アニマル』一九八四年三月、第一巻第一号、三一頁)

東大の施設には、マウスが一万匹、ラットが三千匹、モルモット、ハムスターが各百匹、チンパンジー二十頭、小型サルが二十頭、イヌ三百匹、ネコ二十匹、ブタ、ヤギ数頭、ウサギ五百羽が飼育されています(一九八四年)。

また、実験動物を飼育供給する業者は、「日本実験動物協同組合」に、六十一社が加入しています。学会としては、「日本実験動物学会」(会長、光岡知足東大農教授)があります。

こういう具合にして、一九六〇年代からこの二十年の間に、一般市民の知らないうちに恐るべき実験動物たちの一大地獄が先進工業国に出現していることに、私たちは気付き始めています。

ローマ法と動物の権利

よく知られているように、「権利」という概念は法律用語であって、古代ローマ法によって詳しく展開され、そして中世ヨーロッパを経て、現代の世界に継承されています。古代ローマ法では、動物には法的権利なしとされました。そしてまた、動物には魂（ソウル）はなく、人間のみが魂をもっている、というふうにもいわれてきました。

徳川時代まで、日本にはローマ法的な権利概念や、所有権絶対の法概念は存在せず、権藤成卿のいう「社稷（しゃしょく）自治」というしきたりがともかく生き残っていたのですが、明治の文明開化で、日本の法律の中に、ローマ法的要素が導入されました。

法律、法制度の大変革が生じたわけです。しかし、日本の国家体制はヨーロッパからキリスト教は受け入れませんでした。キリスト教抜きで、ローマ法と、近代資本主義を導入したのです。

このために、無神論的唯物主義的功利主義的自然科学が、欧米以上にはびこることになりました。

キリスト教と動物実験

動物実験、すなわち生きた動物を実験材料として利用し、消費するというやり方。これは十九世紀の欧米の医学、生物学が開発した方法です。

キリスト教国でもある欧米では、これがすぐにキリスト教の問題となりました。果たして人間は動物を苦しめて殺す実験をやってよいものだろうか。神はそれを人間に許しているだろうか。

キリスト教会でも、いろいろな解釈がなされてきたことでしょう。しかし少なくともキリスト教会の一部は、動物実験に反対、という立場をとっているようです。動物もまた神のおつくりになったものであり、それゆえ神は彼らが苦しめられ、実験材料とするようなことは許していない、と一部のキリスト教徒は主張しています。

これは欧米の話です。日本ではどうでしょうか。

日本の科学者たちも、欧米のまねをして、動物実験に精を出してきました。そして特に一九六〇年代の全般的な近代化と高度成長の時代に、動物実験の設備と運営も大いに成長しました。

無神論、唯物論のソ連に、実験動物反対の運動がないのは、もっともなことです。この国には、そもそも自発的な民衆の運動は合法的には許されていません。しかし、自由と民主主義を建前としている私たちの住む日本で、これまで、動物実験反対のいかなる運動もなかったというのはどういうわけでしょう。

特に、日本は仏教国であるといわれているのに、仏教界から何の発言も、行動もないのはどうしたことでしょう。むしろ今日の日本仏教は、実験動物の供養祭に参加することによって、積極的に動物実験を精神的に肯定し、美化し、合理化し、バックアップしているというのが実態です。この現状は、仏教本来の供養の精神、すなわち人間の過ちを反省する契機とする、という理念を逸脱しているのではないでしょうか。日本の仏教界も、神道界も、何か、おそるべき精神的腐敗の過程を進んでいるのではなかろうか、と私には思われます。

戦後の日本人の全般的な精神的腐敗、これは、要するに、極端な人類独尊イデオロギーへの転落、ということです。この点では、左右を問わず、党派を問わず、職業、階級を問わず、地域を問わず、貧富を問わず、すべて同罪です。

人権の時代と動物の権利

新憲法下の戦後デモクラシーの時代も、すでに四十年。その理念は完全に日本人の中に定着しているのですが、米占領軍当局によって起草されたこの憲法によって、日本人は「人権」意識に目ざめました。

人権の時代、人間の権利尊重の時代です。誰はばかることのない人間中心、ヒューマニズムの時代です。人類独尊の時代がきたのです。それがこの時代の精神です。

それはまた人間の利益のために、日本列島の自然を破壊する時代でもありました。それが善とされ、是とされ、持ち上げられ、もてはやされる時代でありました。当然にも、日本列島の生きものたち、日本の自然にとって受難の時代でもあったのです。

戦後デモクラシーの時代に、何ごとであれ、「人権」を制限したりするものは、封建思想、保守反動、ファシズム、差別者、前近代的、などという名前で一刀両断に切り捨てられるわけです。

人権思想はまた、人間の物質的欲望の全面的肯定の思想でもあります。

かくして、金権政治が開花しました。その前途をさえぎるものは何もありません。こんな時代に「動物の権利」など、日本人の耳に入るわけがないでしょう。

万類共尊という理念から見ると、人権至上イデオロギーは人類独尊主義そのものであることが分かります。

動物の権利、という概念は、人権至上にこりかたまった私たちが、これをのりこえてゆくための一つの不可欠の跳躍台としてあるのではないか、と私には思われます。

欧米では、動物の権利を守る運動は、主として動物実験に反対する運動として展開されているようです。すでに西欧で大きく発展していて、この成果として、ヨーロッパ議会は一九八五年六月、動物実験の縮小と、将来は完全にやめさせる条約を採択したと報道されています（六月九日付朝日新聞）。

日本では、これから遅ればせながら私たちは動物の権利を守る運動を展開していこうと思っていますが、これには、三つの含みがあります。

一つは、この運動を通して、我々の人類独尊、人権至上思想を反省し、克服してゆくことです。

二つは、動物実験の中止を実現してゆくことです。

三つは、動物実験中止から、さらに家畜制度全廃と、家畜解放への道を一歩前進することです。

森下敬一さんは「肉食亡国論」を説かれていますが、人間の肉食は人類を滅亡させ、地球の生命を滅亡させます。そこで今、私たちは、一歩進めて、家畜全廃論の旗、家畜解放の旗、家畜文明からの訣別の旗をかかげるべき時にきていると思うのです。

単に、肉食は私たちの健康に悪いから、というような人間本位の理由ではなくて、動物の立場から、万類共尊の立場から、人類は肉食、家畜文明と別れねばならない時にきています。

積極的に、動物の権利を守るために、人間社会に働きかけねばならないと思うのです。「動物の権利」があれば、当然にも、「植物の権利」もあるでしょう。それを肯定し、容認することは、重大な意識の革命、思想の革命を意味します。

人権尊重を一つの柱としている日本国憲法は、この立場から見れば、まるで不十分なものとなります。戦争放棄の第九条はそれでよいのですが、人権絶対ではなくて、動物の権利も、植物の権利も、含まれねばなりません。

自然侵略戦争の中止

万類共尊・絶対平和。

これが、人類共通の生き残る道です。地球の平和を脅かしているものは、人間中心主義、人間による地球破壊の戦争です。人間の自然に対する戦争を中止すれば、人間相互の争いは自然におさまります。逆に、人間の対自然戦争を続けたままで、人間同士、人間相互の争いをやめさせようとしても、徒労に終わります。人間の対自然侵略戦争の最前線は、動物に対する戦争、そして中でも、私たち人間もそこに属している哺乳動物のファミリーに対する戦争です。

この戦争は、

1. 人間の役に立たない野生動物皆殺し。
2. 人間の役に立つ動物の家畜化。
3. 実験動物化、および遺伝子工学による人工的な種のいじくりまわし。

という、三つの面から進められています。

私たちは、

1. 野生動物を守り、
2. 家畜を解放し、
3. 動物実験を中止する。

という三つの目標を以って、動物の権利を守る運動を進めてゆきたいと思います。

付章２　国家はどのようにして生まれたか
――マンフォード『機械の神話』によせて

国家の発生の説明

マンフォードの『機械の神話』は、第一巻はこのタイトルで、第二巻は『権力のペンタゴン』（共に河出書房新社）というタイトルで出版されています。

第一巻第八章が〝原動力としての王〟、第九章が〝巨大機械の設計〟で、この二つの章がマンフォードの国家権力の発生についての立場を明らかにしたものです。

最古の国家の発生は、エジプトのピラミッドをつくった王朝だと歴史学ではいわれています。ピラミッド製作の技術は、紀元前二五〇〇年前後、今から大体四千五百年前、日本では縄文の中期くらいです。当時、古代メソポタミア地方にも大体同時代的に国家が発生しました。インドのインダス河中流地方にも、そして少し遅れて中国の黄河中流にも。なお中国での最初の歴史書である『史記』に夏という王国が書かれていますが、最近では夏王朝の遺跡が発掘されたといわれています。このように大体四千年から五千年くらい前に、北アフリカとアジアの大河の流域で最初の国家が発生したということです。

十九世紀、ナポレオンがエジプトを占領して「ロゼッタ石」という古いエジプト文字で書かれている大きな石をフランスに持ち帰りました。そして、フランスの学者が文字の解読をして、十九世紀初頭から百年くらいの間に古代のエジプト、古代メソポタミアについての古い歴史が明らかになりました。それから人類最初の国家形成のデータがだんだん明らかにされてきた、というのがこの時代の研究の現況です。

つまり国家ができる初期の段階の歴史研究というのは新しくて、二十世紀のこの数十年間に、多くのことがわかりました。これまでの歴史の研究は、古代ギリシアあたりからでしたが、その古代ギリシアというのは紀元前六〇〇年ぐらいから始まるので、それ以前の古代のエジプト、古代のメソポタミアというのは単なる聖書の中に出てくる伝説とされ、その研究は非常に不十分なものでした。しかし最近では、古代の国家についてのいろいろな事実の蓄積を土台にして、多くの人が国家権力の発生について述べています。マンフォードの『機械の神話』は、今まで出ている本の中では最もすぐれたものです。

この人の説の要点はこうです。国家の発生は、エジプトについていえばナイル地方で小麦の栽培が始まり、その結果それ以前に比べると膨大な食糧が蓄積されました。それだけでは国家の発生には結びつきません。小麦の栽培を始めると、その周辺に生活していた野生の動物、ワニとか、馬とか、サルとか、それを食べるライオンとか、そういう野生の動物による被害が出ます。さらにその野生動物の狩りをして生活している狩猟グループがおり、この狩猟の部族が農耕によって食糧をたくさんためこんでいる部族を襲撃するのです。そういうことで、最初の国家が発生してきます。「王」、キングというのは、狩猟部族のリーダーです。彼らが野生動物狩りをするための武器が、小麦をつくって農耕している部族の人々に向けられ、力で掠奪し、貢ぎ物をとるのです。そういう関係が、国家の最初の段階です。

さらにそこに宗教的な要素が加わって、初めて永続的な国家権力が発生する、とマンフォードはいいます。宗教的要素とは、農耕の民族のつくり出した宗教で、国家権力が発生する最初の段階は、祭司権の中央集権化から、と私は考えています。

野生の麦を人工的に栽培することは、そこに生えていた小麦以外の植物を排除することでもあります。また、新しく開拓する場合は、その土地に生えている木とか草とかを切り倒して平地にして小麦をまかなければなりません。小麦あるいは、アジアにおいては米が、もともとは生えていないところにそういうタネを植えて収穫しようとすることは、自然の生態系に対する破壊であり変更です。

人工的な生態系を自然に対して押し付けると、当然そこに無理が生じるし、放っておけば自然のままに戻ってしまいますから、それを不断に排除し、切りとって押し返していくという作業をくり返さなければなりません。そういう人工的な手続きの中から、農耕における祭り、宗教が生み出されたのでしょう。

マンフォードは、最初の国家が生まれる時、犠牲という行為があったといいます。初期の農耕社会の原始的宗教では、農産物の収穫を祈って春芽（はるめ）が出る時に人を殺してその血を大地にまくという、犠牲という宗教的な慣習があった、と人類学者は記録しています。その犠牲がやがて、動物を犠牲にするとか、他の部族から人間を捕まえてきて犠牲にするようになった、と人類学者はいっています。

国家＝自然生態系破壊の権力

初期の国家では、農耕が行われ、いくつかの植物だけが人工的につくられ、それ以外の植物は排除されます。人工的生態系を自然に押し付けていく、最初の人間による生態系破壊行為が、国家権力の形成される最初の引き金になっているといえます。

それだけではできません。それができるのには、かなり大きな農耕社会の面積を支配することが必要になります。質から量に転化するということばがありますが、そういう、量的なものが必要とされます。

日本列島でも、原始農耕は縄文時代の中期以降行われていますが、日本列島の場合は、大きな平野とか、大きな河というものがありません。あるレベル以上に、農耕面積が集中蓄積することが必要です。そういう条件を満たすのが、ナイルの流域で、ナイル河というのは世界で一番長い河です。メソポタミア、インダス河、黄河、そういうところで農耕が始まり、だんだんイネ、ムギを植え、生産が上がり、一定の面積以上になると、人工の生態系と自然の生態系の矛盾というか、衝突、あつれきが起こります。つまり人工的生態系を維持していくのに、それだけ無理がかかってくるのです。それを押し返すためには、人間の側からの精神的エネルギーとか、知恵とか、技術が要求されます。人間が最初につくり出した宗教というのは、そういうものに対応する最初のイデオロギーではなかったか、と思います。

ナイルの場合には、ナイル河の氾濫（はんらん）する時期を、星の運行と結びつけて天文学的に観測して予告します。ナイル沿岸の農耕社会では、神官のグループによってこの知識が蓄積されたといわれます。小麦をナイルの沿岸一帯にかなりの面積で植えて、それを維持するために、人間の側も強度な精神的エネルギーを集中して知恵を搾らなければなりません。それを蓄積したのが、職業的な神官です。

国家が成立するためには、いわゆる狩猟社会の農耕社会に対する暴力による支配と、それから農耕社会に形成された神官の階層との結びつきが必要です。そういうプロセスは、二千年、三千年ぐらい継続するのですが、その結果、巨大機械、メガマシンというものが形成されました。

マンフォードがここで「メガマシン＝巨大機械」と名付けているものは、人間を部分品とする一つの国家・官僚機構のシステムです。王権が神官階級を助手にしてつくったこのシステムの中では、権力の命令は、上から下へと一方通行的に伝達され、何百キロも先まで実行されるのです。その運営は、神官階級の宗教的権威と、王が持っている職業的軍隊の暴力とによって保証されました。

こうして、古代エジプトでは、四百万人くらいの人口の中で、常時十万人ぐらいの人間をメガマシンは動員して、大ピラミッドをつくることができたのです。部分品となっている一人一人の人間が使う道具はごく小さなものですが、十万人もの労働者が国家の命令通りに日夜働くと、今日でも信じられないような巨大な土木工事を実行してしまうのです。目に見えないこのメガマシンは、すでに四千五百年くらい前に古代のエジプト帝国で成立していた、とマンフォードはいっています。そしてこれらのいくつかの帝国が、エジプトからメソポタミアにかけて大規模な戦争を始めます。そして互いに、相手を打ち負かそうとして、日々、より強大な破壊力を求めて努力し続け、今日に至っているのです。

マンフォードは、狩猟の部族と農耕の部族の関係を問題にしています。家畜制度の成立ということは、直接彼の視野には入ってきていません。

古代の国家が形成される時点では、狩猟部族はすでに家畜を持っていたのではないでしょうか。メソポタミアでは一万年くらい前にさかのぼって、牛、羊、ブタが家畜化されていました。

狩猟から家畜に移ることに対しては、今、学者の説は二つのタイプに分かれています。一つは、農耕社会を征服しないと家畜は無理じゃないかという説。その理由は、家畜に食べさせるエサが必要で、熱帯や亜熱帯でない限り、放牧では冬になると草は消えてしまうので、家畜のためのエサをかなり蓄積する力がなければならない。そうしないと家畜制度は安定的に成立しない。人類が家畜を始めるためには、まず農耕によって飼料の穀物の蓄積がないと成り立たない。原始的な農耕が発展してきて農耕社会、家畜社会と分化していった。

また一方、牧畜社会と農耕社会は別々に発展し、そのあと、二つの社会の間に相関関係が成立したとする学説があります。だとすると、国家が発生する時の、農耕社会と牧畜社会が接触する際に、どういうドラマがあったかということを考える必要があります。

生態系破壊の目に見えない命令系統

マンフォードの説で、非常に鋭い指摘をしていると思うのは、農耕社会の人工的な栽培が、ある面積に広がると、まず生じることは野生の動物がそれを食べにくる。これは栽培している人間にとっては大変なことで、害獣という概念が生まれ、それがまず問題になってきます。

古代のエジプトには、野生の動物がかなりたくさんいたといわれています。さらにメソポタミアの場合は、山が平野を囲んでいて、河ははるか高い山の方から流れてきて、生態系がかなりエジプトとは違い、山がまわりにあって、野生動物は当然エジプトよりたくさんいて、野生動物を家畜にする制度もかなり進行していました。さらに、人工の栽培食物が広がっていって、本来その土地に生えていた草とか木とかいうものが排除され、動物の何種かが家畜にされるという過程が始まります。

すると、どこかで人工の生態系と自然の生態系が衝突する時点があります。メソポタミアの神話の中には、その辺のところが暗示されています。《注》つまり、自然が人間に対して復讐をするのです。人間の努力が、ご破算になってしまう。恐らく、人工の生態系を維持し広げようとする人間の積極的な試みが押し返される、ということがくり返されるのです。そこで、人工の生態系をあくまでも無理矢理拡大していこうとする人間の意志が、一つの人類独尊的宗教的イデオロギーをつくり出していくわけでしょう。

《注》「人間たちは、ひとたび地上に姿を現すと、急速に増えはじめました」「人間たちは神殿を建て、運河を掘り、土手を築き、食べ物をつくり出してくれましたが、それと共に神々にとってあまりにもさわがしく、うるさくなってきました」「神々はついに人間たちのさわぎにより、眠りをもさまたげられるようになりました。そこで、エンリル神を中心にして神々の会議が開かれ、人間どもに罰を与えることが決められました。……」（このあと大洪水の神話がくる）（矢島文夫著『メソポタミアの神話』筑摩書房、一三三頁）

植物に対する支配と、動物に対する闘争と支配が二千年から三千年にわたって行われ、その中で最初の都市をつくるという試みが発生してきます。

都市というのは日本では、自然発生的には成立しませんでした。都市は、日本人にはなかなかなじめない社会でした。日本に最初にできた都市の奈良は、中国とか朝鮮とかの都市をそっくりモデルにしてつくったものですが、実際にできあがったのはまるで違うものでした。

ヨーロッパの都市では、メソポタミアでも城があるのです。城壁で囲んだものの中を都市といい、壁には門があり、夜になると門を閉める。文字通り頑丈に防衛された都市ですが、日本には城壁をもった都市というのは見当たりません。奈良にも京都にも碁盤の目はつくったけれど、城壁はありません。日本には、古典的意味でいう都市というのは成立していませんでした。そのわけは、日本には自然発生的な国家権力が発生しなかったからです。

古代のメソポタミアでは、最初に宮殿ができます。この宮殿は神殿とくっついています。その中に王と支配階級がいて、それを守る何千人もの兵隊がいて、そこで一緒に生活しています。そういうものが、いわば最初の都市です。その延長線上に、現代のヨーロッパ社会ができあがっています。

城のまわりは頑丈に守られていて、気安く入っていけません。ところが日本の場合は、それがなじめません。その点は中国とも違うところで、日本の住居の観念は、お城というよりは弥生時代的伝統による、箱庭です。それが京都のお寺、御所などに現れています。箱庭というのは、自然をモデルにして小さくつくったもので、どんな小さな家に住んでいても自然を凝縮したヒナ型である箱庭をつくらないと落ちつけません。日本の城は戦国時代になって初めて全面的に発展してきます。

本来国家が成立する時には、まず頑丈な城壁をつくり、その中に都市ができます。その囲いの中に、王、神官、僧、防衛兵がいます。それが今の社会的組織の骨子、原型です。その権力の中心である都市から、目に見えない命令系統がつくられます。それが官僚機構であり、マンフォードのいう巨大機械です。

国家意識発生の秘密

それでは目に見えない巨大機械、人間を動かしている国家権力の発想と秘密が、どういうプロセスで人間の頭の中に浮かんできたのでしょうか。それは、家畜支配と、人工的な栽培作物の支配とが、ドッキングして生まれてきたアイデアです。それがドッキングするのは、人間が勝手に考え出したものではありません。人間が人工栽培の生態系をつくっていくと、野生の動植物が押し返そうという動きがあります。それをまた逆に押し返し、人工生態系を広げていこうとする人間の努力が、どこかで質的な変化をします。その変化が具体的に実を結んだのが、害獣の挑戦を根本的に解決する方法として、人間に役に立つ動物は捕まえて飼いならし、役に立たない動物は絶滅させる、というシステムです。それとある程度の面積に穀物が蓄積されることによって、国家権力の発生する条件はそろったといえます。

日本列島には、そういう条件が自然発生的には存在しませんでした。縄文時代の中期から原始農耕は行われていましたが、大きな平野がないし、関東平野が一番大きな平野ですが、その頃は湿地帯で沼が多く、そういう意味での大きな平野はありませんでした。盆地はたくさんありましたが、面積としては小さなもので、農耕の行われているのは山のあいだの盆地で、そこでは人々の生態系が自然の生態系を押し返すほどにはなりません。

ナイルとかメソポタミアの場合は、人工の生態系の面積の方が、自然の生態系より優位に立ったので、それが国家権力の成立の条件となったのです。野生動物は、人工の農耕地に入ってこざるを得ない。そういうところで、農耕民族に狩猟民族が武器を向けることになります。そういうことで、日本人には国家というものがなじめない、つかめないという面があると思います。だから、単に遊牧、牧畜というところからだけでは、国家は成立しません。そこには、一定の大規模な農耕社会が必要です。

マンフォードは、官僚制度によって、人間を一つの巨大機械の分身として位置づけているのですが、こういう社会制度の技術は農耕社会からは出てこない、と私は思います。マンフォードはアメリカ人ですが、欧米の人には、家畜制度の根本を批判するということが、とてもむずかしいのです。人間を支配することは、まず大量の動物を家畜として飼育するということがないと、そういうアイデアが出てくるはずはありません。植物を栽培している農耕部族は、植物に命令してみても即時の反応はありません。しかし動物の場合は、命令して訓練することは可能です。古代エジプトの文書の中に、「人は神の家畜である」とありますが、これは名言です。

日本の場合は、大規模な家畜支配が縄文時代にもありませんから、弥生、古墳時代までは、本格的な国家は成立しませんでした。

我々が国家の本質をそういうふうにとらえれば、地球上の動物とか植物に対する暴力的支配があって、それを人間集団内部に持ち込むものが国家であることがわかります。国家は地球に対する侵略戦争を継続していて、今、地球の環境を破滅に追い込んでいます。これに対する根本的な対策は、国家解体ということしかありません。

家畜制度全廃こそ、国家と階級廃絶への原点

現代の我々の最先進工業国のデモクラシーの国家は、一人一人の国民に権力を与えています。「人権」という思想が、ヨーロッパで生まれたのですが、それは、人間のすべてに地球全体を支配する権利があるというものです。人民が王様だということになり、四十億の王様がそれぞれ地球のすべての資源を支配する権利があり、国家はその欲望を満足させる義務があるということになり、あっという間に地球の滅亡に向かってしまいました。今の最先進国のデモクラシー国家は、国家の完成形態といってよいでしょう。かつては王様と奴隷がいましたが、今やすべての人間は、地球のすべての動植物、土地を所有する権利があり、その分だけ国家を通じての地球に対する資源の支配は大きくなります。今の地球で食用の家畜が非常に多くなっているということは、かつては肉食は王侯貴族のものだったが、今ではすべての人が肉食を求めているからです。ソ連では農民は大体黒パンを食べていましたが、共産主義になって大いに肉を喰えということで家畜のエサが足りなくなり、

昨年は三千万トンの穀物を輸入したといいます。ソ連の民衆の欲望が大きくなって、それをおさえると政府がひっくり返るのではないかという恐れさえ出ているから止められないのです。

モンゴルなど中央アジアの草原では、雨が少なくて農耕をやる条件がありません。そこで遊牧民族が発生しました。そのレベルだけだったら国家は発生しないし、地球に対しても害がありません。しかし中国の黄河の流域に農耕民族ができ、穀物をため込みます。すると遊牧民族がその食糧を狙って襲ってきます。農耕民族の方は軍隊を置いてそれを守ります。それをやぶるために激戦が行われます。部族同士の争いであったら大したことはないですが、これと同じことがナイルの流域でもあって、次第に強固な国家ができあがります。

その場合、どうしても遊牧民の方が優位です。農耕民は土地にしばられ、守り一方になります。どうしても家畜民族の方が支配階級として出てくる条件があります。

国家権力は、一つの普遍的なイデオロギーを土台としています。このイデオロギーが成立しないと国家を支える精神的パワーは生まれません。普遍的イデオロギーとはどういうものかというと、人間が地球上の生きものの中で超越的立場にあるということです。動物植物の存在より超越するということで、それは生産的実践というものがなければ、その観念は定着しません。人工の植物の生態系をつくることは、植物に対して人間が支配していることであり、家畜にするということも動物を支配し超越していることであり、この二つを結びつけると、両方に対して人間が支配層として超越することになります。

しかし、この二つが自然に結びつくものではなく、何か主体的なイニシアティブをもって、頭の中にそういう観念をつくらないと成立しないわけです。そうすると、どういう立場で一つのイデオロギー的超越がなされるかというと、牧畜をやっていて野生動物がまわりにたくさんいる、それが家畜とまざりあうことを排除してゆきます。

彼らの日常生活は、狩猟であり、また野生動物を飼育して家畜に仕立て上げる訓練であるわけです。その彼らが農耕民族を支配するということは、その意識の中で、動物に対する支配と、植物に対する支配を主体的に結びつけることを意味します。そしてここから、国家のイデオロギーが成熟してきた、と私は思います。

マンフォードは、農耕民を支配した狩猟人の部族の長が、王になる、というのですが、この説はまだ理解がとても浅いのです。真実の五、六歩手前で止まっている、というべきところです。これだけでは、あの巨大ピラミッドをつくり上げるどえらい官僚機構、メガマシンは生まれません。このような巨大機械のイデオロギー的原点は、家畜制度と作物栽培制度の二つを結びつけて、人間が動植物の上に君臨し、支配する、そして同時に、それ以外の野生の動植物を邪魔者扱いにして排除してゆくという、ここのところに求められるでしょう。

そして、この家畜化と栽培化の論理は、国家権力という形態に凝縮されて、単に野生の動植物の社会に持ち込まれるのみでなく、人間社会それ自身の中にも持ち込まれます。人間の内部に、階級社会と私有財産、そして必然的に貧富の差、そして貴賤の差別がつくり出されるのです。

国家がこのようにして生み落とされたものであるとすれば、国家を廃絶し、解体してゆくプロセスは、どうあっても、この原点そのものを問い、この源泉そのものの解決に向かってゆく他ないのです。

あとがき

1.

本書は、今私が取り組んでいる、家畜制度全廃論の序説＝第一巻のつもりで世に問う著作です。

序章と末尾の付章は、「日本原住民史勉強会」におけるレポートをもとに書きおろしたもの、そして第一章から第十三章までは、『自然医学』一九八四年九月号から一九八五年九月号まで連載されたものです。

私の今のプログラムでは、「家畜制度全廃論」は全十二巻で、次の構成になるはずですが、多少の変更があるかも知れません。※

第一巻　家畜制度全廃論序説――動物と人間は兄弟だった（本書）

第二巻　国家と家畜制度

第三巻　教育と家畜制度　〔『エコロジー教育学――真人類への進化の途』新泉社　1989年〕

第四巻　宗教と家畜制度

第五巻　科学、技術、産業と家畜制度　〔『声なき犠牲者たち――動物実験全廃へ向けて』現代書

※〔 〕内の書籍は、著者の遺したメモより追記（2024年）。

館　１９８６年〕

第六巻　農業、栽培作物、植物と家畜制度　〔『天然農法』週刊日本新聞　２００３年〕

第七巻　哲学と家畜制度

第八巻　性と家畜制度　〔『性の革命』現代書館　１９８２年〕

第九巻　芸術と家畜制度

第十巻　倫理と家畜制度

第十一巻　戦争と家畜制度

第十二巻　文明の興亡そして人類と地球の未来――家畜制度の視点から　〔「地球維新論」冊子版　１９８８年～１９９０年執筆原稿収録〕

以上、全十二巻から成るこの著作を、大体これから年一冊のペースで出版する予定ですが、それぞれ独立した単独の著作でありながら、全体として、家畜制度全廃を志向します。そして、家畜制度成立是非の視点から、人類史を根本からとらえ直し、家畜制度全廃と、動物解放によって、人類と地球生命体の解放と再生へ導くことを基本的視点としています。

2.

私は十年ほど前から、人類独尊から万類共尊へという立場から「人類史」を書きたいと念願していましたが、この構想は、今、まず第一歩として、家畜制度の視点から、実行に移されつつあります。

そして今、私が計画しているこの著作全十二巻は、私のライフワークの出発点としての位置を占めることになりました。本書以後の十一巻のテーマについて、私の頭の中に一般的イメージはできていますが、これを具象的なかたちにしてゆく仕事が、私に尽きぬ情熱そして楽しみを与えてくれます。しかし、それよりもむしろ、家畜化されている動物の同胞たちの耐えられぬ苦しみ、そしてそれへの共感が、いま私の中にフツフツと燃えています。

3.

人類独尊を超えて、万類共尊の地球へ。そして、宇宙生命体の公理にもとづく地球生命体のよみがえりへ。

これが、実現さるべき目標ですが、この根本的目標に到達するために、次の四つのフィールド、四つの場を設定することが必要です。

第一、動物の解放。

(1)家畜制度からの動物の解放。家畜制度全廃。
(2)家畜制度の現代的先端部分としての、動物実験の全廃。
(3)動物園による動物の監禁制度の全廃。
(4)野生動物の解放。そして彼らの生活圏の確保。
(5)スポーツ的商業的狩猟の禁止。
(6)闘牛やサーカスなどでの動物虐待の禁止。
(7)虫との共存。殺虫剤の製造、使用の禁止。
(8)商業的捕鯨の禁止、そして大規模漁業の禁止。養殖漁業の禁止。魚の生活の場としての、海、河川、湖沼の人間による汚染の禁止。
(9)人間による肉食を大幅に縮小し、将来は肉食を全面禁止すること。
(10)野生動物の生活の場を大幅に広げること。そしてそこを人間がほとんど立ち入らない野生動物の聖域とすること。

以上の主要な十項目のうちの、最初の一つのテーマを本書はとり上げているにすぎません。動物解放という課題は、これらすべて、そしてまた微生物との共存など、さらに広汎な範囲に及ぶはずのものです。

第二、植物の解放。
第三、水、空気、大地、すなわち地球の解放。
第四、人類の自己家畜化からの解放。人類の宇宙意識への成長。人類独尊の呪縛からの解放。万類共尊の目ざめ。（第二から第四までは項目を挙げるにとどめました）

動物の解放、植物の解放、地球の解放、人類の解放。この四つの「解放」のための活動を通じて、万類共尊の地球がよみがえるはずです。これを総括して、命の解放への運動と名付けるべきでしょう。

動物の解放とは、誰から動物を解放しようというのでしょう。地球の暴君となり下がった人間、より正確に定義すれば国家権力に組織された人類から、解放するのです。

動物の敵、地球の生命の敵となり果てている、私たち人間から、動物を、植物を、地球を、そして私たち人間自身を、解放するのです。

4.

人間の権利、人権を絶対化する時代はすでに過去のものとなりました。

人間同士で、互いにオレはアイツよりめぐまれていない、というひがみとうらみ、つらみ、怨念をバネとした階級闘争、宗教間戦争、民族間闘争、人種間闘争、貧富の闘争を積み重ねたあげく、人類は全体として地球の敵となり、地球生命体を絶滅するところまできてしまいました。

人間相互間で、自分たちは差別されている、といいつのり、この反差別のひがみとうらみを燃料として対決をエスカレートさせ、他方では強者の既得権利の防衛のために対抗策を拡大してきた結果、人類は地球生命を皆殺しにして自分も死に絶える他ないという、あわれともみじめなありさまに身を置いています。

人類は森を、植物を破壊し尽くそうとしています。先進国も、開発途上国も、それぞれのやり方で、森林を皆殺しにしています。今の速度が続けば、百年以内に人間は地上の森林をすべて絶滅させるでしょう。

植物を、人間の侵略から防衛し、人間の支配と破壊から解放しましょう。私たちは今、「植物解放宣言」を打ち出すべき時期にきています。

私たちは、人類独尊をのりこえて、万類共尊の立場から、植物の命の解放のために力を結集すべき時です。

動物の解放と共に、そしてその大前提として、植物の解放へ！

この地球生命の大義の前には、人間相互間の争いや、不平不満、ひがみ、うらみ、差別感はとるに足りないレベルのことです。いや、むしろそれは、人間中心主義を助長して、地球生命を破壊する役割を果たしてきたのです。

5.

私は、一九七九年に書いた論文の中で、家畜制度の廃止、動物実験の中止を訴えています（『何から始めるべきか』風濤社刊の中に収録されています）。しかし、日本においては私のこの呼びかけは、荒野に一人叫ぶもののようでした。

今年（一九八五年）の三月から四月にかけて、ヨーロッパ四ヵ国（英、仏、ベルギー、西ドイツ）のエコロジー運動との交流の旅に出て、初めて私は、一九七〇年代後半、特に一九七七年頃から、欧米で「動物の権利を守る」運動、特に、「動物実験反対」運動がエコロジー運動の一翼として急速に大衆運動として盛り上がってきたことを知りました。

これは私にとって大きな衝撃であり、刺激でした。そしてまた、十二分に納得できる展開でもありました。そして、少なくとも英国では、この「動物の権利を守る」運動は、ベジタリアン＝菜食主義、すなわち動物の肉を食べない運動と結びついているようです。

日本にも、ある程度の自然食運動の広がりがあるわけですが、これを土台として、今後は一歩進めて、動物の権利を守り、動物実験に反対し、家畜制度そのものの是非を問うていく段階に進むべきではないでしょうか。

日本は、敗戦後四十年、米国をモデルとして、米国式デモクラシーと個人の人権絶対の軌跡を歩んできました。この辺で、人権絶対主義を卒業して、動物の権利も、植物の権利も、より広く地球の権利も考え、人権をその中にとけ込ませる知恵が必要になっていると私は思います。

6.

ヨーロッパから韓国・ソウルを経て、帰国しました。それから、動物実験反対のキャンペーンを続けています。

七月二十三日には、東京で最初の集会を開いて、動物実験反対の決議を行いました。

十月二十四日には、「日本みどりの連合」主催で動物実験を考えるシンポジウムを開きます。

十年ほど前の総理府の世論調査によれば、日本人の二十三パーセントは、動物実験に反対しているとのことです。五十一パーセントは、賛成、というのですが。悲惨な動物実験の内情が一般世論に知らされれば、恐らく大多数の日本人は反対にまわるのではないでしょうか。

本書では、動物実験問題にはほんの少し触れているだけですが、私としては、できるだけ早い機会に、この重要な問題をテーマにした独立の著作を世論に問うつもりでいます。

動物実験の実態を知り、それを世間に知らせ、実験をやめさせてゆくこの運動、それは動物を解放し、そしてまた人間それ自身をも解放してゆく運動の、貴重な第一歩として歴史をつくってゆくでしょう。

さらにそれは、クロード・ベルナール以来の近代医学、動物実験を土台とした現代の生命科学の誤った生命破壊の方法論を、根底からくつがえし、医学を生命尊重、生命創造の方向に、エコロジー的な生命医学の方向に、転換させてゆく契機となるでしょう。

末尾になりましたが、本書を出すまでにお世話になった多くの皆さま方に、感謝をささげます。

一九八五年九月十一日

太田　龍

追記

「あとがき」を書いたあと、ピーター・シンガーの『動物の解放』（アニマル・リベレーション）の英語の原書を入手しました。一九七五年に出版されたものです。これは文字通り「すごい」本でした。私は、それを通読して、深い知的刺激と、そしてはげましを覚えました。シンガーについての詳しいコメントは、できるだけ早い時期に展開するつもりです。

（一九八五年十月十日）

※原書は一九八五年十一月に新泉社より発行されました。

太田 龍　おおた りゅう
1930年樺太生まれ。東京理科大学中退。1985年以降、エコロジー運動、食の革命（たべもの学）、家畜制度廃絶を土台とする日本原住民史、世界原住民史、天寿学体系構築に着手。また1992年以降、ユダヤ・フリーメーソンを中核とした超巨大勢力による新世界秩序（ニュー・ワールド・オーダー）構想の危険性を看破し、警鐘の乱打を続けた。天寿学会、文明批評学会、週刊日本新聞、日本義塾を主宰。海外の貴重文献を渉猟し、精力的に日本に紹介した。著書に、『長州の天皇征伐』『シオン長老の議定書』『地球の支配者は爬虫類人的異星人である』、『ロスチャイルドの密謀』（ジョン・コールマンとの共著）、『沈黙の兵器』など、監訳書に、『大いなる秘密』（デーヴィッド・アイク著）、『イルミナティ悪魔の13血流』（フリッツ・スプリングマイヤー著）など多数あり。2009年５月逝去。

本書は、1985年11月に新泉社より刊行された『家畜制度全廃論序説』の新装復刻版です。

［新装復刻版］家畜制度全廃論序説
動物と人間は兄弟だった

第一刷　2024年5月31日

著者　太田　龍

発行人　石井健資

発行所　株式会社ヒカルランド
〒162-0821　東京都新宿区津久戸町3-11　TH1ビル6F
電話　03-6265-0852　ファックス　03-6265-0853
http://www.hikaruland.co.jp　info@hikaruland.co.jp

振替　00180-8-496587

本文・カバー・製本　中央精版印刷株式会社

DTP　株式会社キャップス

編集担当　浮田暁子

ISBN978-4-86742-348-6

ヒカルランド　好評既刊！

地上の星☆ヒカルランド　銀河より届く愛と叡智の宅配便

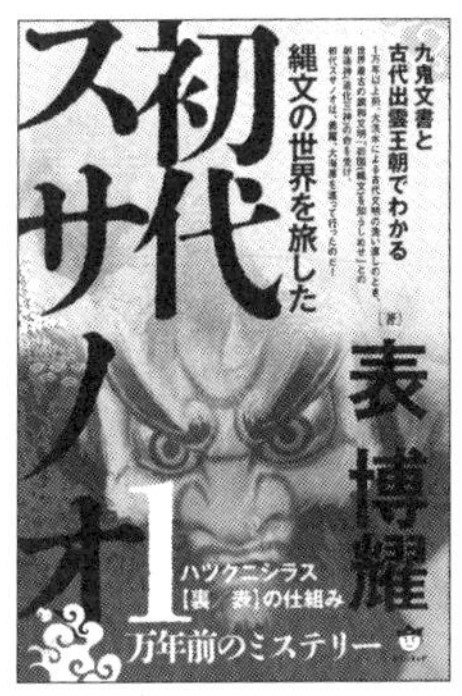

縄文の世界を旅した
初代スサノオ
著者：表 博耀
四六ソフト　本体2,200円+税

縄文の円心原理
著者：千賀一生
四六ソフト　本体2,000円+税

真実の歴史
著者：武内一忠
四六ソフト　本体2,500円+税

驚異の健康飲料
松葉ジュース
著者：上原美鈴
四六ソフト　本体1,800円+税

松葉健康法
著者：高嶋雄三郎
四六ソフト　本体2,400円+税

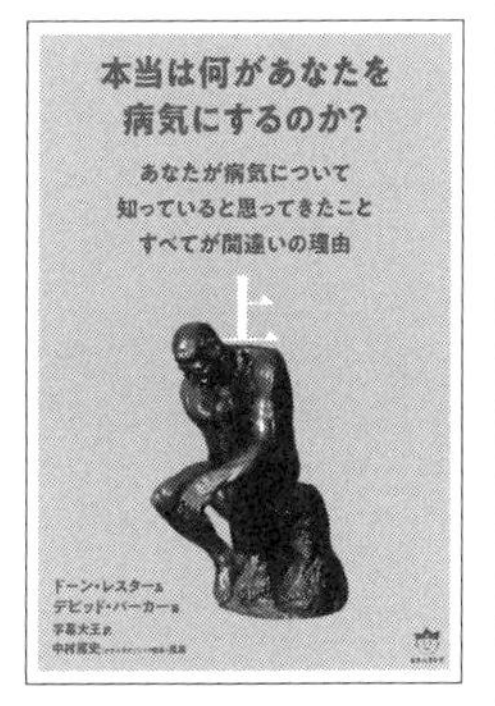

本当は何があなたを
病気にするのか？ 上
著者：ドーン・レスター＆デビッド・パーカー
訳者：字幕大王
推薦：中村篤史
A5ソフト　本体5,000円+税

ヒカルランド　好評既刊！

地上の星☆ヒカルランド　銀河より届く愛と叡智の宅配便

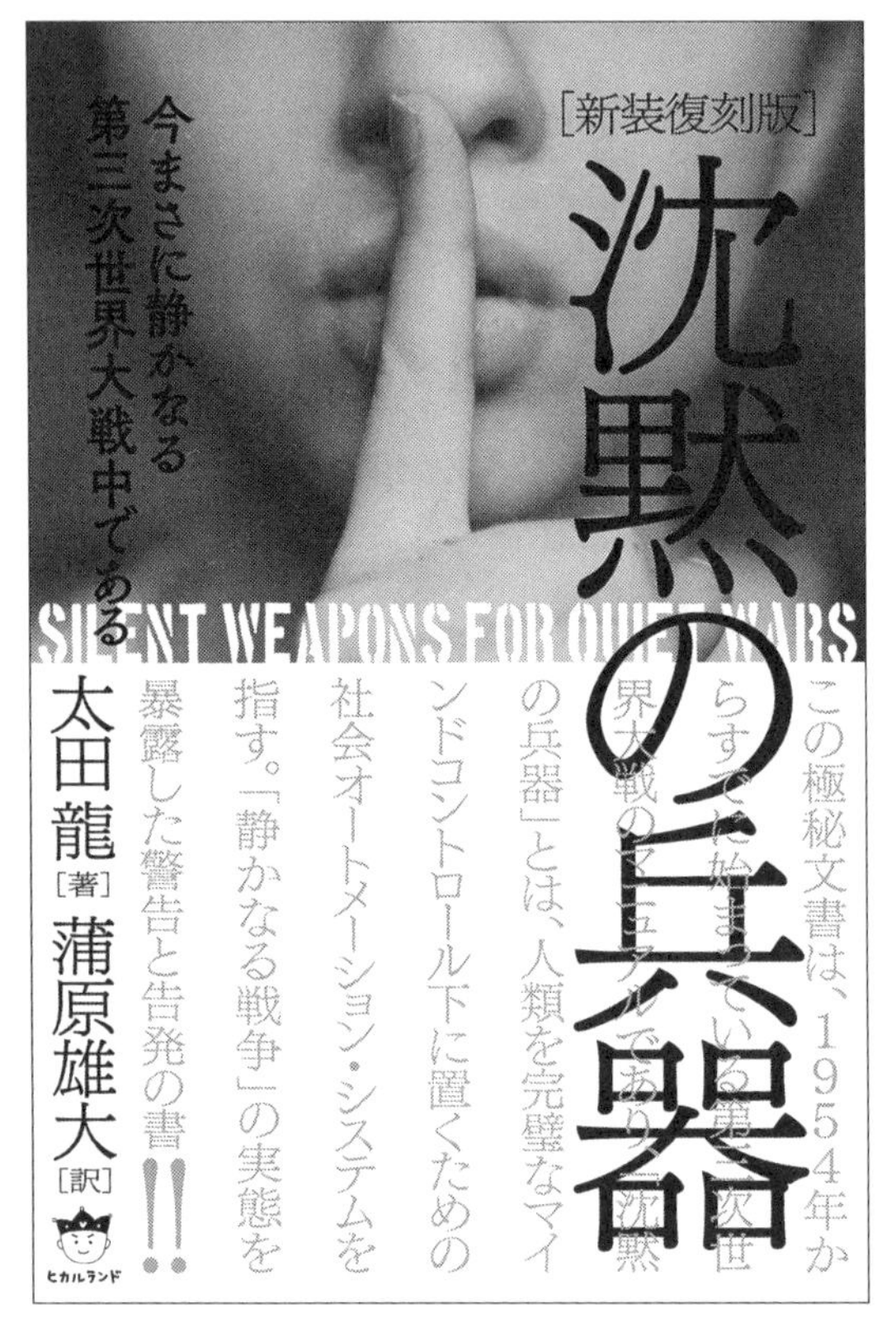

沈黙の兵器
著者：太田 龍
訳者：蒲原雄大
四六ソフト　本体2,000円+税

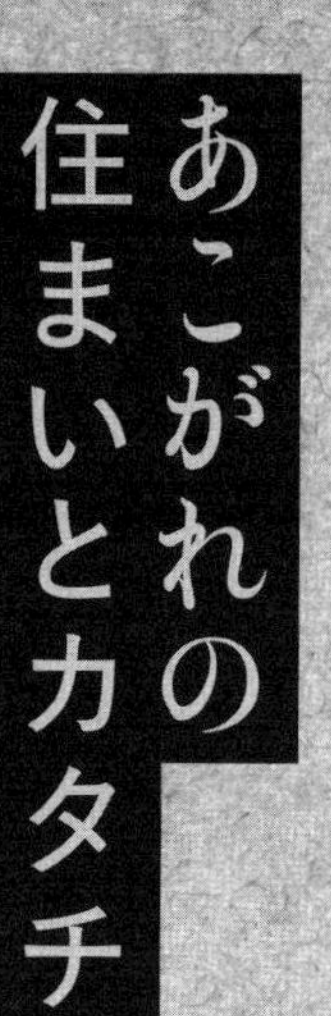

あこがれの住まいとカタチ

住総研「あこがれの住まいと暮らし」研究委員会［編］

後藤治＋藤田盟児＋桐浴邦夫＋後藤克史＋山本理奈＋島原万丈＋
鈴木あるの＋小泉雅生＋伏見唯＋豊田啓介［著］

建築資料研究社

はじめに

人はさまざまなものにあこがれる。「住まい、暮らし」は、人があこがれを持ちやすく、その姿や形を思い描きやすいもののひとつと言えるだろう。近年の人々のあこがれの「住まい、暮らし」をあげるなら、さしずめ都心部の高層マンション（通称「タワマン」）がすぐに思い浮かぶ。例えば、漫画誌『ビックコミック』の連載「正直不動産」[*1]の主人公があこがれるのも、都心のタワマンである。

人々のあこがれは、時に流行を生み出す。流行へと発展するのは、あこがれる対象が実態をともなう具体的な姿や形を持っているときが多い。逆の言い方をするなら、姿や形のあるものに人々はあこがれやすく、それがしばしば流行へと発展する、ということになる。芸能人アイドルが人気になるのは、そうした現象のひとつだろうし、都心のタワマン人気も、その一例といえるだろう。

一方、人々が頭のなかで思い描くあこがれの姿や形は、実際には個別に違いがありさまざまなはずである。時にはイメージのみで姿や形の具体像には至っていないこともあるだろう。その意味では、流行へと発展するのは、多くの人々の間で相対的に一致した姿や形ともいえる。本書タイトルで「カタチ」と表記したのは、こうした人々が頭のなかで思い描く具体像に至らないものも、そのなかに含めたかったからである。

本書は、一般財団法人 住総研（以下、住総研）が発行する「住まい読本」のシリーズの一冊である。住総研で二年間にわたって行われた「あこがれの住まいと暮らし」

*1——大谷アキラ著、夏原武原案、水野光博脚本（小学館）

*2——住総研シンポジウムとして二〇二一年七月三〇日と一一月二四日の二回開催された。それぞれのテーマは「歴史の中の「あこがれ」の住まいと暮らし——「あこがれ」と現実のはざまで」であった。場所はいずれも建築会館（東京・田町）にて、会場とオンラインの併用で行われた

研究委員会（委員長：筆者）の議論（公開シンポジウムを含む）[*2]をもとにまとめられた。

住総研は、その活動の主目的に、「住生活の向上」に資する研究を行うことを掲げている。筆者は、建築の歴史を専門としているが、住宅建築の歴史に関していえば、過去にはあこがれが生んだ流行が、住生活の向上や住文化の形成に一定の役割を果たしてきた。例えば、寝殿造、書院造といった上層階級の住宅建築のカタチは、庶民階層のあこがれを生み、それが流行へと発展し、日本の伝統文化のひとつともいえる「和室」というカタチになって多くの人々の住宅に普及した。[*3] それを含め、あこがれから流行への発展を模式的にまとめたのが［図1］である。

住生活の向上や住文化の形成といった観点で、現代の「タワマンへのあこがれ」を見直すとどうだろうか。タワマンに関していえば、建物のカタチは明瞭だが、外形を除くと間取り、内装といったものは、一般のマンションと違いはない。また、そこで行われる暮らし方についても、思い浮かぶのは眺望やセキュリティ等であり、それらは建築の質（素材、構法、設計等）とは無縁のものである。つまり、「タワマンへのあこがれ」には、住生活の向上や住文化の形成につながる発展性が、筆者には見えない。

それでは、現代の「住まい、暮らし」に対するあこがれのなかに、住生活の向上や住文化の形成につながる別のカタチはあるのだろうか。こちらもすぐには思い浮かばない。仮にそれがないとすればそれはなぜか。等々、さまざまな疑問が頭に浮かんでくる。それが本書をまとめる研究会の出発点となった。

二〇二二年九月九日

後藤治

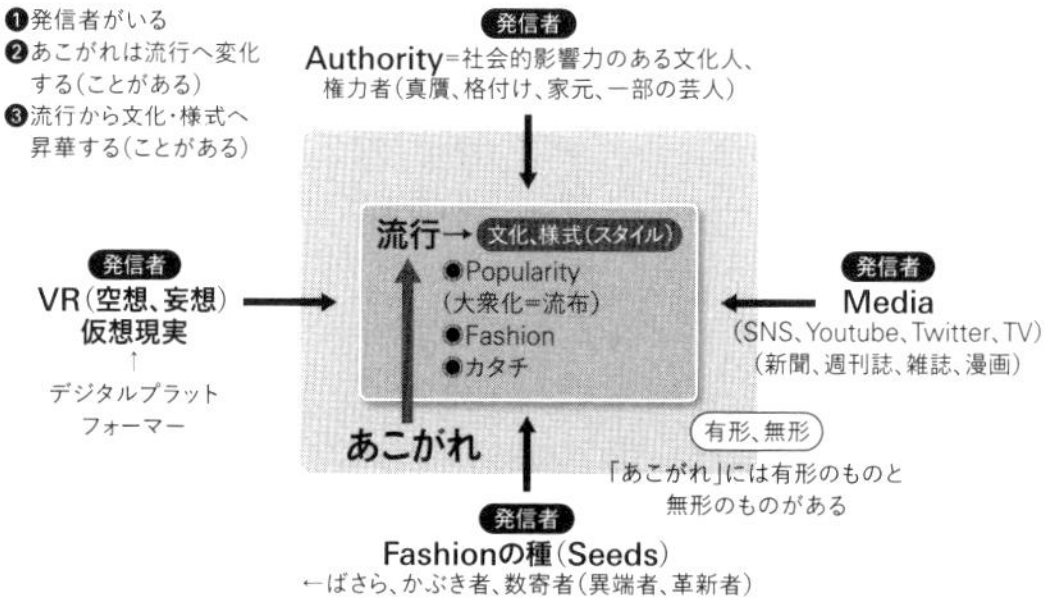

*3――住総研住まい読本シリーズ『和室学――世界で日本にしかない空間』（二〇二〇年一〇月、平凡社）を参照

❶発信者がいる
❷あこがれは流行へ変化する（ことがある）
❸流行から文化・様式へ昇華する（ことがある）
発信者
Authority＝社会的影響力のある文化人、権力者（真贋、格付け、家元、一部の芸人）
流行→文化、様式（スタイル）
●Popularity（大衆化＝流布）
●Fashion
●カタチ
発信者
VR（空想、妄想）仮想現実
↑
デジタルプラットフォーマー
発信者
Media
（SNS、Youtube、Twitter、TV）
（新聞、週刊誌、雑誌、漫画）
あこがれ
有形、無形
「あこがれ」には有形のものと無形のものがある
発信者
Fashionの種（Seeds）
←ばさら、かぶき者、数寄者（異端者、革新者）

［図1］「あこがれ」と「流行」「様式」と“発信者”のシェマ（作成：住総研）

あこがれの住まいとカタチ●目次

序章

「あこがれ」の背景の考察と可視化——本書の構成

後藤治

本書の構成

本書は、一般財団法人 住総研における研究委員会での議論をもとに、各委員及びゲストとして参加し研究発表していただいた各方面の方々の論考で構成されている。論考は、「過去」、「現代」、「未来」の三部で構成されている。

第一部「過去」は、歴史をさかのぼり、近代以前に流行へと展開した「住まい、暮らし」へのあこがれのカタチとあこがれの背景にある社会的な状況との関係を考察した論考で構成されている。藤田盟児、桐浴邦夫の論考は国内の事例、後藤克史の論考は海外の事例である。

第一章藤田の論考は、鎌倉時代の武家住宅における「広間」の発生について考察している。第二章桐浴の論考は、室町時代から戦国時代にかけての「茶室」の発生について考察している。「広間」「茶室」はともに、武家を中心とする社会のなかで生まれたあこがれのカタチであることが指摘されている。両氏の論考は、「はじめに」

で述べた「和室」の普及にも密接に関連する歴史の考察でもある。第三章後藤（克）の論考は、インド・ムンバイにある近代のアール・デコ様式を持つ住宅建築の流行に注目したものである。ムンバイにおける住宅のアール・デコ様式は、わが国の「和室」に似た形で、上層階級の住宅から庶民層に普及しており、時代や国は異なるが、藤田、桐浴の論考と共通の視点を持つ論考として一読いただきたい。

第二部「現代」は、「住まい、暮らし」に関する現代の日本の人々の認識について改めて考察し直した論考で構成されている。山本理奈は現代と直近の過去との比較の観点から、島原万丈と鈴木あるのは国際比較の観点から論じている。

第四章山本の論考は、現代より少し前の「庭付き一戸建て」が「あこがれ」として流行した時代と現代とを比較し、現代の人々の「住まい、暮らし」に対する認識と特徴を明らかにしている。論考のなかでは、「はじめに」で述べたタワマンへの認識にも触れられている。第五章島原の論考は、わが国とデンマークとの比較を通して、両国の人々が思い描く「住まい、暮らし」への認識の違いから、現代の日本人が思い描くカタチの特徴を明らかにしている。第六章鈴木の論考は、「和室」に代表される日本の伝統的な「住まい、暮らし」のカタチに対する外国人と日本人の評価の違いを紹介し、加えて日本の「和室」に憧れた外国人がそれを実際の建築に実現した例を紹介している。伝統的なカタチに対して、外国人が日本人と異なる点を評価していることがわかる。

第三部「未来」は、今後の「住まい、暮らし」のあこがれの形成や流行への展開を考える上で重要になると研究会が設定したキーワードに基づく論考で構成されている。用意したキーワードは、「環境への配慮」「建築家の提案」「仮想現実」である。

第七章小泉雅生の論考は、環境に配慮した住宅建築を建築家として自らがどう実現したかを紹介したもので、「環境への配慮」「建築家の提案」のふたつのキーワードに関連している。「環境への配慮」は、建築において数値で性能が示されることが多いなか、単なる数値ではなく、「建築家の提案」によって、建築のカタチとしてその対応を目指している点に注目いただきたい。第八章伏見唯の論考は「建築家の提案」に関わるもので、建築家が革新的な意図で設計した住宅建築を好み、何回も住宅を住み替えた施主に注目し、なぜ施主がその住宅を選んだのかを記している。その変遷は、施主個人のあこがれの歴史に過ぎないかもしれないが、「建築家の提案」というカタチが後にどう評価されたかがわかる点に注目いただきたい。第九章豊田啓介の論考は「仮想現実」に関わるもので、VRをはじめとする仮想空間のなかで行われる行為（建築を含む）の現状や将来の可能性を論じている。仮想空間が、DX等に注目が集まるなか、将来に影響をもたらすもののひとつであることは、容易に想像されるところではあるが、本書ではあこがれのカタチを可視化する場にもなり得るという意味で、今後の住生活や住文化に大きな影響を及ぼすものとして注目した。

第一部

歴史のなかの「あこがれ」の住まいと暮らし

——その形成と変貌

第一章

平等へのあこがれと和室の誕生

藤田盟児

はじめに

わが国の平安時代の商業活動は、絹や米などの交換比率が公定で定められていたので交換利潤が少なく、全体的に不活発であった。

ところが九六〇年に中国で建国した宋は、銅銭や鉄銭を大量に鋳造したことから市場経済が発達し、商業活動が活発化した。市場経済の発達にともない、重い貨幣を運ぶことなく資本を移動するために唐代に誕生した為替の証書である交子（こうし）や会子（かいし）が、宋代になると大量に流通し、一一二七年に建国した南宋で銅銭本位制が廃止されると、紙幣として大量発行されて、南宋地域にインフレを引き起こした。

こうして東アジア全体に、地域ごとに物価が異なる状況が生まれると、交易による利潤を求めて周辺の国々でも商業活動が活発化した。

わが国でも、一二世紀に物資を海上輸送する廻船業がにわかに発達し、交易を仕事とする問丸（といまる）や、その決済に関わる貸上（かしあげ）などの金融業者が集住する港町や市町が各地に群生する。こうして全国的な都市化が進んだ。

平安時代末期に興隆した平氏も、日宋貿易に熱心で、宋銭を輸入して、それを決済通貨にすることで利潤をあげたといわれており、新興の武士勢力も、そうした経済活動に参加した人々であったと考えられる。

このように一二世紀の東アジア社会は、土地の生産量に基づく古代の経済制度を脱して、貨幣や紙幣に基づく市場経済へ移行し、そのために武士や商人ら新興階層の人々に、資本主義経済制度に基づく現代人と根本的に同じ価値観が生まれ、それが社会制度や生活様式に個人の能力を重視する傾向を生み、住宅建築を変化させる原因になったのである。

本章では、現代人にも通じる中世人の価値観とは何か、それがどのように建築空間に反映されたのかを述べることで、人々のあこがれと建築との関係について歴史現象から読み解いてみたい。

1——武士の生活様式

天皇を頂点とする古代の貴族社会では、人々の身分は生まれながらに決定され、新興勢力として幕府を設立した鎌倉武士も、当初は地下人(じげにん)と呼ばれ、公家と同席することはできなかった。

たとえば、能の「鉢木(はちのき)」でも有名な鎌倉時代中期の名執権である北条時頼は、一二五七年に後嵯峨天皇の皇子である宗尊親王を新たな将軍として鎌倉に迎えたとき、整備中の御所に代わって自邸の大倉邸に将軍専用の寝殿を建てて、仮りに迎え入れたが、そのとき鎌倉幕府の公式記録である『吾妻鏡』によれば、執権の時頼と弟で連署の重時は、ともに宗尊の御殿の玄関前の地面に敷皮を敷いて着座し、建物中央の部屋に出て来た宗尊を地上から拝している。

この頃は既に、京下り官人などの下級公家と上層武士が同席することは普通に行われていたが、親王と御家人では、さすがに殿上人（てんじょうびと）と地下人という古風な区別が明確に行われたことが知られる。

このように、通常は五位以下の地下人であった武士は、殿上人といわれる公家と同室することができなかったが、面と向って直接交流することで、相手を理解することは、社会生活を営む上で必須であり、鎌倉時代の武士は、公家も含めたさまざまな身分の客と交流する必要があった。

そのため武士は、平安時代からデイと呼ばれる客室を自邸に構えていたが、それは地下人としての武士が使うものであり、公家が使うものではなかった。それゆえ、鎌倉に幕府を開いた武士は、公家も含めた多様な身分の人々が同席できる客室を必要とし、公家住宅の建築様式であった寝殿造の意匠を取り入れつつ、それを形式的に変形することで、公家と武家が同席できる空間をつくろうとした。

そのように変化したデイが、いわゆる座敷であり、後述するように一二五〇年頃に鎌倉で生まれた。しかし、そのことを述べる前に、座敷で行われた出来事を通して鎌倉時代の人々の振る舞いと価値観を確認したい。

『吾妻鏡』の一二六三年二月八～一〇日条に、連署であった北条政村が常磐別邸で開催した千首和歌会の様子が詳細に記録されている。八日に常磐別邸に参集した一七名の人々は「懸物（かけもの）」と記された賞品が置かれた部屋で、各自、数十から百首の和歌を詠み、それらの良否を翌九日に将軍の和歌の師であった公家の葉室光俊が採点し、良い歌には合点（がってん）と呼ばれる印を付け、その結果を一〇日に発表した後で宴会を行う会であった。

このとき、一〇日の席順は、良い歌を多く作った順番にするというルールであったが、二番になった若い御家人と三番になった連署の政村を対席にしようとしたところ葉室光俊が咎めたので、すぐに政村は若い御家人の「座下」に座ろうとした。すると連署の上座になることに怖じ気づいた若い御家人が逃げ出したので、政村は家来に連れ戻させ、自分の上座に座らせた上で、二番の賞品を取らせたと記されている。つまり、連著自ら、能力次第で席が決まるというルールを徹底してみせたのである。

その一方で合点を一つも貰えなかった者は、「無点ノ輩（むてんのともがら）」と呼ばれ、室外の縁側に座らせられ、講評後の宴会では箸を取り上げて手づかみで食べさせて、その様子をみんなで大笑いしたと記されている。

このように、当時の和歌会の席は、身分ではなく能力で決まり、優れた者は身分を超えて厚遇され、負けた者は冷遇されることを参加者全員が肯定的に捉え、かつ面白がっていたことが知られる。

このような遊びのスタイルは、永らく地下人として公家の下に置かれてきた武士たちの願望、つまり一二世紀以降の経済発展の中で成功し、政治的にも重要な役割を担うようになった自分たちを、能力相応に扱うよう願う気持ちが体現されていたと考えられる。

また、このときの懸け物つまり賭け物は、点数に応じて分配され、一番の人の賞品は虎皮の上に置かれ、二番は熊皮、三番は色革の上に置かれて与えられたと記されている。つまり、和歌会といえども賭け事だったのである。

鎌倉時代の武家社会で、このような賭け物を用意した勝負事が、どれほど大切であったかは、一三〇八年頃に前執権の北条貞時に幕府の吏僚であった中原政連が書いた諫め文である「平政連諫草（いさめぐさ）」をみれば良くわかる。

全五条のうち第二条が「連日の酒宴」を止めてほしいとする条文で、酒宴の盛んなことを「人々の勧誘去りがたく、連々の経営相続す。大略は毎日、猶少は隔日か」と記し、その理由を「或いは勝負の事といい、或いは等巡の役といい、かれこれ用捨しがたく、皆ともに召し加えられれば、何の時が休む時あるべき」と書いている。このように鎌倉時代の武家社会では「等巡の役」という持ち回りの宴会のほかに、「勝負の事」によって連日と言ってよいほど酒宴が行われていた。

直接的な勝負事である双六や博打のほかに、和歌会や茶の産地を当てる闘茶、あるいは連歌会なども、賭け物を競う勝負事として大流行していたのである。

このうち連歌会は、周知のように最初の詠み手がつくった上の句に、それに合わせて二番手が下の句をつくり、次に二番手の下の句に合わせた上の句を三番手がつくるという方法で詠み継がれ、必ず前句に合わせた後句をつくることで、題目とよばれるテーマに合わせた各人の感性の摺り合わせが行われ、互いの人格を知るとともに、共同して作り出す世界を全員で享受する遊びであった。

参加者が歌の一部を作り、それらが繋がって生まれる世界を全員で味わうことは、参加者が平等であることを前提にしており、結果を共有することを「一味同心」と呼んで尊重した。

貴賤同座で開催され、その内容を一味同心で尊ぶ遊び方は、すべての勝負事で共有された価値観であり、そうした遊びの体験を通して、中世の人々は身分を超えた人間としての平等性を体得していったのである。

中世に連歌や茶寄合などが大流行した理由は、人々が古代の身分社会を変えて、より平等な社会の樹立を目指したからであり、その結果、最終的には平民出身の豊臣秀吉が太閤になる時代が到来するのである。

遊びは、既成の秩序と観念で縛られた日常生活に自由をもたらし、既成の関係性を破壊して、新しい関係を創造する人間的行為である。そうした体験を「連日の酒宴」といわれるほど積み重ねることで、中世の人々の感性はしだいに平等性を受け入れるようになり、そうして形成された集団的無意識のうえで、下剋上の政治的、社会的活動が実行され、最後には群雄割拠の戦国時代を経て実力次第の安土桃山時代となり、それが再秩序化されることで近世社会に至るのである。

このような平等体験をするための空間が実は「座敷」であり、だからこそ、それにふさわしい書院造という新たな建築様式を獲得しなければならなかった。では、座敷のどのようなところに平等性が表れているのか。次に、その形式について詳しく述べたい。

2——座敷の形式

鎌倉時代前半までの武家住宅は、地面に穴を掘り、その中に柱を立て根元を埋めた掘立柱を使う建物であった。将軍御所であっても、鎌倉時代前期までは掘立柱建物であり、そこに設けられた客室であるデイも、掘立柱建物の形式でつくられていた。それは、現在の和室とは違う、古い民家のような素朴な建築様式であったと推測される。

そのような鎌倉に、一二三六年に公家出身の将軍である九条頼経が迎えられ、執権北条泰時は、頼経のために鎌倉で初めての檜皮葺の寝殿を建てた。これが、礎石の上に柱を置く礎石建の建物が、武家社会に入ってきた最初の例だと考えられる。

このようにして鎌倉に公家の住宅様式であった寝殿造の意匠や技術がもたらされると、それまでの武家住宅は、寝殿造の形式を取り入れて変化することになった。このとき従来の日本住宅史は、武家住宅が寝殿造になったと推測したが、前述のように地下人である多くの武士は、貴族の居住空間である寝殿に上がることさえできなかった。平安時代の身分社会を反映して生まれた寝殿造には、武士を迎え入れて身分が異なる人々が相対する客室など存在しなかったのである。

しかし、幕府が置かれた都市鎌倉では、摂家や宮家出身の将軍や、京下りの公家も加えて、身分が異なる人々が参集し、前節でみたような遊びや酒宴を開催できる空間が必要になった。そこで、身分の違う者が同席できる建築空間を求めて、鎌倉の武士たちが生み出したのが「座敷」だったのである。

先に述べたように地面に座って宗尊将軍を迎えた北条重時が、一二四〇年頃に子どもたちに向けて書いたとされる『六波羅殿御家訓』をみると、全四三条のうち六条に「ザセキ」という言葉がみえる。このうち第三一条で、他者が同席する場所で唾を出す時は、口をふさぎ「ザセキ」に背を向けて紙に出すべきだと述べている。このことから「ザセキ」は人が集う場を意味していたと考えられる。

続く第三二条では、「ザセキ」に出てから身繕いしないように戒めており、第三五条では「遊宴ノ座席」で下品な言葉遣いをしないよう注意し、第三八条で「イカニ入リミダレタルザセキニテモ」他者の酒や肴、菓子などに手を出すなと禁じている。これらのことから「ザセキ」は招いた客人と遊び、宴を催す場のことであったと考えられる。

つまり、先の北條政村の家で開催された和歌会の三日目のような場は、一二四〇年頃はまだ「ザセキ」と呼ばれており、そうした「遊宴ノ座席」では、第八条で「酒宴ノ座席ニテハ、貧シゲナラン人ヲバ、上ニモアレ下ニモアレ、言葉ヲ懸テ、座ノ下ニモアランヲバ、是へ是へト請ズベシ」とあるように、集まった人々を貧富や地位に関係なく平等に扱うことが求められていた。

逆に、このような訓戒から、幕府が開かれて五〇年足らずの鎌倉では、客室であったデイの宴席で、唾を吐き、身繕いし、下品な言動に及び、人の料理や酒を取って飲み食いするような自由放埒な人々が多くいたこともうかがえるのである。

ところで、残る第二九条には「ザシキノキタナキ所(中略)、酒宴ノ座席ノ事ハ沙汰ノ外也」とみえ、「酒宴の座席」であれば仕方ないがという但書が付いた「ザシキ」

という言葉がみえる。この「ザシキ」は「汚き」に係る修飾語であるから、この時代まで多い座席の敷き様という意味であったと思われるが、同じ北条重時が一二五六年に出家した後に書いた『極楽寺殿御消息』になると「座敷」は空間を表す言葉に変化している。

『極楽寺殿御消息』の第一〇条には「せばき座敷」や女房の御前で酒の酌をする際の作法が記されており、第八一条には「酒の座敷にては、はるかの末座までも、つねに目をかけ、言葉をかけ給ふべし」とあり、「狭ばき」という形容詞がつき、「にては」という接尾辞がつくことから、これらの「座敷」が空間の名称であることは明らかである。

重要なのは第九条で、「長押（なげし）のおもてに、竹くぎ打つべからず。畳の縁（へり）踏むべからず。敷居（さえ）の上にたたず」と書かれており、とくに座敷の事とは断ってないが、上層の武家住宅に柱を長押でつなぎ、縁のある畳を敷き、襖や障子を立てる敷居を使う部屋があったことが分かる。

つまり、現代の和室につながる「座敷」は、一二五六年頃までに、鎌倉の上層武家住宅に誕生していたと考えられる。先の北条政村が開催した千首和歌会も、そうした座敷で行われたと考えられる。

また、長押、畳、敷居が使われていることから、先述のように公家の寝殿造住宅の意匠が、一二三六年以降に武家住宅に取り込まれたことも判明する。

先に述べたように鎌倉時代前半までの武家住宅は、掘立柱を使って建てられており、地中に埋めた掘立柱は動かないので、柱同士を繋ぐ長押は不要であった。つまり、デイには長押がなかったと思われる。しかし、寝殿造住宅や寺社建築のように礎石の上に柱を立てる建物は、柱を固定するために長押を打つ。

したがって、一二五〇年頃からは武家住宅にも長押を使う礎石建の建物が出現したと考えられ、事実、公家出身の将軍のための寝殿を別にすれば、鎌倉における発掘調査でみつかった最古の礎石建の住宅建築は、鎌倉の雪ノ下で一三世紀中期から後期と推定される遺構面で検出された、大面取り角柱の圧痕が残る礎石を使った建物である。

鎌倉時代も後期になると今小路西遺跡に代表されるように、主要な建物を全て礎石建にした武家住宅が普及している。したがって、少なくとも都市鎌倉では一三世紀後半に武家住宅の主要な建物は礎石建になっていったと考えられ、その大きな原因は寝殿造の技術と意匠を取り入れた座敷の普及にあったと考えられる。

縁がある畳や敷居も、寝殿造から取り入れられたと考えられる。そもそも畳や敷居の上を左右に動かす襖や障子は、平安時代の公家住宅で生まれたものである。たとえば貴族の住宅空間を描く『源氏物語絵巻』の第四九巻に描かれた清涼殿の朝餉(あさがれい)の間［図1］（P.024）をみると、冠をかぶり、袙襲(あこめがさね)のくつろいだ姿の帝が、同じく冠をかぶり、銀で唐草模様を織りだした華麗な直衣(のうし)姿で後ろ向きに描かれた薫君と、碁盤を隔てて向かい合っているが、帝は最も格式が高い繧繝縁(うんげんべり)と呼ばれる朱・青・緑・紫の濃淡模様に花菱やひし形の文様を織り込んだ縁をつけた畳に座り、薫は高麗縁と呼ばれる丸い文様を並べた縁をつけた畳に座っている。このように公家社会では、身分に応じて畳の種類や置く位置が決められていた。

A

B

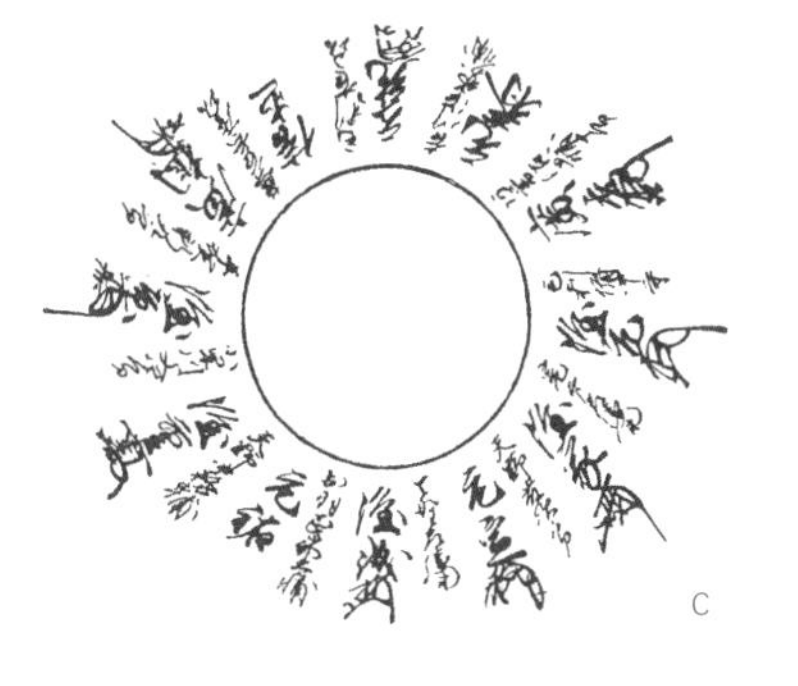

C

A：［**図1**］清涼殿朝餉間『源氏物語絵巻』宿木（一）絵（国宝指定、徳川美術館所蔵 ©徳川美術館イメージアーカイブ／DNPartcom）

B：［**図2**］安達泰盛邸の客室『蒙古襲来絵詞』（宮内庁三の丸尚蔵館収蔵）

C：［**図3**］傘連判状／弘治三年（一五五七）の毛利元就外十一名契状（『毛利家文書』二二六号）出典：『国史大辞典3』国史大辞典編集委員会編、吉川弘文館、一九八三年、六四一頁

ところが、鎌倉時代後期の上層武家住宅を描く『蒙古襲来絵詞』の安達泰盛邸［**図2**］をみると、畳の縁はすべて同じ模様であり、公家社会のように縁の種類で身分を区別しようとしていない。

さらに、図では上方が見えないが、一辺が三間の正方形の部屋に畳が四角く敷かれており、現在でもフランクな席の形とされる車座に座ることができるようになっている。このような敷き方を追い廻し敷きと呼び、中世住宅では多く使われていた。集まった人々が平等に向かい合う車座に座るためには、正方形の部屋が最も適切である。このことは半世紀前になるが、神代雄一郎氏が、中世住宅の主室は一辺が三間の正方形であることが多く、九間（ここのま）と呼ばれていたと指摘している。

鎌倉時代の武家住宅でも、指図が残る将軍御所の御殿の客室から、ここでみた安達泰盛邸の客室まで、主たる客室は九間であり、そうした正方形の部屋の四周に畳を敷き、擬似的な車座で遊宴は開かれたのである。

上座と下座が分かりにくい正方形の部屋に、縁が同じ畳を敷けば、集まった人々は平等に扱われているという意識をもち、勝負の結果に応じて自由に席を交替することで平等であることを体感した。こうした理由から、鎌倉武士の希求する平等を体現した空間として、正方形の座敷が誕生したのである。

中世の武士は、互いの平等性を示すため傘連判（からかされんばん）［**図3**］と呼ばれる署名形式を生み出した。これも車座の形式が平等性を示すことと、円形や正方形が建築空間に限らず中世という時代の様式であることを示している。

一辺が三間の九間よりも一回り小さな、一辺が二間の八畳の部屋は、鎌倉時代末期の下層武士の住宅と考えられる箱木家住宅[*1]のひろま（客室ただし板敷）で採用されており、後世には民家の主座敷の規模になった。また、一辺が一・五間の四畳半と一間の二畳は、次代に誕生する茶室の基準になった。このようにして正方形の空間がもつ平等性は、わが国の住宅空間に継承される伝統になるのである。

こうした正方形の座敷が、襖や障子などで立面を構成し、吊り天井で上面をつくることは言うまでもないが、それらも平等性という品質を形成する形式要素であった。

天井は、上から見る絵巻物では描かれることが少ないが、床面と同様に大きな変化があった。寝殿造住宅は、基本的に天井がなく、身分が高い人が座る場や寝室に、屋根から落ちる塵を受ける承塵（しょうじん）や、構造体に組み込まれた組入天井が張られるのみで、中央にある母屋の上部は棟が高く、断面が三角になる切妻型の化粧屋根裏仕上げであり、亭主よりも身分が低い人が座る周囲の庇は、片流れの化粧屋根裏（けしょうやねうら）仕上げであった。天井もまた、身分を表していたのである。

ところが座敷になると、一面水平な天井が張られるようになった。格子を井桁に組み、その上に板を置く格（ごう）天井は、現存する最古の事例が一二八四年に再建された法隆寺聖霊院であり、今の和室にも使われる竿縁天井は、一三〇九年頃に描かれた『春日権現験記絵』巻一七に描かれている。このほか格子や竿縁を見せない鏡天井などさまざまな天井形式があるが、すべて屋根裏の梁から細い棒で吊り下げられているので、吊り天井ということができる。水平な吊り天井をつくると、部屋のどの位置にいても同じ高さ、同じ仕上げの下にいることになるので、人々は平等に扱わ

*1――兵庫県神戸市北区／国指定重要文化財

れていると感じる。それは、現代建築でも同じであろう。

軒が深く開放的な日本建築では、室内の採光は庭からの反射光に頼っていた。そこで、部屋をより明るくするために前庭に白い砂や玉砂利を敷きつめることも多く行われた。反射光に明るく照らされた天井は、座敷の中でも目立つ場所になるので、高価な材料や手の込んだ技法、趣向が凝らされた。

座敷に入ると、真っ先に目に飛び込んでくる正方形の平らな天井は、それまでの寝殿造住宅や掘立柱の武家住宅にはない新鮮な意匠であった。この平滑化された吊り天井という形式は、平等な空間であることを表すものであり、座敷の普及にしたがって広く使われるようになったと考えられる。

次に、立面を構成する柱と建具、その上部の小壁や欄間についてもみてみよう。寝殿造住宅では主要な柱は丸柱であった。しかし、武家住宅はすべての発掘遺構や安達泰盛邸［**図2**］(P.024)などの絵画では角柱しか使っていない。なぜ、丸柱から角柱に変化したのであろうか。

これには建具が関係している。寝殿造の部屋は、夜間の防犯のために蔀(しとみ)という格子に板を張った建具を取り付けたが、昼間は蔀を跳ね上げて開放していた。開口部には御簾(みす)をかけ、土台付きの柱で支えた横木に絹布を垂らす几帳や屛風を立て、視線を遮っていた。つまり、寝殿造の室内は基本的に外部とつながっており、寒さを凌ぐこともできなかった。

そこで、常住する居室部では、寒気を防ぐために引き違いの建具である襖や障子を使うようになったが、丸柱のままだと襖や障子が当たるところに隙間ができるので、家族が暮らすプライベートな空間では、角柱を使うようになった。たとえば［図1］（P.024）の朝餉の間でも、天皇の背後にある副え障子と、大和絵の襖で次の間と仕切るところには角柱が使われている。

座敷は、そうした寝殿造の居室に使われていた角柱と引き違い建具を採用した。それは、いまだ平等ではなかった社会で、平等な空間を仮構するために理想の景観を描くことができる襖を選んだからであり、採光のために襖が使えない庭側には障子を入れて、開いたときに同じ理想を表した庭園が見えるようにした。鎌倉時代以降、住宅建築に禅宗式庭園が普及するのは、そうした理由からだと考えられる。

そうした空間の優例を、われわれは狩野永徳が襖絵を描いた大徳寺聚光院の室中の間に見ることができる。仏前以外の四周に畳を敷き廻した九間は、東側の襖に春を表す老梅の巨木を描き、その近くを飛ぶ小鳥の視線は、北側の襖に描かれた夏の水辺に憩う小鳥に向けられている。異なる季節に存在する小鳥同士の交わす視線を通じて、われわれは巡る季節を体感する。夏の景色を描く北側から秋の景色を描く西側への連続性も、北西角の巨樹で表現されており、そうして春から秋へと巡らせた視線を南側に向けると、そこには白い石を並べた冬の雪山を思わせる庭園がある。こうして永徳は、単に自然に囲まれ、社会の秩序を離れた人間同士が出会う平等な空間を表現するだけでなく、巡る四季を体験させることで平等なる空間に永遠性を付与したのである。

同じ種類の畳が敷かれた床、空間体験が同じになるために水平に貼られた天井、理想世界を表す障壁画を描くための襖と、均等な光を入れ理想世界を表す庭園を見るための障子を入れるための敷居と鴨居と角柱、その柱を繋ぐための長押と、その上部を構成する欄間と小壁、そして天井に浮遊感を与えるための蟻壁(ありかべ)、これらが座敷をつくる意匠つまり形式要素である。

こうした要素の多くは、寝殿造で生み出されたものであったが、既成の形式要素を平等に対面できる座の形に適した正方形の平面と、空間体験を均一化する立方体という形の二つの形式関係に組み立てたとき、平等性という空間的品質が初めて表出される。このような平等性という品質と、それを表出するための形式要素と形式関係を、私は書院造の定義と考えるが、近世以降の格式を表し場所を差別化してみせた座敷を書院造と呼ぶ人もいる。その適否はいずれ明らかになるだろう。

鎌倉時代前半の掘立柱の武家住宅にあった客室のデイは、都市鎌倉という環境下で、寝殿造の形式要素を獲得し、畳を敷き廻すことや吊り天井などの幾つかの新しい形式要素を加えることで、平等性を表出する新たな空間である書院造の座敷に変化した。そのような変化をもたらした原因は、他者を自邸に招き、互いを尊重し、遊宴を通して互いを良く知ろうとした、その生活スタイルであったと考えられる。

こうして平等という人にとって普遍的な価値を実現した座敷は、やがて武家住宅を超えて他の人々にとっても「あこがれ」の対象となり、近代になるとあらゆる階層の住宅に普及して、現代のわれわれがみる和室にまで継承された。次節では、鎌倉時代以降の経過について若干みておきたい。

3——会所から茶室へ

鎌倉時代の中頃に武家社会で誕生した座敷は、その品質が普遍的なものであったが故に、室町時代になると京都の公家と寺家の社会にも受容されていった。

「このごろ都にはやるもの」で始まる建武新政を揶揄した二条河原落書の一節に、「在々所々の歌連歌、点者にならぬ人ぞなき、(中略)、自由狼藉の世界なり、(中略)、茶香十炷(ちゃこうじっしゅ)の寄合も、鎌倉づれにありしかど、都はいとど倍増す」とある。このように鎌倉で流行した闘茶、香合せなどの勝負事は、武士が京都で暮らす室町時代になると都で一層流行し、足利尊氏は「茶寄合と号し、あるいは連歌会と称して、莫大の賭に及ぶ」ことを建武式目で禁じたほどであった。

こうした室町時代前期の住宅建築の形態を知る良い史料が、醍醐寺の法身院の指図［**図4**］である。これは、五摂家の一つである二条家の傍流であった権大納言今小路師冬の子である満済が記録したもので、一四〇九年に満済が東寺長者に就任したので、翌年三月に東寺の惣在庁や公文が吉事の儀礼を行うために法身院を訪問した際に作成された見取り図である。

記事から右の建物が小御所で、左が会所と分かり、共に九間を主室としている。会所の方は、九間と六間を食い違いに組み合わせ、九間の奥に上段のことである「床(とこ)」と、床の間の前身である押板(おしいた)のことである「ヲシ棚」を具えている。

このように鎌倉時代に生まれた九間の座敷は、南北朝頃までには押板や違棚、付書院などで構成される座敷飾りを造り付けるようになっていた。これは、自邸に会

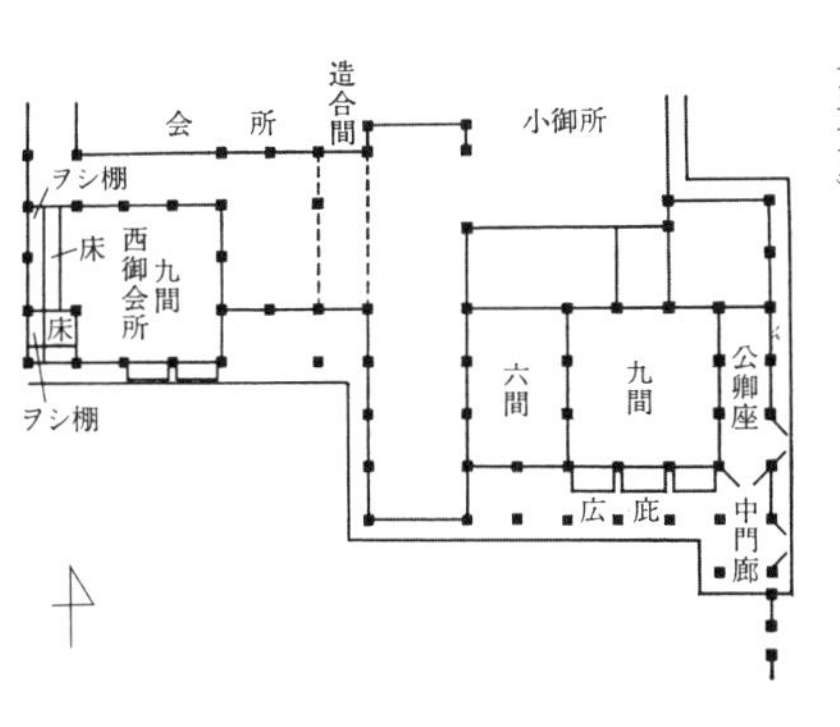

［**図4**］法身院指図（出典：太田博太郎『日本住宅史の研究』岩波書店、一九八四年、一五七頁）

所を建てた鎌倉時代末期の執権北条貞顕が、「から物、茶の流行候事、なおいよいよ勝り候」と書いたように、闘茶のような勝負事が盛んになると、唐物と呼ばれる宋からの輸入品を含めた多くの賭け物を置く場所として座敷に造り付けられるようになったと考えられている。

掛軸として輸入された宋画つまり唐絵を掛ける押板や、輸入品が尊ばれていた茶道具や文具を飾るための違棚、漢籍や硯などを飾る付書院などで構成される座敷飾りは、遊宴の場であった座敷を飾る意匠になり、座敷飾りを設備した接客専用の座敷を会所と呼ぶようになった。

南北朝期の会所として良く知られているのが、バサラ大名の佐々木道誉の自邸にあった六間の会所である。バサラは、既存の身分や秩序に従わず、派手な振る舞いや華美な服装などを好む美意識を行動原理にした人びとのことであり、数寄者とも呼ばれた。佐々木道誉は、高師直や、上皇の牛車の前でも下馬の礼をとることを拒んで滅んだ土岐頼遠らと並ぶバサラ大名の代表格で、『太平記』によれば一三六一年に楠正儀に攻められて京都を退去する際に、自邸の会所に畳を敷き並べ、押板に三幅一対の掛け軸と、花瓶や香炉を飾り付け、書院には王羲之の書や韓愈の文集を飾り、茶を入れる湯を沸かす罐子や盆なども用意して退去した。どんなときでもバサラの美意識を貫く道誉の風流心に、敵将である楠正儀も感じいったと記されており、会所は自らの美意識を表出する場であったことが分かる。

これに似た会所が、奈良県吉野の吉水神社に残されている。義経潜居の間［図5］（P.032）と呼ばれる部屋は、実は南北朝頃の建物で、六間（一二畳）の部屋の正面には、

［図5］吉水神社書院 義経潜居の間（吉水神社提供）

二間幅の押板がある。また、その側面には違棚と付書院が付けられた上段が設けられているが、実はこの上段は垂木が見える下屋に設けられているので、近世のような貴人の座ではなく、賭け物を置く施設であったと考えられる。

さらに注目すべき特徴として、押板と違棚と付書院の板が連続するように同じ高さで作られていることが挙げられる。これは夫々の設備に飾られた唐物や飾りが、一列になって座敷を取り囲む配置になるための形式であったと考えられる。

たとえば、当時、七夕法楽（たなばたほうらく）と呼ばれる仏教行事を兼ねた遊びがあった。招待された人々が持ち寄った花を活けた花瓶を、このように同じ高さで直角に設置した板に置き並べることで、仏供である花に囲まれた九間座敷で、連歌会を催し、茶や酒肴等を饗する行事であった。

『尋尊大僧正記』の一四七五年七月七日条に、興福寺を支配していた二つの門跡のうち大乗院の門跡であった尋尊が、自邸にしていた禅定院の小御所で開催した七夕法楽の詳細が記されている「七夕会所図」［図6］がある。

図の右手にある東南角の九間座敷が、大乗院と一条院の両門跡が使う主座敷であり、その北と東に大和絵の金屏風を立て、その上に宋画の掛け軸を掛けて、和漢混淆の背景をつくり、その前にL型に置いた卓に、丸印や点で記した花瓶や唐物道具が並べられ、花瓶には参加者が持ち寄った花が活けられていた。

このような飾り付けは、同時期に製作された『祭礼草紙絵巻』の七夕

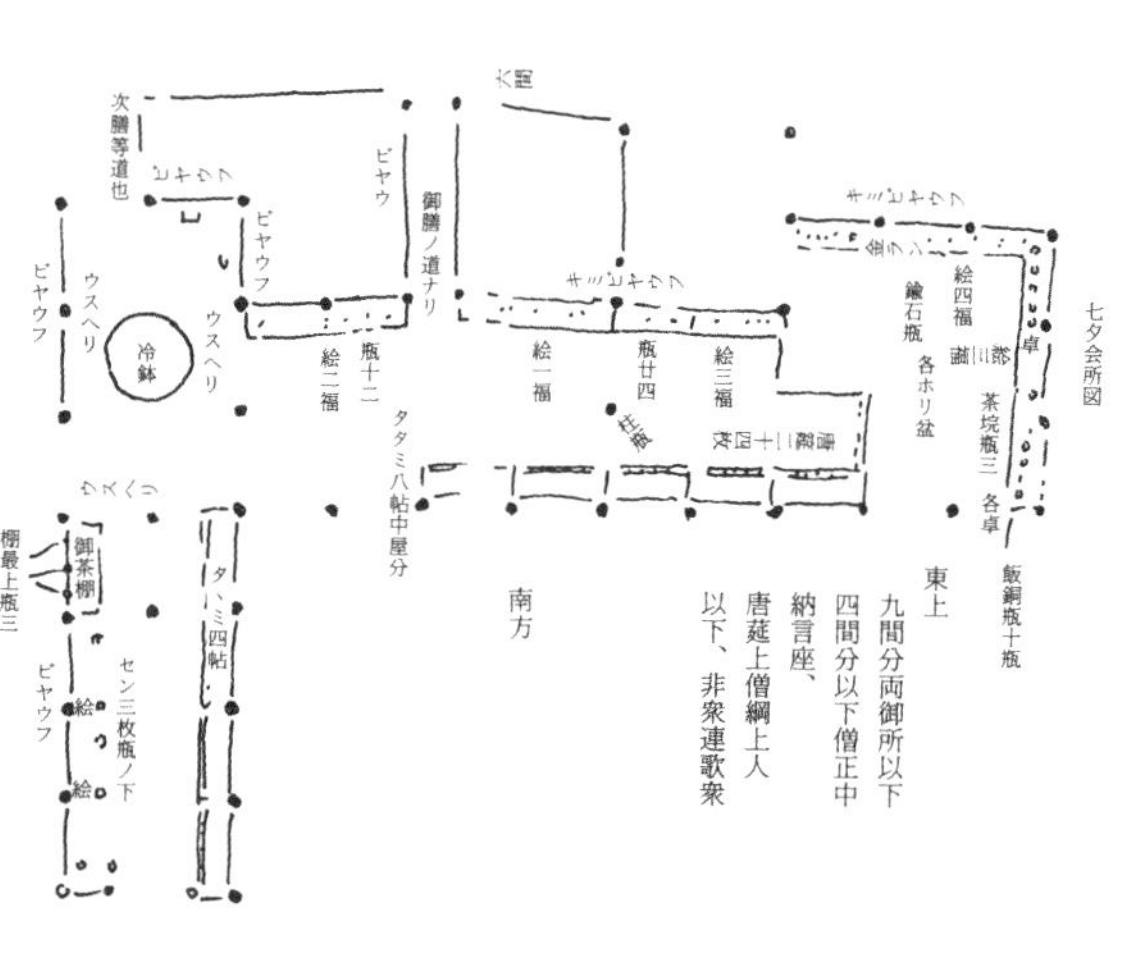

［図6］七夕会所図（出典：川上貢『日本中世住宅史の研究』中央公論美術出版［新訂］、二〇〇二年、四五六頁）

法楽の場面に描かれており、三幅一対の仏画を掛け、花に囲まれて寛ぐ人々や、唐物や文具を飾る違棚と付書院を備えた次の間、さらに茶の湯を点てている数寄の泉屋なども描かれ、座敷の前には自然を模した盆景が置かれている。

会所とされた禅定院の座敷も、このように華やかに飾られたのであろう。人々は自らが用意した季節の花に囲まれて、尋尊が用意した絵画や道具の鑑賞と合わせて、互いの趣味を知り、遊びと宴を楽しんだ。

座敷を取り囲む七夕法楽の飾り付けは、まるで先の狩野永徳の絵のようであり、人々は、象徴化された自然に囲まれた空間で打ち解けて遊び、互いを知り、美的体験を共有することで一味同心の共同体を形成した。これが座敷の機能である。

ところで、この七夕法楽の会所では、僧正と中納言の座がある四間の一部が九間に食い込んでいる［図6］。それは建物全体を一体的に使おうとする姿勢が生んだ結果であるが、このように建物全体を会所として使い、大規模な行事を行う嚆矢(こうし)は、足利義満が建てた北山殿であったと思われる。

位人身(くらいじんしん)を極めた義満は、北山の山麓に別荘をつくり、一三九五年に金閣を建てた。金閣の背後には、じつは天鏡閣と呼ぶ二階建ての会所があり、黄金に輝く三階建ての金閣と二階建ての天鏡閣は空中廊下で結ばれており、そこを歩んで金閣に渡ることを、訪問客は「虚を歩む」すなわち空中を歩くようだと記している。

会所であった天鏡閣には、十五間の主室と左右の座敷があり、一四〇八年に後小松天皇が御幸したときは、左右の座敷に唐絵、花瓶、香炉や金銀財宝が進物として飾られたことから、それらを置く座敷飾りも備わっていたと考えられる。

北山殿に代表される北山文化は、バサラの美学を体現したものであり、人々は競って自己表現としての会所を建てた。金閣と天鏡閣も義満の世界観を表したものであり、それにあこがれた人々は、次々と大規模な会所を建てるようになった。

義満の後をついだ義教は、室町殿の東半分を占めた大池の周りに、三棟もの会所を建てた。その置物や宝物を飾った室内と、外の池や庭のたたずまいは、訪れた客に極楽浄土を感じさせるものであった。醍醐寺の満済も日記に、言葉にすることができず、ただ目をみはるばかりだったと記している。

もともと勝負の賭け物の置き場であった座敷飾りは、バサラによって自己表現の場とされ、さらに義満や義教のような将軍によって権威の表現とされた。このことが座敷の平等性を歪める権威化と格式化を招いたのである。

義教の子であった義政は、バサラの美を追究するのを止め、自然に囲まれた侘びの空間として東山殿を造営したが、そこでは会所が公式の接客空間になっており、もはや会所の座敷は、本来の平等という性質を保つことが難しくなっていた。

会所はやがて戦乱の中で、近世の大名屋敷において最も格式が高い接客空間である広間へと変化していった。それと共に座敷は、二条城二の丸御殿のように豪華な装いを纏い、権威の象徴となる折り上げ格天井(ごうてんじょう)などを具えた書院座敷に変化するのである。

義政は、そうした会所の前に持仏堂である東求堂を建て、そこに同仁斎と号する四畳半の座敷を作った。それは質素な違棚と付書院のみを備え、義政自らが点てた茶を客に供する茶室として使われた可能性が高い。

こうした四畳半の茶室は、同時代に奈良に住んでいた村田珠光によって、豪華な賭け物を前にした会所での闘茶と異なる、侘茶の空間として誕生し、武野紹鴎によって装飾を排除され、千利休によって草庵風の茶室へと発展していった。それは、権威化してしまった会所の座敷に代わる新たな平等空間の創出であったのだろう。

おわりに

座敷、あるいは和室とも呼ばれる書院造の住宅様式は、鎌倉武士の平等へのあこがれから生まれた。平等とは、決して理念ではなく、人と人の交流にともなう体験から生まれる感性である。だからこそ、人により異なり、文化によって異なるのである。

「人間は平等である」という感性を定着させるために、中世の人々は膨大な回数の勝負事を開催し、あるいは参加して、その感覚を身体的に記憶していった。

既存の秩序に従わない遊びの場として形成された座敷は、そのことから座敷飾りを持つに至り、会所として自己表現の場となると、その表現を利用した権力者によって権威を表出する場に変質した。代わって、既成の価値を捨て去ることで草庵風の茶室が生まれ、その再生された平等空間の意匠を取り込んだ数寄屋風の書院造が、われわれが見る和室である。

座敷飾りに置かれた物は、最初は単なる景品か、公家文化へのアンチテーゼであったが、バサラが自己を表す数寄の飾りに変えると、それを利用した権力者の権威を示す物に変わり果てた。そこに上段や帳台など寝殿造の伝統に根ざす施設も加わったものが近世の書院造である。

そのとき平等な関係を形にした正方形や立方体は、新たな平等空間として誕生した茶室に継承された。幾何形式に基づく関係性にはスケールがないことから、対面での平等を追求した茶室は、九間の四分の一である四畳半へ、そして九分の一である二畳まで縮小した。

同じ正方形でも、四畳半や二畳のスケールでは、自然を表現した障壁画や枯山水の庭園はスケールアウトしてしまう。そこで、自然をより抽象化して示す佗茶の空間へ変じたのである。その茶室の意匠を数寄屋風意匠として加えることで平等性を取り戻そうとした結果が、いまの和室の意匠である。

こうして形成されてきた和室が、いま、急速に消えつつある。畳の上に向かい合って座り、遊びや宴会を通して平等性を体感し、それを無意識に記憶する和室という空間は、社会に平等性が浸透した今、不要になったのだろうか。

答えは、和室は平等性だけでできているのではないということである。和室に内包された平等性は、桂離宮を見たブルーノ・タウトが、ここに目指していたものがあると述べたことで証されるように、普遍性をもっていた。しかし、実現されたモダニズム建築は和室ではなかった。

このことから、和室には平等性という普遍的性質のほかに、日本文化がもつ地域的な文化性が含まれていることが分かる。それが何かを明らかにすることが、ローカリティとユニバーサリティの関係を知る手がかりになり、グローバリズムが進む現代において、これからの〝あこがれ〟の空間を考える基盤になると期待している。

第二章
侘数寄の茶室は「あこがれ」から始まった
桐浴邦夫

1――黒木造

歴史をずっとさかのぼって、茶室以前のことについて、まず記しておきたい。百人一首の第一番、よく知られた天智天皇の歌である。

秋の田のかりほの庵（いほ）の苫（とま）をあらみ　わが衣手は露にぬれつつ

『後撰和歌集』より採録されたもので、秋の田のほとりにある仮庵（かりほ）の苫が荒いので衣の袖が露に濡れていったということを詠んでいる。天智天皇自身が仮庵にいたのか、あるいは農夫の気持ちになって詠んだものかは不明であるが、天皇の庶民の素朴な生活に対する郷愁あるいは「あこがれ」から詠じたものであろう。ここで示す建築は、おそらく竪穴住居あるいはそれに類する平地式の住居で、丸太の骨組に苫、すなわち菅（すげ）や茅（かや）を菰（こも）のように編んだものを掛けただけの簡素な小屋であったと考えられる。それは実際には仮設の意識はなかったが経済的または技術的な側面からの結果であったか、あるいは仮設の意識を持って造ったものかはわからないが、天皇の住居からみれば十分に仮設と考えられるものであり、天智天皇としては、仮の庵として表現したものであろう。

次に、『万葉集』に掲載されている二首をみてみたい。

はだすすき尾花逆葺き黒木もち造れる室(やど)は万代(よろづよ)までに(太上天皇〈元正天皇〉)

あをによし奈良の山なる黒木もち造れる室(やど)は座(ま)せども飽(あ)かぬかも(聖武天皇)

いずれも当時の政界の実力者長屋王の家の竣工に詠んだ歌である。ここで注目したいのは、「黒木」という言葉である。「黒木」は皮のついたままの木材のことで、大嘗(だいじょうさい)祭の悠紀(ゆき)殿や主基(すき)殿で使用されることがよく知られている。材料としては先の天智天皇が詠んだ仮庵と大きな違いはない。大嘗祭の殿舎はその儀式のためのもので仮設の建築であるため、黒木造を仮設とみる向きもある。[*1] しかし、この二首に関していえば、仮設というわけではなく、この建物が永遠であるようにと詠んだものである。おそらく当時における最高の技術で黒木を組んで造り上げたものと考えられる。

大陸からの建築技術は飛鳥寺建立の六世紀後半には伝えられており、この歌が詠まれた奈良時代の八世紀まで、少なくとも百年以上の年月が流れており、当時の人

＊1――関野克は「奈良時代に於ける黒木造」(『建築史論叢』高桐書院、一九四七年)において、長屋王の住宅を、正倉院文書における石山寺の仮設の実用的な黒木の建物と比較し、黒木造には二つの流れがあることを記す。そして和歌による日本精神の伝承は、茶室を中心とする数寄屋建築の発展の素地とし、奈良時代における発露は注目すべき、と黒木造を和歌の精神を掛けて論述する。
ただ近代においては、黒木造をおしなべて仮設性をもつものとする説(松本勝那「仮設空間と黒木造りに関する研究」『明治大学科学技術研究所紀要』四五巻二号、二〇〇六年)も現れるが、長屋王の屋敷の説明としては不十分であると思われる。本稿では、関野の説を受け継ぎ、素直に永遠であることを念じての歌と理解する

びとは、大陸からの建築技術が持久性に優れていることは理解していたはずである。しかしながら、この建物は、屋根は茅葺で柱は皮付き丸太を使った、黒木造の建築であった。それが永遠であれ、と詠むのであった。

つまり、黒木で造った建築は、過去から連綿として造られてきた簡素な庶民の住宅であり、大嘗祭のような仮設の建築であり、また永続性を求める住宅建築の一種でもあり、多様な側面をもっていた。特に支配者階層の建築における黒木は、大陸からの新技術と正対するものとしての意味があったのではないかと考えられる。

その後、この黒木造の建築は、歴史の表舞台に現れることは少なくなった。もっとも、神社建築や住宅建築には茅葺や桧皮葺など、瓦ではなく植物を使った屋根が使われることも多く、寺院建築においても桧皮葺の屋根や、また直接は黒木そのものではないが、大陸からの技術ではなく日本古来の手法による床(ゆか)を高くした形式のものが造られることもあった。しかし一方でそれらの建築も、柱は製材して断面を円形または角形にしたものが基本となり、自然木そのままの形、すなわち丸太で使用する建築は、一部を除き、稀なものとなっていった。

2——茶の伝来と異国へのあこがれ

茶は遣唐使によってわが国に伝えられたと考えられている。最初に文献で確認できるのは平安時代の初期、弘仁六(八一五)年四月、『日本後紀』に記載されている嵯峨天皇が近江の梵釈寺(ぼんじやくじ)において大僧都永忠が煎じた茶を飲んだ記録である。しかし、平安時代にはさほど茶が拡がりをみせるものではなかった。遣唐使そのものが平安時代になってしばらくすると途絶え、その後は、いわゆる国風文化が栄える時代となった。つまり異国風の茶は、平安時代の初期にこそ、「あこがれ」として注目されたが、その後は一部の寺院などでは飲まれていたが、その注目も低くなったとみられる。またこの頃は、特に喫茶のための建築はなかったようで、おそらく寺院における土間、あるいは板敷の床に、中国風に椅子に腰掛けて、中国の道具を使って、儀礼として喫茶が行われていたものだと考えられる。

再度日本に招来されたのは鎌倉時代、臨済宗の開祖栄西が宋より伝えたものである。栄西の伝えた茶は、その後大きく拡がりをみせるようになる。時代は少し下がるが、鎌倉時代末から室町時代初期に成立したと考えられる『喫茶往来』[*2]に当時の茶会の様子が記されている。喫茶の亭は、二階建の楼閣であった。内部には豹の皮を敷いた胡床が置かれ、懸物は本尊として思恭が描いた彩色の釈迦説法の絵と牧谿の墨画で観音補陀落山示現の絵がかかっており、脇士として普賢文殊、寒山拾得の絵を飾りとしていた。また金蘭がかけられた卓には胡銅の花瓶が置かれ、錦繍を敷いた机には真鍮の香匙や火箸をたて、風炉からはよい香りが立ちのぼっていた。そして襖障子には唐絵が飾られていたという。

このしつらえは、中国をイメージしたものである。より具体的に中国の喫茶の形式を取り入れたというより、当時の日本人の中国イメージであったと考えられる。若干の情報と想像によって、このような楼閣において喫茶を行っていたものと考えられる。またそこで行われていたのは「四種十服」などと呼ばれる茶の品種をあて

*2——「喫茶往来解題」『茶道古典全集』第二巻、淡交社、一九五六年、一九一頁〜一九二頁。これによると「室町時代はじめ」とある

る闘茶、すなわちゲームであった。『異制庭訓往来』によると「茶香の翫(もてあそび)はただ当世の様、珍体をもって風情とし」とあるように、元来唐宋の文人間に行われていた優雅な検茶の行事に起因するものが、日本の遊戯として行われるようになったようである。[*3] これは異国への「あこがれ」が、このような茶会の形式、そしてそのしつらえを生みだしたと考えられる。

さて『喫茶往来』には、その二階建ての楼閣に入るまでの様子も記されている。はじめは会所に集まったという。ここに記されている会所には、簾が掛けられ、庭にはきれいな砂を敷き、軒に幕をひきまわし、窓には垂れ絹をかけていた。おそらく板敷でまだ寝殿造の要素が残る建築に、畳が追い回しの形式で置かれ、庭園に面して火燈窓が設けられていたものと考えられる。そこでは儀礼として酒を三献、そして素麺や茶、山海の珍味、果物が提供された。そして座をたって、樹木が植えられ築山が設けられ滝が流れ落ちる庭園を歩いて、楼閣に入ったという。

一方、この時代の茶会は、ゲーム性が高く賭け事としての側面も持っていたことは先にも記した。『喫茶往来』とどちらが先に記されたかは不明であるが、室町幕府の『建武式目』によると「莫大な賭に及ぶ」ものとして茶寄合は禁制とされ、またバサラと呼ばれる贅を尽くしたふるまいを戒め、倹約が推奨された。おそらくそういったことも大きく影響していたのであろう。その後楼閣などでの中国趣味をふんだんに取り入れた茶会も記録上みられなくなる。もっとも楼閣建築としては、よく知られた金閣〈鹿苑寺舎利殿、応永五〈一三九八〉年、昭和三〇〈一九五五〉年再建〉や銀閣〈慈照寺観音殿、延徳元〈一四八九〉年〉は将軍の別荘として建築されたが、具体的な茶会の

*3——「喫茶往来解題」『茶道古典全集』第二巻(前掲)一九七頁

記録はみられない。おそらく楼閣建築は、異国を感じるひとつの「あこがれ」としてあったかも知れない。しかしその後の茶会は会所で行われることが一般的となった。『喫茶往来』に記された茶会の前段、つまり会所に凝縮された形式をとるようになった。

3——自然に囲われた空間と平等

会所と目される建築が描かれた絵画として『慕帰絵詞』［図1］（P.044）がある。板敷の床に畳がコの字形に敷かれ、中央に火桶が設置されている。壁面には軸が掛けられ、香炉と左右一対の花瓶が直接板敷の床の上に飾られ、詠草（和歌の草稿）が載せられた前机が置かれている。外部に面しては蔀が設けられている。この絵は、連歌の様子を描いたものであるが、おそらく茶会においても似たような状況であったと考えられる。

『喫茶往来』に記された会所や楼閣は、築山や滝、樹木で構成され、自然を写した庭園に囲われていた。自然は日本人にとって極めて重要なものである。四季折々の美しい自然もさることながら、脅威の存在でもある。例えば大陸の国々に比べ、地震や台風など自然災害にみまわれる確立が非常に高く、自然に対しての畏怖の念が他の地域よりもはるかに大きい。その人智を超越する自然の元に平等という考えもあったともみられる。そして『慕帰絵詞』の会所の図を細見するならば、まず開放的なところが挙げられる。次にコの字型に敷かれた畳の種類が同じであることが

〔**図1**〕『慕帰繪々詞』一〇巻・巻五（国立国会図書館蔵）

注目される。もちろん建築的にみて畳の種類を変えることは納まりや意匠にまとまりがつかなくなるという側面がある。しかし一方では、畳はそこに座する人の身分を表すという側面があり、同じ種類の畳を並べることは平等という考えにもつながる。この場合は、歌聖と呼ばれる柿本人麻呂の軸をかけることによって、絶対的な存在の元に平等の空間が構成されたと考えられる。そして中央に火桶がおかれているが、火はプリミティヴな意味で人を集める力を備える。民家の囲炉裏の例をもちだすまでもなく、家族や同族をまとめる意味をもつ。

さて、ここで平等という言葉を何度か使用したが、それに対して、少々唐突にでてきたので、違和感をもっている人もいるだろう。それに関して少し説明しておきたい。のちの時代になるが、千利休らが確立した現在に至る茶の湯では、その専用空間である茶室には、刀掛を設け、躙口(にじりぐち)という何人たりとも頭を下げないと入室できないような出入口を設け、社会的身分を室内に持ち込まないようにした形式を確立している。さらにその当時日本にやって来たポルトガル人ジョアン・ロドリゲスは、『日本教会史』[*4]に東アジアにおける茶のもてなしについて記しているが、中国と違って日本の茶のもてなしが、平等という考え方を取り入れていることに特異性を感じとり、大きな関心を寄せていた。関白も町人も同じ空間で同じもてなしがおこなわれると記されている。

このロドリゲスの使命として、キリスト教の布教活動などのため、より正確に日本についてのことを記録する役割を担っていたと考えられ、そのため記述は偏りの少ない、信憑性に足るものと考えられる。ロドリゲスがやって来たのは桃山時代で

*4――ジョアン・ロドリゲス著、土井忠生他訳『日本教会史』岩波書店、一九六七年

あるが、それ以前の茶の湯についても、当時の茶人たちから聞き取ったのであろう、詳しく記録されている。彼の記録では、室町時代、足利義政においても、平等の意識を持って茶のもてなしを行っていたとある。このあたりは後述するとして、その考え方の始まりがどこまで遡れるかと考えたとき、少なくとも中世の茶や連歌の寄合においては、その会場とされた会所では、すでに平等という視点があったのではないかと考えられるのである。藤田盟児によれば、さらにさかのぼれば鎌倉時代の武家の住宅にも平等の考え方が取り入れられていると考えられる。[*5]

『喫茶往来』に記された日本人のイメージする中国風の楼閣から、会所へと転じた茶会の場所であるが、会所はあきらかに従来の日本住宅の流れのなかで理解することができるものである。当時の人びとにとって中国風の楼閣は「あこがれ」であったが、そもそもそれを造ることは容易ではなく、幕府も贅沢なものを戒めていたことから、建築としては比較的簡素な会所での茶会へと変化して行ったものと考えられる。会所での茶会は、それまで茶のもっていた中国的な側面を大きく削ぎ落としていった。「あこがれ」としての異国イメージの茶会は唐物と呼ばれる道具類に凝縮され、畳の上に座して茶会は、それまでの形式とは全く違ったものを生みだした。

茶の歴史をたどると、やがて敷き詰められた畳の上において茶会が行われるようになり、さらにその空間が屏風などで小さく区切られるようになったという。座敷の上での茶会は、茶の湯棚をもつ隣室で点てた茶を座敷に運び出される形式で、いわゆる殿中の茶と呼ばれていた。

*5——藤田盟児「和室の起源と性格」『和室学』平凡社、二〇二〇年、七〇頁〜七四頁

4——本数寄の茶の湯空間

東求堂同仁斎

そのような中、足利義政は東山浄土寺の地に山荘の造営に着手した。東山殿と呼ばれた山荘は、文明一四(一四八二)年よりその作事がおこなわれた。翌文明一五(一四八三)年には常御所が完成し、義政は移り住んだという。そして文明一七(一四八五)年には、西指庵・超然亭・浴室、文明一八(一四八六)年には持仏堂・西指庵の門、長享元(一四八七)年には、会所・泉殿、長享二(一四八八)年には、船舎・竜背橋、長享三(一四八九)年には、観音殿・漱蘇亭・釣秋亭、など次々と造られていったが、延徳元(一四八九)年、義政が死去し、工事が終了した。

ここでまず注目したいのは、常御所(つねのごしょ)である。はじめに建築に取りかかり義政自身が最初に住まいしたところである。茶の湯の間と呼ばれる部屋は『御飾書』によれば「めしの御茶湯」の部屋とされ、日常的に使用されていた部屋だと考えられる。この部屋は六畳敷きで主室に付属して設けられていた。[*6] つまり茶の湯の間は茶を準備する部屋であって、ここで同朋(ぼう)衆らによって茶が点てられ、隣接する主室で喫茶がおこなわれたものと考えられる。ちなみにのちの文献であるが『南方録』には、東山殿の図として茶の湯の間と考えられる図面が掲載されているが、これによると主室と茶の湯の間が隣り合い、主室から同朋衆が茶を点てるところが見えたと考えられる。

先に記したジョアン・ロドリゲスの『日本教会史』に着目したい。それによると義

*6——『稲垣栄三著作集 四 茶室・数寄屋建築研究』中央公論美術出版、二〇〇六年、八頁〜一三頁

政は、はじめは客に対して最上のもてなしをおこなうことを同朋衆たちに命じていた。しかしやがて御殿のそばに茶を飲むためにその道具を置くことしかできないような小さな家を建てたという。[*7] つまりここに、義政の茶に大きな変化があったというのである。さらに続けると、その建物は、華美ではなく、田舎風であり、孤独の生活を営むのにふさわしい形式のものであった。そして四畳半の部屋を備え、棚の上になどに国内外から集められた中国製の道具類を飾り、自ら茶を点てて、客に提供したという。これを本数寄と呼ぶと記される。

先に記した東山山荘の造営の順をみていくと、最初に常御所が完成し、義政自身が移り住んでいる。そして四畳半の部屋をもつ東求堂はその三年後に造られている。つまり東求堂同仁斎において義政自身が茶を点て、客に提供したと考えられるのである。この間に何があったかは不明であるが、逸話として次のような話題が残されている。義政の同朋衆であった能阿弥の紹介によって、奈良の珠光という人物が義政に茶の湯を指南したと、『山上宗二記』の中の「珠光一紙目録」に記されている。ただ、能阿弥の没年が、東山山荘造営以前であることから、信憑性に問題は残る。しかし能阿弥の仲介でないにせよ、実際に会ったのか、あるいは評判を聞いただけなのかは不明であるが、珠光のおこなっていた新しい茶のスタイルに、同時代の義政が何らかの興味を持っていたことは十分に考えられることである。

東求堂同仁斎については、『君台観左右帳記』相阿弥本には、持仏堂（東求堂）の北東に囲炉裏を備えた四畳半座敷があり、茶道具が飾られ、鎖が吊り下げられていることが記されていた。また昭和三九（一九六四）年から昭和四〇（一九六五）年にかけて

*7——ジョアン・ロドリゲス『日本教会史』（前掲）五九三頁

おこなわれた東求堂の修理工事では、「いるりの間」との墨書［**図2**］も発見されている。[*8] 先のロドリゲスの文章には囲炉裏の記述はないが、囲炉裏を使った茶は、客と同一の空間で亭主が茶を点てることの象徴であり、それまでの同朋衆による茶の湯の間で茶を点て主室に運んでいた形式とは大きな違いがみられるものである。そのことは「同仁斎」という室名からもうかがい知ることができる。『蔭凉軒日録』文明一八（一四八六）年三月一二日の条には、「韓文曰　聖人一視而同仁」と記されている。韓文公、すなわち唐時代の文人韓愈の言葉から、聖人はすべての人を平等に慈しみ愛するという意味を「同仁斎」の言葉に込めている。これは将軍の屋敷として、平等、対等を強く意識した空間がここに誕生したものと読むことができる。[*9] それは唐の時代の文人韓愈への「あこがれ」でもあった。

義政への「あこがれ」

ロドリゲスの記述によると、義政が行っていた新しい茶の湯は、将軍自らが茶を点てて客に提供するという意味から、招かれた客にとってみれば、大きな喜びであり、この形式の茶の湯空間が大きな「あこがれ」でもあった。その茶の湯空間とは、自然豊かな環境において、小さくて装飾が少なく孤独の生活を営むのに適した建築が設けられたものであった。しかし一方でその室内では、いわゆる唐物と呼ばれる、海外のものを使用し、それを部屋に造り付けられた棚に飾ることもあった。この義政の茶の湯の形式を当時の人びとは大いに真似ようとした。

公家の三条西実隆は文亀二（一五〇二）年六月、六畳の小座敷を購入し、屋敷内に

［**図2**］墨書「いるりの間」（提供　慈照寺）

＊8――京都府教育委員会『国宝慈照寺東求堂修理工事報告書』一九六五年、四一頁

＊9――もちろん中国建築において平等の考え方が取り入れられていたとは考えにくい。ロドリゲスの『日本教会史』（前掲、五八九頁）にも、中国では身分に応じたもてなしが行われると記されている

移築し、それを「丈間座敷」つまり四畳半に改築している。完成は八月一六日である。この建物は『実隆公記』によると小壁を白壁とし、押板・棚などを唐紙師に貼らせ、畳を敷き、また庭に小樹を植えさせるなど行ったという。この三条西実隆の屋敷は武者小路にあったとされ、屋敷の隅に設けられたことから「角屋」と名付けられたという。[*10] おそらくのちの茶室の形式というより、同仁斎を意識した簡素な書院造の座敷であったと考えられる。しかしながら東山のような風光明媚な場所とはいかず、京都上京の公家屋敷の片隅であった。

一方で下京の四条に居を構えていた村田宗珠の茶の湯空間は「数寄」と呼ばれて、新しい傾向として認識されていたようであった。連歌師宗長の『宗長日記』大永六(一五二六)年八月一五日には、「下京茶湯とて此比数寄などいひて、四畳半敷、六畳鋪をのく興行」とある。また鷲尾隆康の『二水記』大永六(一五二六)年八月二三日によると「当時数奇宗珠祗候、下京地下入道也、数奇之上手也」として宗珠を評価している。享禄五(一五三二)年九月六日には宗珠の茶屋を「山居之躰尤有感、誠可謂市中隠、当時数奇之張本也」と記している。この数寄(数奇)に関しては、ロドリゲスも書きとめている。「数寄という芸道は、禅宗という宗派に属する孤独の哲人たちにならって、この芸道において最もすぐれた人々によって創り出された、孤独な宗教の一様式[*11]」とし、義政の茶の湯のあとに出現したものとの位置づけで、「侘数寄」とも記される。

義政の茶の湯は、大いに注目され「あこがれ」の対象とされた茶の湯であり、建築の形であった。しかし都市の中心部に居を構える人びとにとっては、上京の公家

*10——村井康彦『裏千家茶道教科教養編〈九〉茶道史』淡交社、一九八〇年、七九頁

*11——ジョアン・ロドリゲス『日本教会史』(前掲)六〇三頁

屋敷などはまだしも、下京の町家などにおいては、それを追随することはたやすいことではなかった。そこで数寄者は新たな形式を見出したのであった。それがロドリゲスのいう「侘数寄」であり、またその環境を「市中の山居（市中隠）」［図3・4］（P.053）とも呼んだ。そもそも義政が参考にしたとされる珠光の茶の湯は、侘茶のはじまりとして、和漢の境を紛らかすという側面をもっていて、茶の湯空間を簡素にして道具においても唐物のみを珍重しないという方向性が打ちだされたものであった。そしてそれが推し進められたのが侘数寄なのであった。

5——市中の山居

紹鷗床無し四畳半

同じ頃、貿易によって繁栄した堺の商人達も茶の湯に傾倒するようになる。武野紹鷗は、はじめに三条西実隆に連歌を学んでいたというが、やがて茶の湯への興味を大きくしていった。この武野紹鷗の茶室について見ていきたい。『和泉草』に床無し四畳半、と称する図面が掲載されている［図5］が、まずこれに着目したい。紹鷗好みと伝えられていたこの茶室は、大徳寺高林庵に片桐石州の命により、石州没後の延宝三（一六七五）年一一月に再現されたが、寛政八（一七九六）年に焼失したと考えられている。[*12] この『和泉草』であるが、同書は片桐家の家老で石州の高弟となった藤井宗源が記したものである。それによるとこの茶室は紹鷗が堺の金具屋という者の屋敷に造ったもので、名物茶器を持っていない人に床無しの四畳半が良いと記

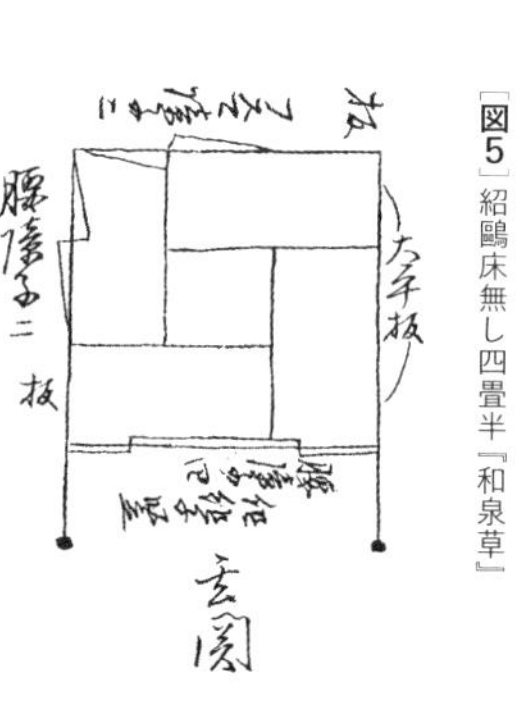

［図5］紹鷗床無し四畳半『和泉草』

*12——中村昌生『茶室の研究』墨水書房、一九七一年、一二二頁

している。掛物や掛花は「大平」に掛ける、とも記されている。またこの茶室については、松平楽翁が収集した起こし絵図や『十八囲図』などにも記録されている。『十八囲図』は平面だけであるが、起こし絵図のものとほぼ同様であり、『和泉草』に比較してより情報量が多い。大きな違いとして、『和泉草』のものは四畳半だけを描いているのに対して、『十八囲図』では次の間や書院などその周囲も描かれている。また『和泉草』では茶室の入口に相当する部分に「玄関」と記述されており、『十八囲図』では、その部分が榑縁(くれえん)となっており、特に「玄関」の記述がみられない。

『十八囲図』や起こし絵図は、具体的に高林庵に建てられていた茶室から作成されたことは、ほぼ間違いないであろう。一方で『和泉草』のものは以前から紹鷗好みとして伝えられていた平面を記したものと考えるのが妥当だと考えられる。つまり紹鷗好みと伝えられる『和泉草』の図面が最初にあって、それを元に寛文、延宝頃の技術で再現した、と考えることができる。もっとも、再現と書いたが、紹鷗時代の古材が残されていてそれを使用し再建したのか、あるいは『和泉草』掲載程度の図面から復元的に新築したかは定かではない。これに関して稲垣栄三は、『十八囲図』などには、丸太の使用が認められるが、茶室の草体化は利休時代のことなので、再建だとしても石州あるいは宗源の好みが介入したのではないかと考える。[*13]一方、中村昌生は、紹鷗時代にも、この程度の侘の表現は試みられていたのではないかと考える。[*14]

『和泉草』の四畳半には「玄関」の文字が記入されていることは先に述べた。これについて少し考察したい。「玄関」の言葉は、『国史大辞典』によると、玄妙に入る門、

*13——稲垣栄三「大徳寺高林庵茶室」『茶室おこし絵図集』第九集、墨水書房、一九六六年、一四九頁
*14——中村昌生『茶室の研究』(前掲)二七頁

A

B

A：［**図3**］市中の山居（市中隠）『洛中洛外図』歴博甲本（国立歴史民俗博物館所蔵）町家の裏庭に植物を植え、小さな建物を建てた

B：［**図4**］『洛中洛外図屏風』歴博甲本 市中の山居の坪の内（国立歴史民俗博物館所蔵）

幽玄の道の入口との意味があって、それが建築に転じて禅院の方丈の入口をさす言葉となり、室町時代には武家の邸宅の入口に用いられたが、広く普及するのは江戸時代になってからとしている。一方、イエズス会が編纂した『日葡辞書』には、「Guenquan」として「茶の湯へ行くのに通る道の入口。また、ある人の家の中に入るのに通る奥の入口。」[15]と記されている。ことさら「茶の湯」への入口を強調した言い回しになっていることに着目したい。先に記したロドリゲスは、茶の湯を職業とする人に「数寄者」という言葉を使用し、彼らを禅宗の僧侶に例え、「数寄」という芸道は孤独な宗教の一様式、と記している。[16]彼ら宣教師たちは、当時の日本人たちから可能なかぎりの情報を聞き取っていたはずである。すなわちこれらを勘案すると、当時の茶の湯には宗教的な要素が入り込み、その場所である茶室には禅宗寺院の方丈にも似た性格が与えられていた、と考えるのが妥当であろう。

さてここで、本章の最初に書いた黒木造を思い出していただきたい。日本建築として決して主流とはいえないが、大陸から伝えられた技術以前からあった日本固有の建築は、大嘗祭のときなどに採用され、また隠遁者の庵などでは採用されてきたものと考えられる。つまりこの時代、黒木造の系譜上にある建築技術は十分に理解されていたとみることができる。一方で茶室建築の見方として、はじめに格式の高いものがあって、それが徐々に草体化されるという、一方向の流れで考えられることがある。先に記した稲垣栄三の考え方はまさにそういう考え方を基本としているし、中村昌生もその考え方を意識しての記述であった。つまり、これまでの多くの茶室研究には、この草体化のベクトルは論を俟たないものとして扱われていたので

*15——土井忠生他『邦訳日葡辞書』岩波書店、一九八〇年、二九六頁

*16——ジョアン・ロドリゲス『日本教会史』（前掲）六〇三頁

ある。しかし、そうであろうか。そもそも床の間は書院造の発生から来るもので、町衆たちの住宅には関係のないものであった。また先にあげた『慕帰絵詞』にみられるように、座敷飾りが建築として固定化される以前の会所などでは、壁面が軸などを掛ける場所でもあった。そのように考えたとき『和泉草』に記載された床無し四畳半は、記載通り武野紹鷗が造っていたことは否定されるものではなく、また柱が丸太であったとしても問題はないと考えられる。ただ柱に関しては『和泉草』には具体的な記述はない。一方で、あとで示すが『山上宗二記』に記載の紹鷗四畳半には角柱の中に一本だけ丸太を記入していることから、紹鷗においても丸太の柱を使用したことは十分に考えられることである。ここではどちらかを判断をすることは避けておきたいと考えるが、片桐石州にとって武野紹鷗の茶室が大きな「あこがれ」であって、ここに紹鷗時代の簡素な茶室を造ろうとしたことには違いはない。

そして、さかのぼって武野紹鷗の床無し四畳半についてみるならば、紹鷗時代に床の間のない茶室があったとしても問題ないと考えられる。

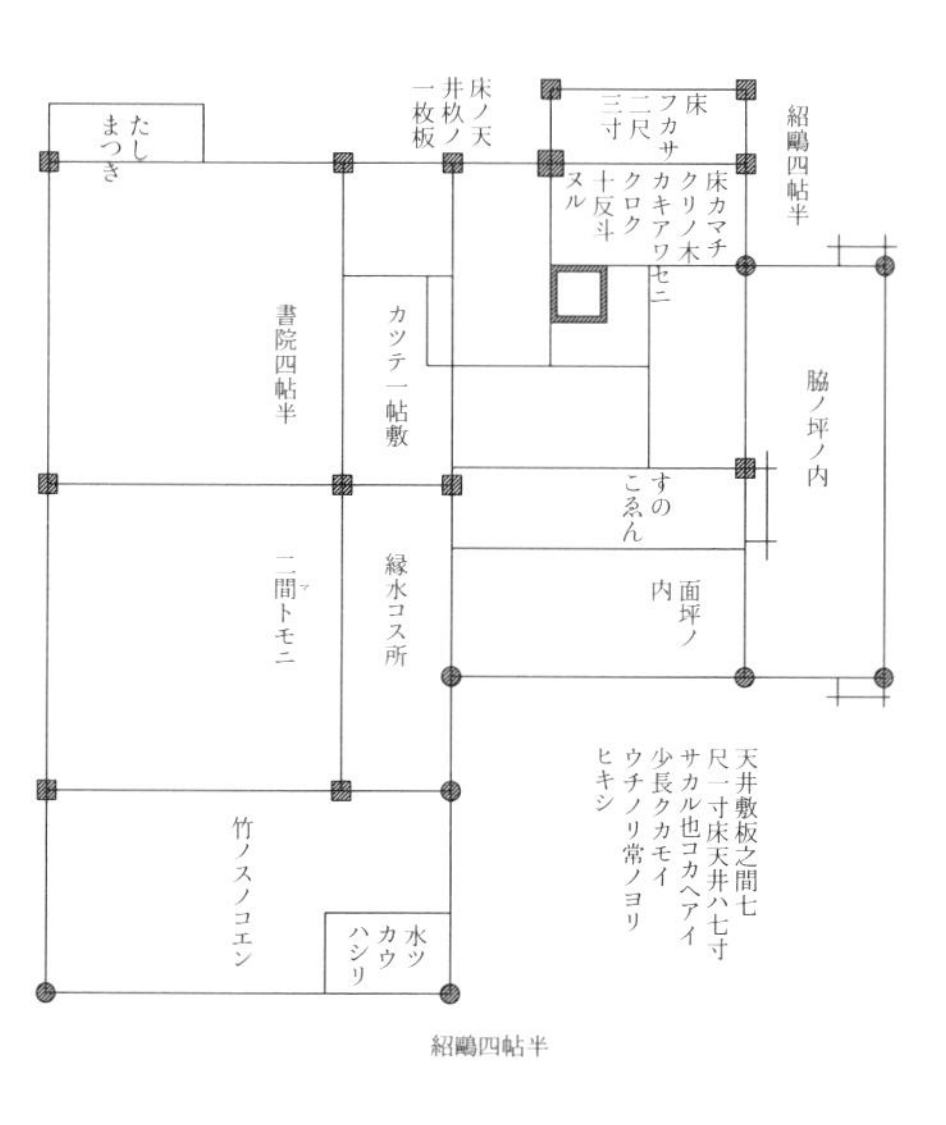

［図6］『山上宗二記』今日庵本をもとに筆者がトレースしたもの

『山上宗二記』の四畳半

武野紹鷗の茶室として、もう一つ紹介したい。『山上宗二記』に記載された茶室である［図6］。『山上宗二記』は現在自筆本と目されるものや写本を含めると約六〇種類が知られているが、ここでは山上宗二の自筆本ではないかと考えられている今日庵本についてみていきたい。これはかつて松瀬家本として知られ、澤島英太郎、堀口捨己、中村昌生らが研究で紹介しているもので[18]、六つのかなり正確だと考えられる茶室平面図が掲載されている。具体的には、それらの図は、シングルラインで描かれており、ほぼ正確に六十分の一の縮尺になっている。すなわち壁厚や畳寄などの細部は描かれていないが、畳一枚に相当する部分が長辺一寸五厘で描かれており、線は定規を使ったような直線である。また柱の表記として角と丸が区別され、塗回しなどで見えないと考えられる部分に関しては柱は描かれていない[19]。

この図のひとつに武野紹鷗の四畳半がある。一間の床の間をもつ四畳半の茶室に、四畳半の書院が二室取りついた形式である。この茶室は四畳半切り本勝手の茶室で、躙口はなく、すのこえんが取り付き、その先に面の坪の内、そして矩折れに脇の坪の内が備わる。柱の多くは角柱として記されているが、外部に面した七本が丸太として描かれている。坪の内とされているところは丸太であるが、注目したいのはそのうちの一本が茶室内から見えているように記されていることである。つまり角柱の中に一本だけ丸太が室内に見えているのである。もちろん一本だけ誤って描いたということも考えられる。ここで少し検討してみたい。その解説となっている本文では、柱が檜、壁は張付壁で四分一が廻っており、唐物持ちの人はこれを写す、と記されていて、格式のある座敷であるとみられる。しかし一方で、図面には鴨居が通常より低く、一間床は奥行きが二尺三寸で通常より狭く、床框は栗の木に掻き合わせ塗りで黒く塗るとあるので、いわゆる真塗ではなく、木目が見えるような塗り

*17——谷端昭夫「裏千家今日庵架蔵『山上宗二記』について —書誌と解題—」『茶道文化研究』第六輯(二〇一四年)五七頁〜七二頁

*18——澤島英太郎「茅茨の座敷」『瓶史』三五号、一九三九年四月
堀口捨己「利休の茶室不審菴」『わび』四巻五号、一九四〇年五月
中村昌生「山上宗二伝書について」『茶道雑誌』四九巻五号、一九八五年
など

*19——桐浴邦夫「『山上宗二記』にみる茶室」『茶道文化研究』第六輯、二〇一四年、三九頁

方であろう。これらをみるとかならずしも格式が高い座敷というものではなく、一部では格式を落とした座敷となっている。そのようなことを勘案すると、室内に一本丸太が見えているということも可能性としてありうる。そもそも坪の内によって外部空間とは区切られており、自然との関係は、坪の内の壁の外にあった見越しの松のみである。一本の丸太は自然を感じる要素として、室内に持ち込まれたのではないだろうか。

京や堺の町中に茶室を設けることは、市中の山居と呼ばれていたことは先に示した（P.053［図4］）。この『山上宗二記』の紹鷗四畳半は市中の山居をさらに進めた形式ではないかと考えられる。つまりここでは坪の内を設けていて、見越しの松は見えたかもしれないが、意図して、わずかにあった町家の裏庭の自然ですら切り離しているのである。『山上宗二記』記載の六つの茶室は、すべてに坪の内あるいは坪の内と目される空間が描き込まれている。つまり意識的に自然から切り離されているのである。これをどう考えるかであるが、ふたたびロドリゲスをひいておきたい。[*20] ロドリゲスは茶の湯が自然の道理と自然への順応によって行われるとしており、自然との調和が大切であると強調する。一方でこの調和に関する知識に達するのは容易ではなく、数寄者は隠れた性質を識別する能力が必要である、とも記す。また数寄（数寄）という芸道は禅宗に属するもので宗教の一様式ともしている。

これらから、武野紹鷗の茶室の性格を垣間見ることができる。つまり茶室が宗教的な空間としてあったということで、先の床無し四畳半に記された「玄関」はまさに宗教的な空間への入口、という意味をもっていただろうし、坪の内によって外部

*20——ジョアン・ロドリゲス『日本教会史』（前掲）六三四頁〜六三八頁

と区切られた空間は、具体的な自然ではなく、より抽象的な自然を考えるために準備されたものとみることができる。その意味で、室内に自然や素朴さを感じる丸太が持ち込まれる可能性は十分に考え得ることである。また『山上宗二記』には禅とこれにかかわる記載もみられる。[*21]「茶湯ハ禅宗ヨリ出タルニ依テ禅宗之学ヲ専ニス」との記述は先のロドリゲスの記述と符合する。ロドリゲスは、市中の山居の言葉を、街辻(プラッサ)の中に見出された隠退の閑居、と記している。そしてこの様式が都市周辺に欠いていた爽やかな隠退の場所の補いをしていて、むしろ純粋の隠退よりまさるともいう。[*22]このような空間が『山上宗二記』に記された紹鷗四畳半ではなかったであろうか。

6――侘数寄の茶室

侘数寄の茶室は、足利義政の茶の湯空間を本数寄として、それに「あこがれ」て、しかしながらそれに届かぬことから、新しい考え方「市中の山居」によって生みだされた新しい建築様式であった。それはむしろ市中において、豊かな自然に囲われた場所に勝る空間の創出であった。「あこがれ」が適わぬとき、新たな価値観を見いだし、むしろそれが「あこがれ」の存在を追い越したものである。現在でいう茶の湯、そして茶室はここをはじまりとする。それは修行を行うことによって身に付く考え方であり、誰しもが安易に到達できない宗教的ともみられる考え方を内包したものでもあった。建築空間としてみるならば、自然との関係が重視されるが、ここでは

*21――桐浴邦夫「山上宗二記 今日庵本」『茶道文化研究』第六輯(前掲書)、一三〇頁

*22――ジョアン・ロドリゲス『日本教会史』(前掲書)、六〇七〜六〇八頁

あえて自然を切り離し、しかし自然の一部を室内に取り込み、自然のなかでの素朴な庶民の暮らしに思いをはせようとしたものであった。漠然としてあった自然と建築との関係に、新しい考え方が取り入れられた。その後侘数寄を大成した千利休は、自然とともに生きる川漁師の小屋の小さな入口にヒントを得て、躙口を生みだしたと伝えられる。また漁師の腰に下げていた魚籠を花入れの器とした。

異国のものや権威に対する「あこがれ」は、自然そのものとその自然のもとで暮らす庶民への「あこがれ」として、大転換が行われた。その意識は古代の歌人の思いと共通する日本人特有の考え方で、それを具体的な空間構成へと高めたものが、侘数寄の茶室といえるのではないだろうか。

［参考文献］

＊澤島英太郎「茅茨の座敷」『瓶史』三五号、一九三九年
＊堀口捨己「利休の茶室不審菴」『わび』四巻五号、一九四〇年
＊関野克「奈良時代に於ける黒木造」『建築史論叢』高桐書院、一九四七年
＊『茶道古典全集』第二巻、淡交社、一九五六年
＊京都府教育委員会『国宝慈照寺東求堂修理工事報告書』一九六五年
＊稲垣栄三「大徳寺高林庵茶室」『茶室おこし絵図集』第九集、墨水書房、一九六六年
＊ジョアン・ロドリゲス著、土井忠生他訳『日本教会史』岩波書店、一九六七年
＊中村昌生『茶室の研究』墨水書房、一九七一年
＊村井康彦『裏千家茶道教科教養編九茶道史』淡交社、一九八〇年
＊土井忠生他『邦訳日葡辞書』岩波書店、一九八〇年
＊中村昌生「山上宗二伝書について」『茶道雑誌』四九巻五号、一九八五年
＊『稲垣栄三著作集四　茶室・数寄屋建築研究』中央公論美術出版、二〇〇六年
＊桐浴邦夫「『山上宗二記』にみる茶室」『茶道文化研究』第六輯、二〇一四年
＊谷端昭夫「裏千家今日庵架蔵『山上宗二記』について　―書誌と解題―」『茶道文化研究』第六輯、二〇一四年
＊藤田盟児「和室の起源と性格」『和室学』平凡社、二〇二〇年

第三章

インド・ムンバイにおけるアールデコ様式住居へのあこがれ

後藤克史

はじめに

ムンバイ（一九九五年まではボンベイ）はインド亜大陸西海岸に位置しており、首都デリーに次ぐインド第二の大都市である。現在のムンバイは南北四〇キロほどの半島に広がっており、北には半島の付根を東西に隔てるようにサンジャイ・ガンディー国立公園[*1]があり、南は中心市街地のフォート地区とその東に位置するムンバイ港がある［図1・2］。東と西にそれぞれある幹線道路を南から北へと辿れば、一八世紀からの英国統治時代のフォート地区から、一八世紀から一九世紀にかけて発展した高密な土着民の地区であるカルバデビ、マンドビがあり、その北にはバイカラ、パレルといった一九世紀中頃のムンバイの大発展を支えた繊維工業を始めとする工業地域が半島の東西を横断している。おおよそフォート地区から九キロである。さらに北に向かえば、一九二〇年以降に計画、建設された三層から四層のアパートメント[*2]がダダー、マタンガから始まり、さらに東はチェンバー、西はバンドラとさらに北へと住居地域が広がることとなる。

＊1――カタカナ表記にはGoogle Mapの日本版の表記を参考にした。以下、地名、地域名に関しては同様

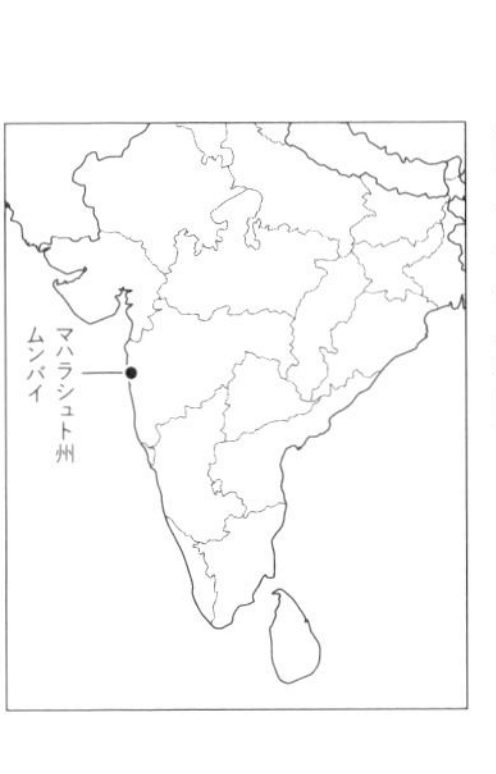

［図1］ムンバイ位置図

『House But No Garden』の著者ニキル・ラオによると、これらの低層のアパートメントを含む工業地域より北の地域はその形成過程より郊外(Suburban)と定義している。加えて、西洋および北米の郊外の発展と比較して、ムンバイでは意識的にアパートメントを中心とした共用住宅の建設が郊外境遇を特徴づけたとしている。[*3]

一八世紀後半、イギリスにはじまった産業化に続く近代化はその後二〇世紀中後期までに全世界に広がることになるが、イギリス統治下のボンベイにおいては第一次大戦以後に顕著に現れる。本章ではボンベイの近代化の基礎となる一九世紀中頃以降の紡績工業の発展により引き起こされた公衆衛生に関する法整備がやがては住居改善の法律へと発展していく変遷をたどる。特に二つの世界大戦の間、一九三〇年代を通じて建設されたアールデコ様式[*4]のアパートメントにおける「あこがれ」の住まいと暮らしを論じる。

1――コロニアルボンベイ、ペストの流行、都市計画

一九世紀以前、ポルトガル領からイギリス領へ、フォート地区の形成

一四九八年、バスコ・ダ・ガマのカリカット(現在のコージコード)への上陸後インド西海外沿いコンカーン地域はポルトガルが領地としていた地域であり、ボンベイは一五三三年に含まれることとなる。当時のボンベイは七つの独立した島であり[図3]、一六六一年にポルトガルの王妃キャサリン・オブ・ブラガンザがイングランドの王チャールズⅡ世と結婚する際にポルトガルの王からチャールズⅡ世へ譲渡

*2――後出するテネメント(Tenement)に対してアパートメント(Apartment)を中産階級の一世帯一戸の住戸として用いる。古い用法として英語圏ではスコットランドをはじめとしてこの定義が用いられる。後出のニキル・ラオ(Nikhil Rao)の著書でも同様にTenementとApartmentを定義している

*3――Nikhil Rao, House But NO Garden, University of Minnesota Press, 2007, p.4

*4――アールデコ様式
パリ万国装飾美術博覧会(Exposition Internationale des Arts Décoratifs et Industriels modernes)にちなんで名付けられ、二〇世紀初頭から一九三〇年代にかけて世界的に流行した。ムンバイのアールデコ建築はその一部がユネスコ世界遺産に登録されており、その数はアメリカのフロリダに次ぐ世界第二位である

された。チャールズII世はボンベイ島（［**図3**］のHの形をした島）と近隣の島をイギリス東インド会社へ年間一〇ポンドで貸し出したのである。ボンベイ島の東には天然の良港に恵まれているため、一六七八年にイギリス東インド会社をスーラトからボンベイへ移すと、一六八三年までにはフォート地区［**図4**］に城壁を建設し整備した。[*5] フォート地区は現在でもムンバイの中心市街地として栄えており、ボンベイ証券取引所はじめ有数の金融センターである。

一八五〇年代までにボンベイ島と六つの島は土手道を建設し、引き潮を待ってマングローブ林を埋め立てることを繰り返し、陸続きとなる。当時の総督エルフィンストン卿（在任期間一八五三—一八六〇）は、ボンベイの商業に従事する階級は大陸側との繋がりも薄く、独自の社会を構築しており、それ故に都市的な人々だと記した。[*6] パールシー[*7]、マルワリ[*8]、バティア[*9]、グジャラーティ[*10]の人々が主であり、特にパールシーは英国人やその他の外国人コミュニティと近しい関係を築いた。本章においてはアパートメント居住がムンバイのコスモポリタンとしての都市の側面を築いたことに後節で触れることになるが、一九世紀中頃にはすでに多様な文化を許容する土台ができていたと読み取れる。エルフィンストン卿の在任期間にはフォート地区の城壁を取り除く決定もされ、ボンベイはこの時期を境に大きな発展を遂げることとなる。城壁の取り壊しはエルフィンストン卿の在任期間中には実現されず、総督バートル・フレール（在位期間一八六二—一八六七）の在任中まで持ち越された。

***5**——Anonymous, A Handbook for India Part ii Bombay, John Murray, 1859, p.274

***6**——Sharada Dwivedi, Rahul Mehrotra, Bombay The City Within, Eminence Design Pvt Ltd, 1995, p.63

***7**——パールシー（Parsi/Parsee）
ペルシアを起源とし、八世紀頃にインド亜大陸西岸へ移り住んだ民族。ゾロアスター教を信仰

***8**——マルワリ（Marwari）
ラジャスターン州マールワール地方出身の商人のコミュニティとして知られる。後には工業、投資家としても発展

***9**——バティア（Bhatia）
西インドや現在のパキスタンのシンド地方を起源にする。紡績工業、貿易業のコミュニティ

***10**——グジャラーティ（Gujarati）
グジャラート地方出身のグジャラート語を言語とする商業に従事する人々

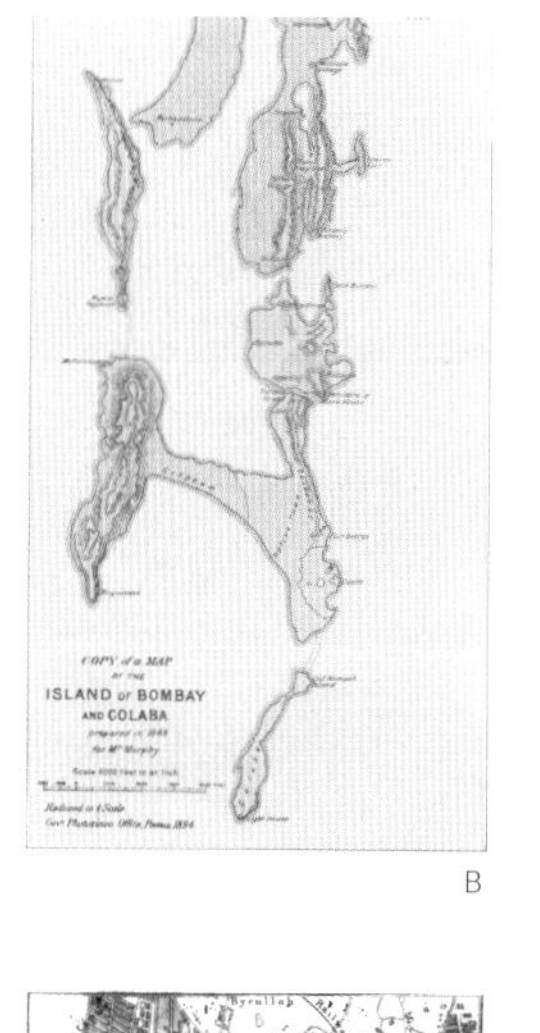

B

TOWN AND FORT OF BOMBAY

C

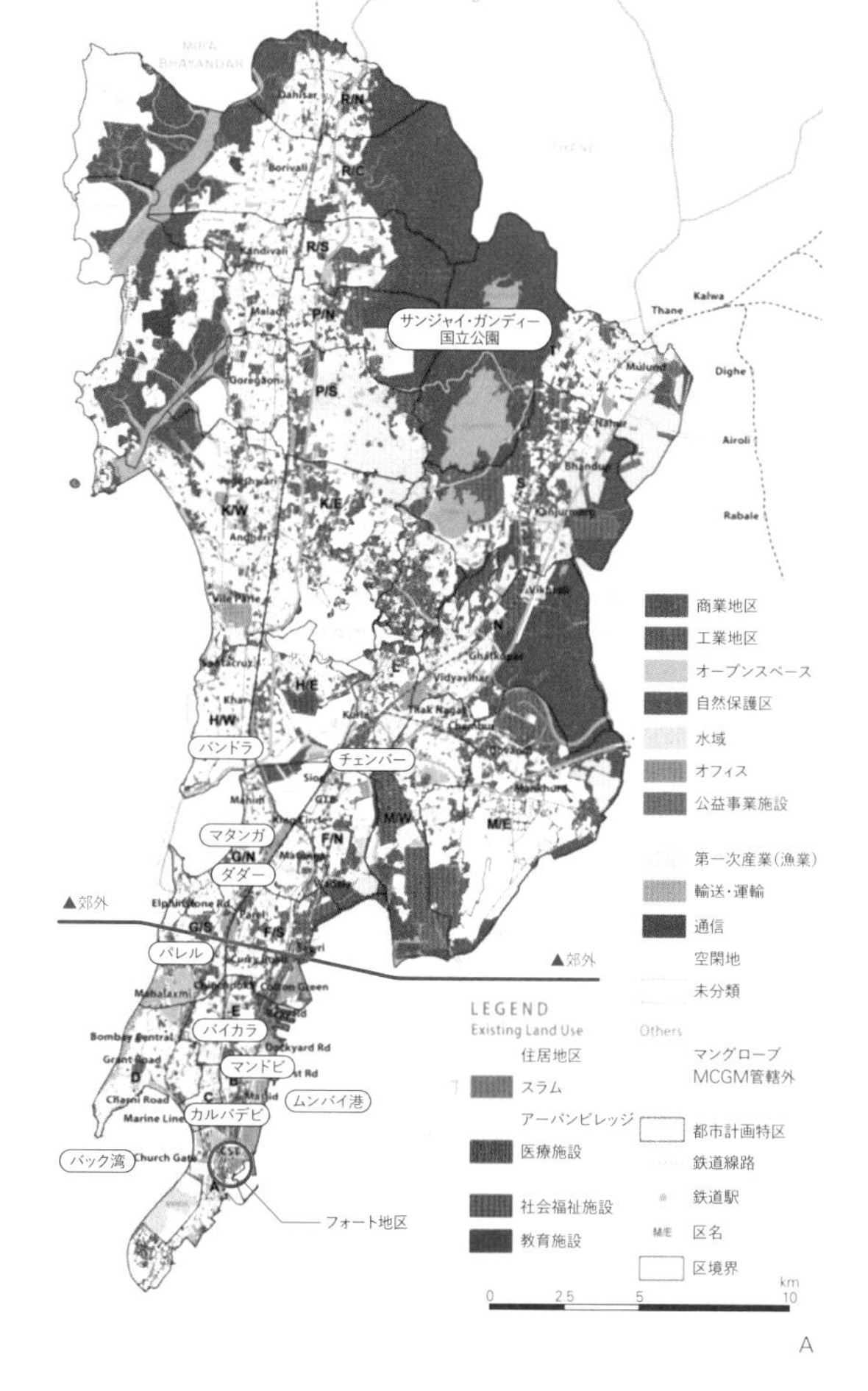

A

A：［**図2**］大ムンバイ市地図(Municipal Corporation of Greater Mumbai)
出典：Municipal Corporation of Greater Mumbai, Environment status of Brihanmumbai 2015–2016, Municipal corporation of Greater Mumbai, 2017, p.6(日本語加筆は編集によるもの)
B：［**図3**］ボンベイ島とコラバ(Island of Bombay and Colaba, 1843)
出典：British Library, via Wikimedia Commons
C：［**図4**］ボンベイ市街とフォート地区(Town and Fort of Bombay, 1859)
出典：A Handbook for India Part ii Bombay
フォート地区、高密な土着民の地区であるカルバデビ、その北のバイカラ(Byculla と記載)が読み取れる

紡績工場の発展

一八五四年、紡績会社「Bombay Spinning & Weaving Company」によってボンベイ島のターデオに初の紡績工場が建設された。これによりボンベイは貿易都市から製造業からなる工業都市へと移行していくことになる。いくつかの要因が重なり、ボンベイの工業化は進むことになる。その一つとして、一八三八年にはマヒムとバンドラ間の湿地に建設された土手道が完成し、七つの島からなるボンベイは大陸との行き来が陸を通じて可能になった。また、ボンベイの東側、大陸を治めていたマラーター王国の衰退によりイギリスが大陸への勢力を強め、一八六三年にはインド亜大陸の西側のデカン高原の麓、コンカン地域に鉄道が開通した。大陸西側における地域間の相互の行き来が可能になり、ボンベイと外国諸国、イギリス本土との陸を通じての貿易路が誕生した。

一八六九年のスエズ運河の開通はボンベイの地理的な要因も重なり、イギリスへの航路が大幅に短縮され貿易と製造業を飛躍的に発展させた。一八六一年から一八六五年にかけての南北戦争の影響でアメリカからイギリスへの綿花の供給が困難になり、インド中央、西部で生産された綿花がボンベイ市場を通じて供給されることとなった。推定では八一〇〇万ポンド以上の取引が行われた。*11

埋め立てと公共、教育・文化施設、ヴィクトリアン・ゴシック様式

一八六五年には一〇の紡績工場で六五〇〇人以上の労働者が働いており、その後一〇年間で紡績工場は三六箇所まで増加し、多くの労働者の流入があった。

*11 ——Sharada Dwivedi, Rahul Mehrotra, Bombay The City Within, Eminence Design Pvt Ltd, 1995, p.63

一八六四年の初の国勢調査によるとボンベイの人口は八一万六五六二人であった。[*12] この一八六〇年代の綿工業のブームは商業発展のみならず、これを契機として総督バートル・フレールの政策により会社株式の取引を助長させ、個人の投資を多く集めることとなり、フォート地区西側の海岸線の埋め立てを可能にした。

一八七二年にボンベイ市政（Bombay Municipal Corporation）、次の年には港湾局（Bombay Port Trust）が正式に設立されると、フォート地区西側の大規模な埋立事業に伴い公共施設、教育・文化施設が建設された。当時の建設ラッシュにおいては大英帝国の帝国主義を明確に表現するため、ボンベイ市の建築家によりヴィクトリアン・ゴシック様式にて建設された。タウンホール（今日は州立図書館）からエルフィンストン・サークル（現在のホーニマンサークルガーデン）、フローラ噴水、オーバルマイダン（広場）を横切り、さらには後に建設されるチャーチゲート駅へと続くチャーチゲートストリートはこの時期に埋め立てられ、フォート地区の城壁の解体後の都市軸をつくりあげた。当時はオーバルマイダンが最西端なっており、アラビア海に面したプロムナードであった［図5］。

2——ハウジング問題、ペストの流行、ボンベイ市改善局の設置、都市計画

公衆衛生への関心の高まり、ハウジング政策

ヴィクトリアン・ゴシック様式の建築群はボンベイの美しさを象徴するようになり、ジョージ・W・クラッターバック牧師の著書『In India（the Land of Famine and of

*12——同右

［図5］ボンベイのエルフィンストン・サークル
一八七〇年代に撮影されたエルフィンストン・サークルとその先のプロムナードをタウンホールを背にチャーチゲートストリートを東から西に見る。その先はアラビア海である

Plague); or, Bombay the Beautiful; the First City of India』[*13]によれば、総督リチャード・テンプル（総督在任期間一八七七―一八八〇）はボンベイを「アジアの王女（the Queen of Asia）」と言い表し、大英帝国第二の都市（ロンドンが第一の都市）と認識されるようになり、一般には「美しきボンベイ（Bombay the Beautiful）」と形容された。しかし、その著書のタイトルにあるように飢餓・衛生問題は紡績工場の発展と、それにともなう労働者の流入のため深刻な状況にあった。G・オーウェン・W・ダンの論文「The Housing Question in Bombay」[*14]においては「美しきボンベイ」を目にする前に、数キロも先から紡績工場の煙突から上がる黒煙が海上を覆っていたとある。

さらにこの論文によると、一八六五年にはすでに紡績工場の労働者とその居住区の公衆衛生への関心が高まり、一八七二年には法令においてボンベイに保健所を設立に関連する条項が初めて記述され、一八八八年に制定された「ボンベイ法第三号一八八八年（Bombay Act No. III of 1888）」にて保健所設置と公衆衛生に関する内容は大幅に改訂され、その実施効果を期待できるようになった。

この公衆衛生を改善する流れは総督サンドハースト卿（在位期間一八九五―一九〇〇年）が一八九五年に総督に在位した時も継続され、サンドハースト卿が優先して行ったことは労働者居住区を含めた劣悪な環境下におかれた地区を訪問することであった。[*15]その意図は公衆衛生に関する法案を制定することにあり、サンドハースト卿はイングランドの「労働者階級住宅法一八九〇年（the English Housing of the Working Class Act 1890）」を基本としてボンベイでの法整備にあたった。[*16]「労働階級住宅法一八九五年」は一八八五年に発令された同法の改正であるが、一八八五年の法令は

*13――Rev. George W. Clutterbuck, In India (the Land of Famine and of Plague); or, Bombay the Beautiful; the First City of India, The Ideal Publishing Union Limited, 1897, p.18

*14――G. Owen W. Dunn, "The Housing Question in Bombay", Journal of the Royal Society of Arts, March 4, 1910, Vol. 58, No.2989. pp.393-413, p.394

*15――同右

*16――同右。法令は四つの項目でなっており、ボンベイでの法令の制定に際しては第一項と第三項が参照された

*17――一九世紀のスコットランド、イングランドでは「Tenement」は一戸に複数の世帯が住むのに対し、「Apartment Building」は一世帯一住戸としている。労働階級住宅法一八九〇年では一戸に複数の世帯が住む住戸も供給が可能であり、法令内では「Tenement」と「Apartment」を含めて第三項で「Lodging House」としている

*18――一八八八年の地方議会（London County Council＝LCC）の設立を受けての一八九〇年の法案に権限が与えられたされる。一八九〇年に初期のLCCによる公営住宅であるBoundary Estateが東ロンドンのショーディッチに着工して一九〇〇年に竣工している

公衆衛生法(Public Health Act)であるのに対して一八九〇年の法令は住宅法に関連する法令と認識されている。それは一八九〇年の法令では地方議会が土地を買い取りテナメントおよびアパートメントを建設できる権限を明記したことで住宅の建設に実際に関与できることになったためである。[*18] このように当時の西洋諸国では工業化に伴い、労働者階級の衛生環境を発端として住宅を整備することで社会的統制を図ることが広く受け入れられていた。[*19]

一八九六年の鼠径ペストエピデミック

ムンバイにおいても公衆衛生の問題への関心の高まりは紡績工場に従事する労働者の住環境の改善が不可欠だという機運が高まり続けていた。一八九八年二月にサンドハースト卿による議案「ボンベイ市改善議案(City of Bombay Improvement Bill)」がボンベイ市立法府に提出された。その中で次のように当時のボンベイの状況を説明している。[*20]

「ボンベイの三〇%~四〇%の人口が島の三%~四%に居住している。これらの地区はロンドンの最も密集している地区の二倍から三倍の人口密度である。ボンベイ全域の病気や事故を含む普通死亡率が人口千人当たり四〇・七一人に対して、これらの地区の普通死亡率は五二・一五人から六八・〇九人である」[*21]

この議案はすぐさまに可決され、「ボンベイ法第四号一八九八年(Bombay Act No. IV of 1898)」に法令として発令される。この法令の下、次項で触れるボンベイ市改善局(Bombay City Improvement Trust)が同年に設置されることになる。

*19——例えば、以下の論文および書籍から読み取れる
Robin Evans, "Rookeries and Model Dwellings - English Housing Reform and Moralities of Private Space", Translation from Drawing to Building and Other Essays, the MIT press, 1997, pp.92–117. The essay first published in 1978
Nicholas Bullock and James Read, The Movement for housing reform in Germany and France 1840–1914, Cambridge University Press, 1985

*20——Hansard 25th February 1898(英国国会議事録一八九八年二月二五日)、The Plague in Bombay' Vol 54 cc6-13

*21——議事録では死亡率の算出方法については触れられていないが、すべての要因による死亡率と記述があるので、普通死亡率と推察する。ちなみに同時期の日本の普通死亡率は二〇を超える程度である

サンドハースト卿の議案の可決の二年前、一八九六年に鼠径腺ペストが流行することになる。鼠径腺ペストがボンベイ市改善局の設立の直接の原因として記述も多くあるなか、本論考では四半世紀ほどかけて公衆衛生（Public Health）の問題が疫学、医療制度等で解決する問題だけでなく、西洋諸国の住居改善（Housing Reform）の動きとの連動の中でやがては今日の一世帯一戸というハウジングの形態が理想となりやがては標準となる変遷を重要視する。しかし、鼠径腺ペストが法案の可決を早める原因となったことは間違いない。

チャウル（Chawl）、労働者居住区

鼠径腺ペストにより、およそ五〇万人の人口がボンベイを離れることになる。その内の約三〇％は紡績工場に従事する労働者とされる。死者は一八九七年から一八九九年の間で四万四九八四人であった。一九〇一年の国勢調査によると、これはボンベイ全体の人口の五・八％にあたる。一方、労働者の居住地区における死者数の割合は一二・五％であった[22]［図6］。

『The Housing Question in Bombay』の著者G・オーウェン[23]によると、紡績工場に従事する労働者に限らず、ボンベイの人口七八万人あまりは一五万八一九九戸のテネメント（Tenement）に住んでおり、そのうち一三万八〇三一戸は一部屋からなるテネメントであり、その総居住者数は五八万一〇七〇人であった。これは一部屋に平均で四・二人住んでいることになり、人口全体の八〇・八六％は一部屋のテネメントに住んでいることとなる。特にこのような一部屋からなるテネメントはボンベ

*22——Croline E. Arnold, "The Bombay Improvement Trust, Bombay Millowners and the debate over housing Bombay's Millworkers", Essay in Economic & Business History Vol. XXX 2012, pp.105–123, p.105
*23——G. Owen W. Dunn, "The Housing Question in Bombay", Journal of the Royal Society of Arts, March 4, 1910, Vol. 58, No.2989. pp.393–413, p.395

イ土着の言葉でチャウル[*24]（Chawl）と呼ばれている。ボンベイ市改善局の設立以後も大幅に住環境が改善されたチャウルが建設されており、今日でもムンバイ市内で見られる。しかし、ボンベイ市改善局は、一八六〇年から一八九〇年にかけて建設されたチャウルを解体の対象としており、大変劣悪な状況であった。［**図7**］は典型的なチャウルであり、八フィート（約二・四メートル）四方ほどの部屋が背中合わせで並び、且つ動線としての廊下も隣の建物の壁で閉ざされており、光や風が入る余地が

***24**——マラーティ語でチャウル（Chawl）は細長い建物という語源である

A：［**図6**］鼠径腺ペストと居住区の写真
壁に記された白抜きの丸は犠牲者数、丸に十字は回復者数を表す
出典：A plague house in Bombay: the wall has been marked with circles, Wellcome Collection
B：［**図7**］バンダリ・ストリート、クンバルワダ地区のチャウルの平面図
出典：G. Owen W. Dunn の The Housing Question in Bombay

ない。このようなチャウルはボンベイ市改善局によって解体されることとなった。以後もチャウル、一部屋もしくは二部屋からなるテネメントの共用住宅はボンベイ市改善局や、特に一九一九年に設立されたボンベイ開発局(Bombay Development Directorate)が中心となって建設を進めた。

ボンベイ市改善局(Bombay City Improvement Trust)の設立

ボンベイ市改善局は前項でも触れたように、居住区の解体も可能な権限が与えられていた。権限は六つの計画(Scheme)から構成されていた。改善計画(Improvement Scheme)、道路拡張計画(Street Scheme)、埋立計画(Reclamation Scheme)、警察官舎(Police Accomodation Scheme)、その他の計画(General Scheme)、土地取得(Acquisition of Land Scheme)である。改善計画の中で居住区の解体と建設が同時に可能であった。キャロライン・E・アーノルドによれば、居住区の建設よりは解体が優先して行われ、実際に一九二〇年までに二万四四二八戸のテネメントが解体され、新しいテネメントの建設は二万一三八七に留まった。*25 このボンベイ市改善局に与えられた権限、特に労働者階級の居住区の解体、建設に関する権限は、他の大英帝国の自治領*26(Dominion)を除き他の領地ではなかったことであり、ボンベイにおいて明確な政治的な議論を生じさせた。*27

こと、居住区の解体と建設に関してはボンベイ市改善局の実績には疑問が残るが、六つの計画の内、特に道路拡張計画、埋立計画と土地取得とそれにともなう郊外の開発は今日のムンバイの都市構造の基礎となっており、特筆すべきものである。道

*25——Croline E. Arnold, "The Bombay Improvement Trust, Bombay Millowners and the debate over housing Bombay's Millworkers", Essay in Economic & Business History Vol. XXX 2012, pp.105–123, p.110

*26——独自の政府を持つ自治権を認められた大英帝国の自治領(Dominion)は一九世紀終わりから二〇世紀初めにかけてはカナダ、オーストラリア、ニュージーランド、南アフリカ連邦、ニューファンドランド、アイルランド自由国であった。インドは一九四七年の独立から一九五〇年の建国までは自治領とされる

*27——ヴァネッサ・カルの論文によると、ボンベイ市改善局(Bombay City Improvement Trust=BCIT)に対するインド人議員の反発が強くなり、結果BCITを受け継ぐかたちでボンベイ開発局(Bombay Development Directorate)が一九一九年に設立された。BCITは実質一九二五年には機能しなくなっており、一九三三年にボンベイ市営法人(Bombay Municipal Corporation)に吸収された
Vanessa Caru, "'A Powerful weapon for the employers?' workers' housing and social control in interwar Bombay", Bombay before Mumbai, Penguin Random House India, 2019, pp.213–235, p.214

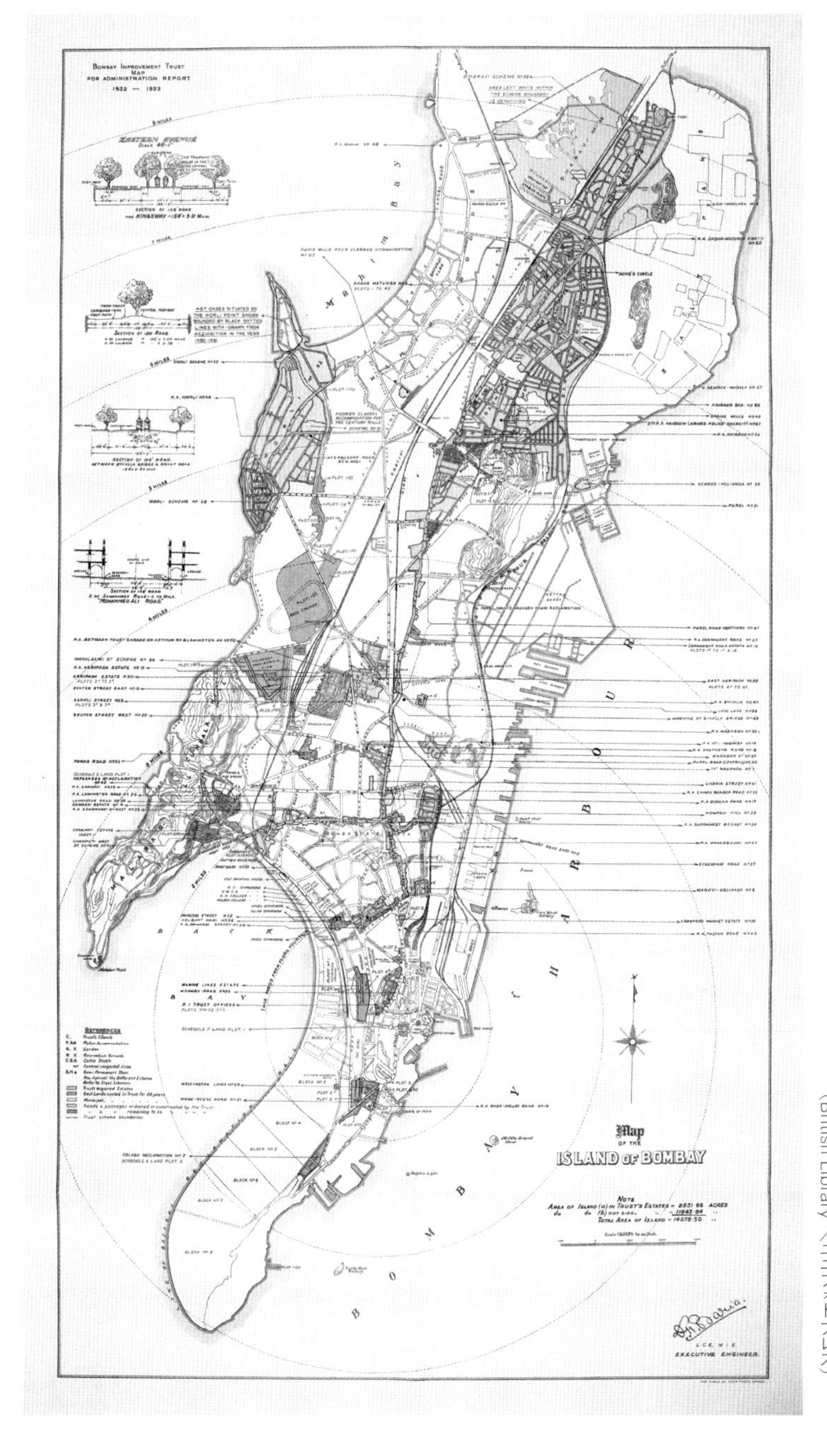

[図8] ボンベイ市改善局の計画図
Map of the Island of Bombay, The Times of India Press, Bombay, 1933
(British Library／ユニフォトプレス)

路拡張計画においてはプリンセス・ストリートに代表される東西の道路の拡張が行われ、ボンベイの南北に長い半島を横切るようにアラビア海からの南西の風を北東に向けて通すことを目的とした。［**図8**］では左下のバック湾（Back Bay）から東に向かう計画道路が確認できる。

埋立計画ではボンベイ市改善局に加えてボンベイ開発局、港湾局がバック湾を含む南部のコラバ地区、マリンライン地区を埋め立てることになり、今日のバック湾に面したプロムナードはマリンドライブと六層程度の中層のアールデコ建築が並ぶこととなる。

郊外の開発

ボンベイ市改善局はイングランド、スコットランドにおける田園都市（Garden City）をモデルとした郊外の開発に多額の資本を投じて、土地を取得し、区画整理をすることにより実現させた［**図9**］。ダダー・マタンガ計画（Dadar-Matunga Scheme）に代表される低層低密度の開発がなされ、全体の四分の一は道路を含む都市公園とし、建ぺい率は三三%を上限とした。[*28]［**図8**］の半島の中心を北東に向かって伸びる計画。高密化しているフォート地区周辺の中心市街地のさらに高密度化を懸念して、ボンベイ市改善局はダダー・マタンガ計画においてテネメントの建設でなく、中心市街地から下位中産階級（Lower Middle Class）が住み移ることのできるヴィラ（Villa）やバンガロー（Bungalow）と呼ばれる戸建住宅の開発を計画していたことが断片的な資料ながら知られている。[*29] しかしながら、中心市街地の下位中産階級は結果的に中

［**図9**］一九一九年ムンバイ市測量、街路一一～一二（Bombay City Survey 1919, sheet 11-12, available at City Resource）
http://cityresource.in/index.html

***28**——Mustansir Dalvi, "'This New Architecture': Contemporary Voice on Bombay's Architecture Before the Nation State", Tekton, Volume 5, Issue1, March 2018 pp.56-73, p.61

***29**——Nikhil Rao, House But NO Garden, University of Minnesota Press, 2007, p.70

心市街地に残りテネメントに住み続け、郊外は一九二〇年頃からの新しい下位中産階級の住民たちによりアパートメント居住へと移り変わっていく。次節からは郊外での下位中産階級のアパートメント居住への移り変わり、また、中心市街地での新たな埋立地区に建設されることとなる上位中流階級、上流階級が居住するアパートメント居住様式とそれが「あこがれ」の対象として意図的に発展したことを論ずる。

3——テネメント、アパートメント居住、衛生管理

上位カースト(Upper-caste)とテネメント

ニキル・ラオによると中心市街地に隣接する地区に住む下位中産階級はテネメントに住むことを好んだわけだが、その背景にはインドのカースト制度[*30]による上位カーストの習慣、信仰が深く関係している。[*31] 一般的に知られている制度としては身分制度で社会的、政治的な制度である。元来、清浄(Purity)と汚染(Pollution)をコンセプトに身分を分け、区別する仕組みである。清浄と汚染の区別は上位カーストなればなるほど、厳格に守られている。また、中位カーストや他の宗教であっても、厳格な清浄と汚染を区別するしきたりが上位カーストの振舞いと認識され、習慣として根付いている。

上位カーストの厳格な清浄への信仰は家庭内でも日常的な習慣となっている。特に人の身体に関わる排泄、食事、洗浴に顕著にあらわれる。近代的な衛生設備器具の無い時代に発達した制度であることと捉えると理解しやすい。排泄物、食材や洗

*30——ヒンドゥー教における身分制度である。インドではヒンドゥー教以外でもカーストの概念があり、民族や家制度とも結びつき人々を区別する制度として根付いている。一般的に宗教に携わるバラモン(ブラフミン、Brahmin)が上位カーストである

*31——Nikhil Rao, House But No Garden, University of Minnesota Press, 2007, p.131

浴に使用した雑排水は不浄であり、住居内に持ち込むことは禁じられていた。排泄物、雑排水は直感的にも理解しやすい。食材、食事に関しては人は不浄であるという考えから、一端人の手に触れた食材、食事はすぐに住居外へ持ち出すことで清浄を保つことが基本となる。

キッチン内の清浄と不浄

一九三〇年代に建設されたマリンドライブ沿いのアールデコ様式のアパートメントのキッチンには大変珍しい事例だが、建設当時のキッチンが今日でも利用されている［図10］。紡績工場を所有する裕福でボンベイの発展に寄与した家にある。このキッチンには清浄を保つための習慣と空間構成が明確にあらわれている。部屋の窓際の中央には調理人のみが入ることができる、調理場がある。それを囲むようにして五つの床座の食事の空間が他の床面よりは少し上がったところにある。すべての調理は中央の調理の場所で行われ、調理人は体を清めそして調理場に入る。一度調理場に入ったら、家族の食事が終わるまで外に出てはいけない。これはいったん外に出ると不浄とされるからである。家族へは直接調理人から食事が渡され、給仕人を介すことはない。これも不浄を避けるためである。家族を含め、人の手に触れた食事は不浄とされるため、食器類は腰壁で隔てられた左上の端、右端にある洗い場で洗われ、他の居住空間に持っていかれることはない。この家の場合はキッチン内に洗い場があるが、中産階級ではキッチンに広さもないため、キッチン脇の屋外にあることが多い。これはすぐさまに不浄のもの、残飯を家の中から出すという習慣か

［図10］一九三〇年代に建設されたマリンドライブ沿いのアールデコ様式のアパートメントのキッチン。筆者撮影

らである。ちなみに、左右のカウンターは後から付け加えられたもので、キッチン内の家事をすべて昔の信仰と習慣に基づいて行うことはできないからである。

テネメントの平面計画と清浄、不浄

近代的な衛生の考え方をもとに発達した衛生設備を室内もしくは隣接する形式のアパートメントでの居住と比べた時、共同のトイレや洗い場をもつテネメントが上位カースト・下位中産階級とってはは清浄と不浄を明確に分けるという習慣を保つ観点から好まれた。ボンベイ市改善局、ボンベイ開発局が新たに建設したテネメントの平面図［図11］から読み取れる。中廊下をはさんでLiving Roomと記された一部屋の居住空間がならび、ベランダの半屋外にキッチンと洗浴場がある。建物中央には階段室、Water-Roomと記された洗い場があり、渡り廊下でつながっている別棟に共同トイレ（Latrines）が各階にある。排泄物は各戸内に入ってこないことはもちろん、キッチンや洗浴場もベランダに配置されることで不浄なものを屋内に入れないという習慣が守られる。

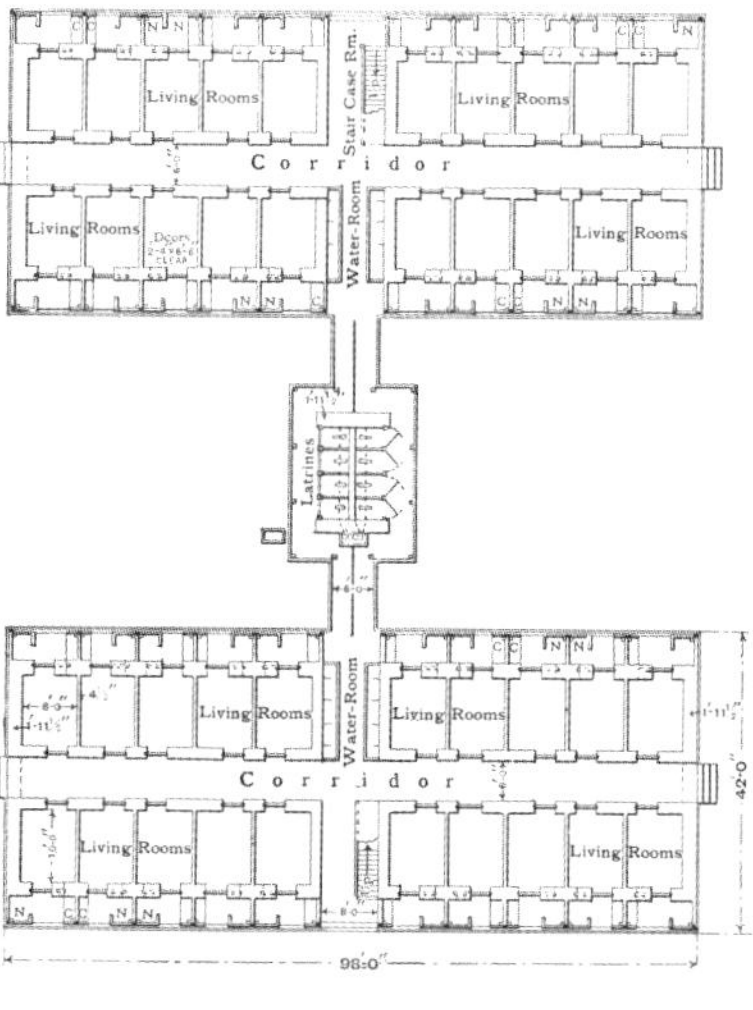

［図11］ボンベイ市改善局によって建設されたテネメントの平面図
出典：G. Owen W. Dunn, "The Housing Question in Bombay", Journal of the Royal Society of Arts, March 4, 1910, Vol. 58, No. 2989. pp.393–413, p.400

アパートメント居住とトイレ、キッチン

一九二〇年代の後半には、ダダー・マタンガ計画に代表される郊外の開発では土地の価格の上昇によりヴィラやバンガローといった戸建住宅の低密度の開発ではなく、中層の共用住宅が求め

られるようになった。[*32] 加えて、セメントが比較的安価で手に入ることができた理由で中層のアパートが可能になったことも後押しをした。後に触れるが、ボンベイのコンクリート協会（The Concrete Association of India）も鉄筋コンクリート造であるアールデコ様式の建築の普及に大きな貢献をしている。感染症の蔓延を予防する観点からはテネメントにみられる共用トイレ、洗い場は最適解ではなくなり、水洗式の衛生設備の発展からトイレ、洗い場を各住戸に含んだアパートメントの建設がされることとなった。

R・S・デシュパンデは一九三〇年代から『Residential Building Suited to India』、複数の『Modern Ideal Homes for India』と題した、技術書ともとれる書籍を出版した。後者の『Modern Ideal Homes for India』ではデシュパンデ自身が一九三六年から一九三七年までに西洋諸国を周遊してきた中で近代的な完備住戸（Self-contained Dwelling）としてのアパートメントの平面計画、施工とが記載されている。上位カースト・下位中産階級がテネメントを好み、清浄と不浄の扱いの習慣をアパートメント居住でも可能な平面図が初期の書籍に見られる。［図12］はプネの上位カーストであるサラスワット（Saraswat）ブラフミン（バラモン）の戸建住宅の平面図である。玄関は南向きのポーチの先端にあり中央の外部に面したベランダを経て、二つの寝室、客間へと通じている。住まい手は上位カーストであるバラモンなので清浄と不浄の習慣は厳しく、それが平面図に反映されている。トイレは居住部分から極力離れており、ベランダおよび外部を経た北東の角に配置されている。キッチンも外部に面したベランダを通じた動線に直接面している。これにより、清掃人が各居室に立ち

*32——Nikhil Rao, House But No Garden, University of Minnesota Press, 2007, p.103

入ることなく、直接にキッチン、トイレに行くことが可能である。

デシュパンデは初期の書籍では戸建住宅を中心に扱っていたが、一九三九年の『Modern Ideal Homes for India』では鉄筋コンクリート造のアパートメントが中心に扱われている。［図13］では三層の階段室が二つあり、各階に四戸の住戸が配置されている。キッチンを除けば、ほぼワンルームと言えてしまう住戸である。ここでも、動線によって明確に居室部分とトイレ、キッチン、洗浴場が分かれている。階段室からロビーを経てキッチン、トイレ、洗浴場に入る動線を取ることで、清掃人は居室（Bed Roomと記載）に入ることなく掃除を行い退室することが可能となっている。平面図の真ん中に換気のための中庭（Open Chowk）がある。外部に面するベラ

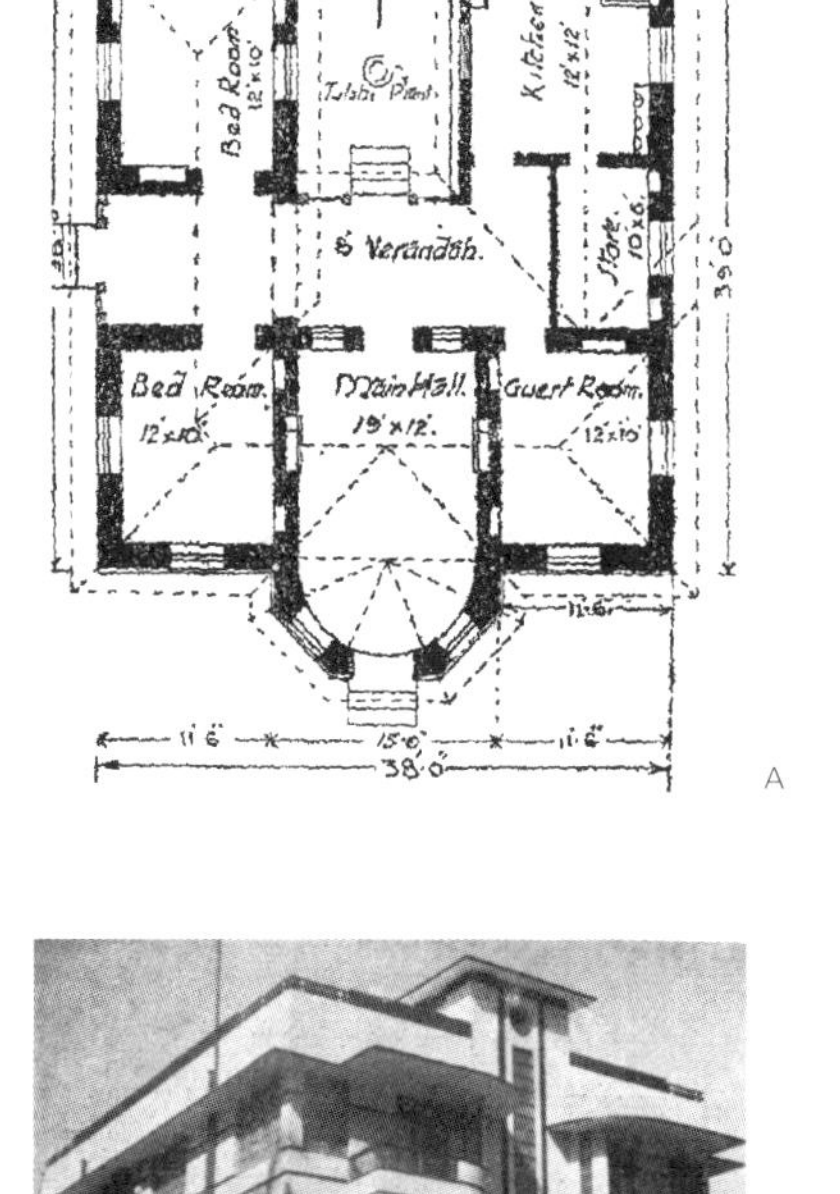

A

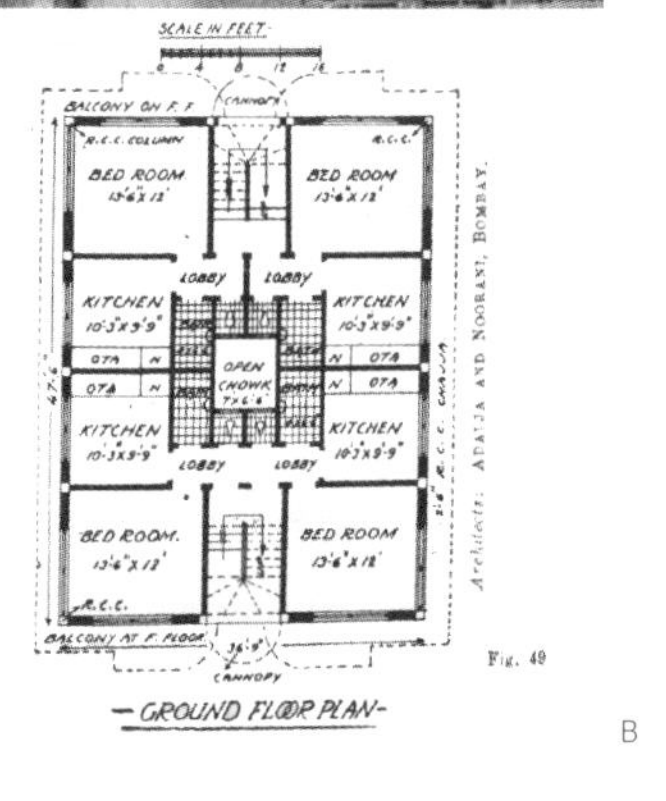

B

A：［図12］サラスワットブラフミン（バラモン）戸建住宅平面図
出典：R. S. Deshpande, Residential Builidng Suited to India, R. S. Deshpande, 1931, p.131
B：［図13］『Residential Builidng Suited to India』に掲載されているアパートメントの外観写真と平面図

ンダを持たないため、トイレ、キッチン、洗浴場が完全に建物内に取り込まれた平面計画である。

テネメントではすべてを完備した住戸ではない代わりに、清浄と不浄の境界が明確であった。デシュパンデは見事に平面計画を段階をへて、清浄と不浄の境界をアパートメント居住に対応させたと言える。ダダー・マタンガ計画では特に南インドからの上位カースト・下位中産階級の人口流入があり[*33]、これにより新しい上位カースト・下位中産階級が現れ始めたこととなる。

衛生管理のプライベート化

ロビン・エヴァンスは一九世紀中ごろの英国住宅改革（English Housing Reform）に関して記述した論文、「Rookeries and Model Dwellings - English Housing Reform and Moralities of Private Space」[*34]の中で、次のように記している。「住宅改革を先導した彼らは社会を公共の場所から私的な場所（Henry Roberts の Ideal Home をさす）に吸収させることであった。[*35]」これは一八五一年にヘンリー・ロバーツが発表した「四人家族のためのモデルハウス（Model House for Four Families）」とそれにともなう英国住宅改革がもたらした社会的変化を示したものである。

清浄、不浄といった衛生管理がエヴァンスの言う社会に含まれるとすると、カースト制度による宗教や土着の制度では公の場所で管理していた衛生問題が、近代化による衛生設備の発展、アパートメント居住により住戸内に移動したと言える。初期のボンベイでのアパートメントの住戸の平面図は衛生設備とその諸室が導線で他

*33——ニキル・ラオの著書『House but No Garden』ではさらに詳しく、南インドからの移民によって今日のマタンガ地区の近隣が特徴づけられたことが記載されている

*34——Robin Evans, "Rookeries and Model Dwellings - English Housing Reform and Moralities of Private Space", Translation from Drawing to Building and Other Essays, the MIT press, 1997, pp.92–117. The essay first published in 1978, p.114

*35——原文"Part of their (the housing reformers) was to absorb society from public place into private place, …"

の居室と隔てられているが、エヴァンスの論文においてもモデルハウスとロッヂ（Lodge：複数世帯の住む一室からなる住戸）を比較していることから、テネメントからアパートメントへの変遷は衛生管理を含む社会が私的なアパートメントの住戸へ移ったと言える。

4――アールデコ様式のアパートメント、女性の地位

衛生、健康の管理と

西洋の男性家長とする制度と同じく、インドのヒンドゥー教やほかの宗教でも同様に家の女性が家族の衛生、健康、子供教育、家族の性の管理を担っていた。[36] アパートメント居住以前は共同で管理していた（管理というよりは、住戸外に置くことで下位カーストに清掃等を委ねていた）トイレ、洗浴場（衛生）とキッチン（健康）が住戸内に含まれることで、より家族の衛生と健康を女性が管理すべきこととなる。言い換えれば、上位カーストの習慣による衛生管理に対して近代化にともなう衛生設備と女性という衛生管理の担い手でもって、公衆衛生の問題を私的化したといえる。特に上位カースト・下位中産階級のキッチンでは、給仕人の出入りはあるが、家族の健康を管理し、実際に調理する場所であり、女性の場所となった。結果的には共同のキッチンでなく自身のキッチンを持つことは、女性ための場所を持つことであり、[37] これはアパートメント居住でこそ実現したのであった。この女性が自身の場所を持つことによって、女性の地位向上はもちろん、後の女性に向けた電化製品、家具やイン

*36――これ以降、女性の社会的地位の向上への考察を論じるが、家庭内でのこれらの無給の家事仕事は女性のエンパワーメントの問題としてあり、本論考とでの女性地位向上との矛盾があるが、近代化においては女性がキッチンを自身の場所として獲得したこと、さらには近代的で合理的なキッチンに変更していく変遷は間違いなく女性地位の向上の始まりだと考える

*37――一九二〇年代に誕生したフランクフルトキッチンなどは家庭内の女性が自身の場所を得たからこそ実現し、効率や負担軽減と女性地位の向上に貢献した

テリア商品の宣伝広告の意図が明確になる。宣伝広告そのものは到底下位中産階級の手に届くものではないが戦略的に将来の発展を見据えて行われた。

また、上流階級、上位中産階級では英国人の影響で一九世紀の終わりからハウスキーピングマニュアルやレシピ本が広まり、下位中産階級には一九一〇年には初めて土着の言語で土着の料理を載せたレシピ本が広まる。この土着の料理を載せたレシピ本はその後も広まりSarawat Women's Associationにより一九四〇年代に発行された『Rasa Chandrika』は現在も改正して印刷されている［**図14**］。家族の健康を担うと共にレシピ本という形で知識として実体化されることにより、女性の社会的地位と家族の健康管理という制度が顕在化されたと捉えられる。

鉄筋コンクリート造とアールデコ様式

ダダー・マタンガ計画ではアパートメント居住への移り変わりと同時に鉄筋コンクリート造での建設が可能になったと先に論じたが、インドコンクリート協会（The Concrete Association of India）やインドセメント市場会社（The Cement Marketing Company of India, Ltd）の積極的な鉄筋コンクリート造の普及活動は重要な役割を果たした。いくつもの鉄筋コンクリート造で建設された建物のカタログ、平面図と建物のパースを載せたカタログ兼資料集を出版することで当時の最新のデザインであるアールデコ様式を取り入れた鉄筋コンクリート造の認知とマーケティングを行った。上流階級が住まうマラバー・ヒルの規模の大きな邸宅、マリンドライブ沿いのアパートメント、郊外のバンドラの戸建住宅から地方都市の住宅建築が載せられている。そ

［**図14**］Ambai Samshi, Rasa Chandrika, Saraswat Mahila Samaj, First Published in 1943

のどれもがアールデコ様式で建てられており、中には後の初代独立パキスタンの総督ムハンマド・アリー・ジンナーの邸宅も掲載された［**図15**］。特筆すべきはアールデコ様式が一部の上流階級だけの様式ではなく、インドコンクリート協会のカタログからも読み取れるように、中産階級の戸建住宅やダダー・マタンガ計画での下位中産階級のアパートメントへも取り入れられていたことである。

ダルヴィは論文「This New Architecture,: Contemporary Voice on Bombay's Architecture Before the Nation State」[*38]の中でパル・Pの著書『Bombay to Mumbai: Changing Perspectives』を引用して以下のように記した。フォート地区の城壁解体後、大英帝国の帝国主義を表すために建てられたネオゴシック様式の建築群と比較して、一九三〇年代、四〇年代に建てられたアールデコ様式の建築群は市民により様式が採用され建設された。さらに、英国ではなくボンベイで建築を学んだ建築家の手でデザインされ同時代のボンベイ住民の要望に応えたと続けている。

あこがれの構築「The Ideal Home Exhibition」

ボンベイ建築家の活躍は一九三七年一一月三日から一五日にインド建築家協会[*39](Indian Institute of Architects)によって開催された「理想の家展示会(The Ideal Home Exhibition)」という形で記憶されることになる。とくに若い建築家が実行委員会を構成し成功させた。二週間余りの会期中には一〇万人の来場者があった。当時のボンベイ州の知事(Premier)B・G・

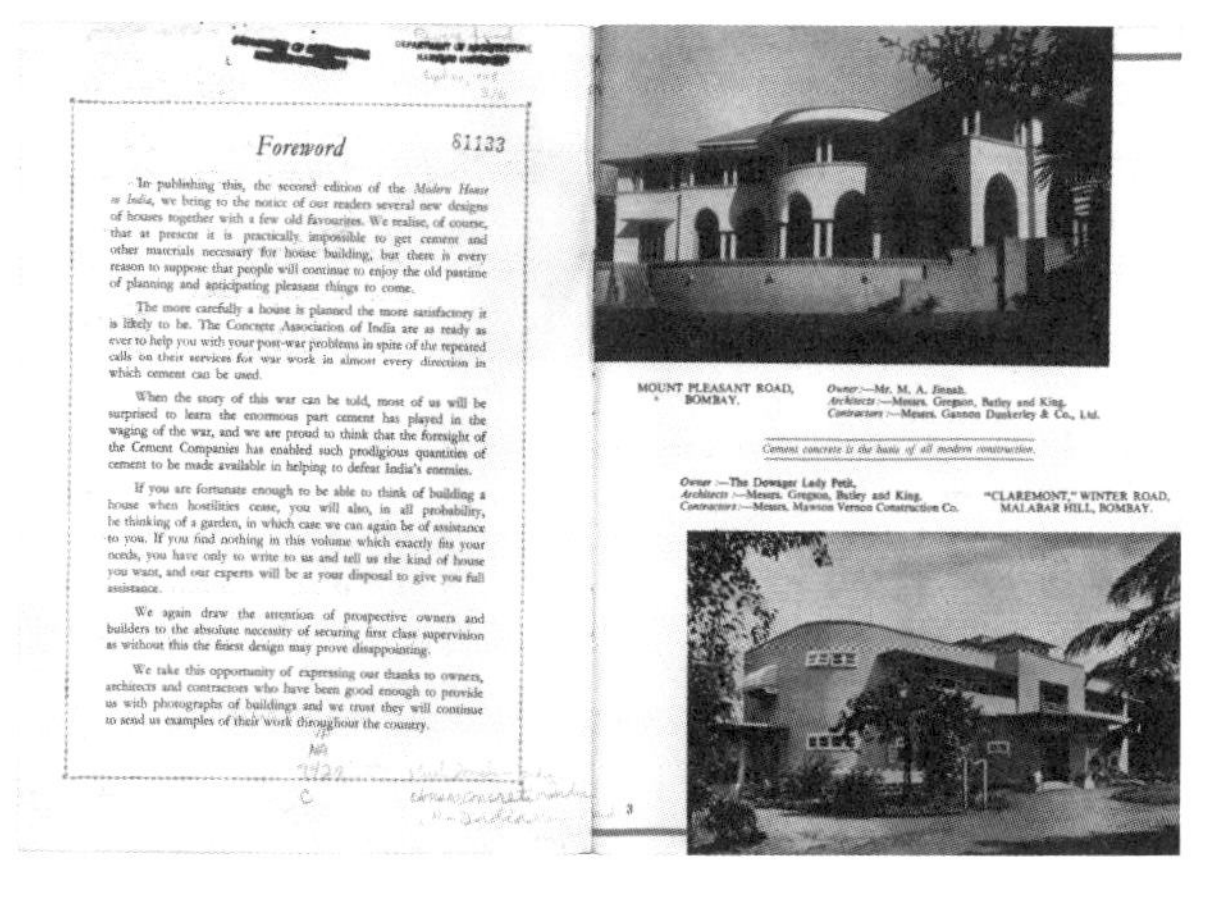
Foreword 81133

In publishing this, the second edition of the *Modern House in India*, we bring to the notice of our readers several new designs of houses together with a few old favourites. We realise, of course, that at present it is practically impossible to get cement and other materials necessary for house building, but there is every reason to suppose that people will continue to enjoy the old pastime of planning and anticipating pleasant things to come.

The more carefully a house is planned the more satisfactory it is likely to be. The Concrete Association of India are as ready as ever to help you with your post-war problems in spite of the repeated calls on their services for war work in almost every direction in which cement can be used.

When the story of this war can be told, most of us will be surprised to learn the enormous part cement has played in the waging of the war, and we are proud to think that the foresight of the Cement Companies has enabled such prodigious quantities of cement to be made available in helping to defeat India's enemies.

If you are fortunate enough to be able to think of building a house when hostilities cease, you will also, in all probability, be thinking of a garden, in which case we can again be of assistance to you. If you find nothing in this volume which exactly fits your needs, you have only to write to us and tell us the kind of house you want, and our experts will be at your disposal to give you full assistance.

We again draw the attention of prospective owners and builders to the absolute necessity of securing first class supervision as without this the finest design may prove disappointing.

We take this opportunity of expressing our thanks to owners, architects and contractors who have been good enough to provide us with photographs of buildings and we trust they will continue to send us examples of their work throughout the country.

MOUNT PLEASANT ROAD, BOMBAY.
Owner:—Mr. M. A. Jinnah.
Architects:—Messrs. Gregson, Batley and King.
Contractors:—Messrs. Gannon Dunkerley & Co., Ltd.

Cement concrete is the basis of all modern construction.

Owner:—The Dowager Lady Petit.
Architects:—Messrs. Gregson, Batley and King.
Contractors:—Messrs. Mawson Vernon Construction Co.
"CLAREMONT," WINTER ROAD, MALABAR HILL, BOMBAY.

3

［**図15**］インドコンクリート協会が出版したThe Modern House in Indiaの誌面。ムハンマド・アリー・ジンナーの邸宅が右上に掲載されている

*38——Mustansir Dalvi, "This New Architecture': Contemporary Voice on Bombay'

ケールのオープニングスピーチでは当時のボンベイにおいて一部屋からなるテネメントに住む人口は全体の約七〇%に上ることを指摘され、低所得者層の居住環境の改善には政府と市、そして雇用者が協同することに触れた。インドタイムズ紙によれば[*40]、知事の意図は批判ではなく、ボンベイの上流、上位中産階級が集まる機会に現状を伝えることであり、いずれ低所得者層、特にスラムに住む住民にも理想の家(Ideal Home)が手に入ることを願うとしスピーチを終えた。

当時のボンベイには常設の展示販売をするショールームは少なく、当時のムンバイの建築家はそのような常設のショールームがいずれできることになるだろうが、その先駆けとしてこの展示会を位置づけ、教育的で未来を連想させるために開催したとしている[*41]。展示は部屋を模したブースにアールデコ様式の家具を展示し、外観内観ともに当時はアールデコ様式が新しい風潮を表すこととなった［図16］。

私信欄——ご夫人へ

アメリカ、バーモント大学の教授アビゲイル・マクゴワンは論文、「Domestic Modern: Redecorating Homes in Bombay in the 1930's」[*42]の冒頭に一九三四年六月のインドタイム紙の広告を引用している［図17］。紙面の個人欄を模し、ボンベイの婦人に宛てた手紙のような広告であった。アドバイスを婦人に語りかける調子であり、「今日は主人にあなたが欲しい家具の話をして、ショールームに行きたい話をしてみなさい。そして明日にはあなたの理想とする美しい家を伝えなさい。今が家を新しくする時なのです。そして主人にイエス(YES)と言わせるのです。」と書いてある。

*39——インド建築家協会は一九一七年にムンバイで発足しボンベイ建築協会(Bombay Architectural Association)を経て、一九二九年に全国的な団体、インド建築家協会となった

*40——Better House for the Poor of Bombay Premier's Plea at Ideal Home Exhibition, The Times of India on 4th Nov. 1937, The Times of India

*41——The Ideal Home Exhibition, Journal of the Indian Institute of Architects, January 1938, pp.319–327, p.320

*42——Abigail McGowan, "Domestic Modern: Redecorating Homes in Bombay in the 1930's", Journal of the Society of Architectural Historian 75, No. 4, December 2016, pp.424–44

一九三〇年代当時の下位中産階級では経済的にはもちろん、上位カーストとしての風習のために女性は広告にあるような振る舞いは男性、夫の前ではできなかったであろう。しかし、アビゲイルは、広告のターゲットは上流、上位中産階級であり、女性は教養があり新しい様式、スタイルを家庭内に持ち込むことによりドメスティック空間を近代化させたとしている。[*42] さらに、ドメスティック空間はプライベート化され外界と途切れた関係だが、一九三〇年代当時のインテリアのスタイルが公にされ、建築家やインテリアデザイナーによるデザインの対象となりえたことはドメスティック空間が外部からの目にさらされたことと論じている。あこがれの対象としてのインテリアがドメスティック空間の外にあり、女性の目でそれらをプ

A

> # PERSONAL
> ## —to a lady
>
> This evening when your husband comes home, what would he think if you greeted him in a dress you wore many years ago? One thing is certain—he would wonder how you could have seemed so lovely *then* in a dress that looks so old-fashioned *now*.
>
> We wonder if he realises that there has been as much change in furniture as in fashion?
>
> There is no better time than now, with the long stay-at-home evenings and week-ends of the monsoon ahead, to greet him in that old-fashioned dress—and then show him these two pages! To-day you can read about the furniture you want and even go and see it in the dealers' showrooms; and to-morrow you can tell him your plans for a beautiful home. *Now* is the time to refurnish; and now is the time to get your husband to say "Yes" to your plans. They need not be expensive with so much to choose from.

B

A：［**図16**］The Ideal Home Exhibitionの展示の様子
出典：The Ideal Home Exhibition, Journal of the Indian Institute of Arhictects, January 1938, pp.319–327, p.322
B：［**図17**］一九三四年六月のインドタイム紙の広告 Personal - to a lady
出典：The Times of India

ライベートな空間に新しいスタイルとして取り入れた事実は女性の社会的地位の向上との相乗効果の結果である。

末筆に

二〇二一年一月に公開されたジョ・ベイビー監督の「The Great Indian Kitchen」は、ケララ州の言語マラヤーラム語の映画で同州の中産階級における家庭内のセクシュアリティに言及する内容となっている。その中でキッチンは女性を象徴する空間であり、女性に帰属する空間として描写されている。本論考内ではテネメントからアパートメントでの居住への移り変わりにおいて女性が空間を獲得してその地位に向上が見られたと論じた。しかし、現在に目を向ければ、空間を獲得したことによりそこに閉じ込められたとも考えられる。現在進行形でドメスティック空間における女性のエンパワーメントに関する問題はセクシュアリティの問題だけでなく、エヴァンズが指摘するようにパブリックがプライベートに吸収されたのだとしたら、過去の近代化の過程において、テネメントを近代化社会でのハウジングとした現在を想像して見たくなる。

第二部

現代日本の住まいと暮らし

——「あこがれ」のカタチ

第四章

都市の住まいと暮らしから〈あこがれ〉を考える

山本理奈

1——これからの住まいと〈あこがれ〉

「東京に住んでいます」といわれたとき、人は、どのような住まいを想像するだろうか。少子高齢化にともなう社会の構造的な変容のなかで、東京の住まいには、かつての「あこがれ」のかたち——郊外の庭つき一戸建て——とは異なる、新たなあり方が求められている。

戦後の住宅産業は、住宅の購入者層を広げ、販売戸数を最大化する戦略を繰り広げてきた。具体的には、高度経済成長を契機に大都市とその通勤圏に形成された、夫婦と子供からなる世帯の増加に着目し、彼らに商品住宅を販売することによって、その利潤を増大することに成功してきた。その過程で、東京圏[*1]では多くの人びとが郊外に持ち家の取得を目指すようになり、マイホーム主義と呼ばれる新しいライフスタイルが人びとのなかに浸透していくことになった。[*2] その結果、人びととの住まいは、「建てるモノ」というよりはむしろ「購入するモノ」となり、受け継ぐ対象とい

*1——ここでは、東京都、神奈川県、埼玉県、千葉県をあわせた領域を「東京圏」とする

*2——山本理奈『マイホーム神話の生成と臨界——住宅社会学の試み』岩波書店、二〇一四年参照

うよりは、耐久消費財と同じように使い捨ての対象、すなわちスクラップアンドビルドの対象となってきたという経緯がある。

しかしこうした従来の販売戦略は、少子高齢化のもとで、夫婦と子どもからなる世帯が減少し、高齢者のひとり暮らしが増加している現在の局面のなかで、限界を迎えつつある。実際、すでに東京圏では団塊の世代の高齢化にともない、持ち家を所有する高齢者世帯が、かつてない規模で急速に増加している。しかしながら、高齢者世帯の所有するマイホームを、血縁による世代間継承のみで維持することは現実的に不可能であり、膨大な量の持ち家が「空き家」へと転ずる可能性が懸念されている。[*3] 高度経済成長期以降、東京圏に蓄積されてきた膨大なマイホームのストックを前にして、「持ち家の空き家化→スクラップアンドビルド→まちなみの消失」という、従来のストーリーとは異なるシナリオを描くことができるだろうか。本章では、以上の問題意識のもと、東京の住宅地を事例に、「これからの住まいを考えるうえで重要となる〈あこがれ〉とはなにか」という問いを、考えていくことにしたい。

まず第2節（「あこがれ」の変容）では、住宅供給の中心が「郊外」から「都心」へと移行するのにともない、住宅産業が提示する「あこがれ」のかたちがどのように変容したのかを考察する。これに対し第3節（居住の営みがうみだす〈あこがれ〉）では、いわば住宅の需要側となる、住まい手の居住の営みがうみだす〈あこがれ〉のかたちを分析する。具体的には、「阿佐ケ谷住宅」を事例として取りあげながら、人びとの住まい方の実践を通して形成される〈あこがれ〉の内実を明らかにする。つぎに第4節（〈あこがれ〉を構成する社会的価値）では、〈あこがれ〉を構成する社会的価値、すなわ

*3――山本理奈「現代日本社会への問いとしての空き家問題――都市の居住福祉をめぐる政策と論理」、内田隆三編『現代社会と人間への問い――いかにして現在を流動化するのか？』せりか書房、二〇一五年、二七四～二九五頁参照

ち人びとの居住の営みがうみだす「住まいの価値」やその相乗的な効果としての「まちなみの価値」について、「成城」の住宅地に着目しながら考察する。そして最後に、居住の営みがうみだす〈あこがれ〉のゆくえについて、「必要の論理」という観点から検討することにしたい。[*4]

2――「あこがれ」の変容

住宅供給の変化

高度経済成長からバブル崩壊直後まで、東京圏における住宅供給は「郊外」を中心に行われてきた。「郊外」と呼ばれる地域をどのように定義するかは、外縁の可変性を考慮すると難しい問題を含んでいるが、ここでは、「都心周辺地域の、都心に通勤する人びとの居住に特化した地域」[*5]という、社会学者の若林幹夫の定義を用いることにしたい。そのうえで、国土交通省の『建築着工統計調査』に基づきながら、[*6]東京圏の住宅供給の変化――「郊外」から「都心」へ――という趨勢を、以下では確認していく。

まず、東京都と近郊三県（神奈川県・埼玉県・千葉県）の新設住宅戸数およびその割合を、高度経済成長のはじまる一九五五年の時点と、バブル崩壊直後の一九九三年の時点で比較すると、一九五五年の時点において、東京都は東京圏全体の新設住宅数の六三%を占めていたのに対し、一九九三年の時点では三三%まで減少していることがわかる。これに対し近郊三県は、一九五五年の時点では三七%に過ぎなかっ

*4――「阿佐ヶ谷住宅」と「成城」の事例に関しては多様な分析の可能性が考えられるが、拙稿「都市の住まいとまちなみ――『成城』を通して考える」（新倉貴仁編『山の手「成城」の社会史――都市・ミドルクラス・文化』青弓社、二〇二〇年、一九四～二二〇頁）では、都市・住宅政策というマクロな観点から分析を行っている。これに対し本稿では、「あこがれの住まいと暮らし」という新たなテーマのもとに、生活者の社会意識というミクロな観点から分析を行っている

*5――若林幹夫『郊外の社会学――現代を生きる形』筑摩書房、二〇〇七年、一九二頁

*6――国土交通省「【住宅】都道府県別戸数 時系列」『建築着工統計調査報告（平成二三年計）』参照

たものが、一九九三年の時点では六七%まで増加している。このことから明らかなように、東京圏における住宅供給はこれまで、東京都心への通勤圏である郊外を中心に行われてきたといえる。[*7]

その背景には、①農村から都市への大量の人口流入だけではなく、高度経済成長にともなう、②都心における地価の高騰、という問題があった。くわえて、この時期に流入したのが若年労働力人口だったこともあり、都心とその通勤圏には、サラリーマンとその妻子からなる核家族世帯が大量に形成され、③深刻な住宅不足が生じていた点も忘れてはならない。こうした大規模な都市化と核家族化の過程で、地価の高騰を回避し住宅不足を解消するために、重要な役割を果たしたのが「郊外住宅」である。高度経済成長期以降、マイホーム主義という言葉で名指された人びとの住宅取得の実践において、郊外住宅は「家庭の幸福」を表現するもっとも重要な基盤として、多くの人びとから望まれたものであった。

そして高度経済成長期が終わり低成長・バブル期に入ると、住宅の郊外化はさらに進展し、ニュータウンが次々と東京の周縁部に広がっていった。しかしバブルの崩壊を経たあと、現在にいたる都市居住の趨勢を見ると、一九九〇年代後半以降の「都心回帰現象」が端的に示すように、人びとの住宅需要は郊外地域から都心部へと移行していった。社会学者の袖井孝子はこうした状況をとらえ、郊外の庭つき一戸建てを「あがり」とする住宅双六がもはや現状とは整合しなくなっていることを指摘している。[*8] このような趨勢のなかで、都心部を中心に供給が拡大していった超高層マンションが、東京圏における商品住宅のモードとなっていくことになる。

*7——高度経済成長期において、東京都の市部は「郊外」としてとらえることが適切だと考えられるが、ここでは大きな趨勢を近似的に把握することに主眼を置いているため、東京都と近郊三県という対比で推移を確認している

*8——袖井孝子『日本の住まい変わる家族——居住福祉から居住文化へ』ミネルヴァ書房、二〇〇二年参照

超高層マンションの大量供給

超高層マンションとは、一般に、二〇階建以上のマンションを意味するが、建築基準法（第二〇条第一号）の規定する建物（六〇メートル以上）の要件を満たすマンションを指す場合もある。超高層マンションは、一九九七年に都市計画法第八条において「高層住居誘導地区」が導入され、容積率の上限が六〇〇％まで緩和されるようになったことを契機に、おもに東京都区部を中心に大量に供給が行われるようになった。その後は、都下などの郊外部、神奈川県・千葉県・埼玉県などの近郊三県へと広がり、現在は全国へと供給の場は拡大し続けている。

全国で供給量の最も多い東京都に焦点をあて、超高層マンションの竣工棟数の推移を調べてみると、[*9] 一九八七年までは竣工がない年もあり供給は散発的で、供給量も一～二棟というごくわずかなものであったことがわかる。これに対し一九八八年以降は、持続的に供給されるようになり供給量も増加していったことが読み取れる。供給量の変化を具体的にみていくと、一九八八年～一九九七年頃までは、竣工棟数は五棟～一五棟とばらつきがあり、一年あたり平均でおよそ一〇棟程度の規模の供給だったことがわかる。これに対し、一九九八年以降からは安定的に供給量が伸びていき、とくに二〇〇二年には二〇棟、二〇〇三年には三〇棟、二〇〇四年には四〇棟を超えるようになり、大量供給されるようになっていったことがわかる。

供給量が増加し始める一九八八年は、高度経済成長期以降続いてきた、東京の人口集中地区の拡大が収束を迎える時期と重なっており、また二〇〇〇年代の供給量が飛躍的に増大していく時期は、東京における人口の社会増減数がプラスに転じ増

*9――東京都都市整備局『建築統計年報（二〇一一年版）』参照

加していく時期と一致している。[*10] つまり超高層マンションの大量供給は、東京における、①郊外化の終焉、②都心回帰現象（都市の再開発）、というふたつの大きな流れと軌を一にして生じている現象であり、住宅供給の趨勢が「郊外」から「都心」へとシフトしていったことを具体的に示している。

庭つき一戸建てからタワーマンションへ

超高層マンションは、前項で確認したように、一九八〇年代後半から一定の規模で供給されるようになったが、本格的な大量供給が行われはじめたのは一九九〇年代の後半以降である。その背景には、バブル崩壊後の不況の克服をめざした土地の流動化や大規模な都市の再開発があった。ただし、超高層マンションの需要が拡大したのは、マクロな経済政策のみによるものではなかった。実際に都市を生きる生活者、ないし都市居住の主体というミクロな観点からも、超高層マンションの需要の拡大という問題を考察しなければならない。

都市生活者という観点に立ったとき、まず考えられるのは超高層マンションの、①アクセスの良さ（利便性）、②設備の充実（快適性）、③手の届く価格帯の実現（経済合理性）といった実利的なポイントだろう。たしかにこうした実利的な問題は人びとの需要に大きな影響力を及ぼしたといえるだろう。しかしながら、超高層マンションを魅惑的な「商品」とし、都市に暮らす人びとをその消費へ誘導するうえで重要な役割を果たしたもうひとつの要素は、その居住イメージである。

超高層マンション、いわゆるタワーマンションの住宅広告を調べていくと、その

*10——東京都都市整備局住宅政策推進部住宅政策課『東京都住宅マスタープラン——首都・東京にふさわしい高度な防災機能を備えた居住の実現を目指して二〇一一～二〇二〇』（二〇一二年、三頁、一二頁）参照

特徴的な高さを前提とした暮らしの様子が描かれている。たとえば、「パノラマビューが楽しめる贅沢がここに」、「いつもの特等席で夜景を望みながら、張り詰めた緊張をスイッチオフ」、「贅沢なほどのくつろぎに満ちたリラクゼーション空間」、「まるでラグジュアリーホテルのような心地よさ」、「ホスピタリティ、セキュリティ、セーフティ」、「ここは都心のなかの憧憬の地」といった居住イメージである。[*11] このようなタワーマンションの暮らしは、都市居住の新たなあり方を提示しており、「憧憬の地」という言葉が如実に示すように、その居住イメージが都市に暮らす人びとを強く惹きつけるものとなっている。

つまり、こうした「快適な都心」に暮らすことを理想とする居住イメージは、「緑豊かな郊外」に暮らすことを理想とする従来の居住イメージに対する対抗的な都市居住のあり方を示しており、住宅産業の提示する「あこがれ」のかたちが、住宅供給の変化と相関しながら変容したことを示唆している。

3――居住の営みがうみだす〈あこがれ〉

阿佐ヶ谷住宅の〈魅力〉

前節で考察したのは、住宅産業が提示する居住イメージの変容であり、その意味において、いわば住宅の供給側がしめす「あこがれ」のかたちだったといえるだろう。これに対し本節では、住宅の需要側がしめす〈あこがれ〉のかたちを、阿佐ヶ谷住宅を事例として考えてみることにしたい［**図1**］。いいかえれば、人びとの居住の営

*11――山本理奈・内田隆三「都市居住のイメージと住宅広告の役割に関する比較社会学的研究――超高層集合住宅の広告表現を準拠として」『住総研研究論文集』四〇号、一般財団法人住総研、二〇一四年、一二四頁

［**図1**］阿佐ヶ谷住宅（上：コモン　下：前庭が共有地）
出典：『住宅建築』一九九六年四月号（建築資料研究社）、写真＝鈴木理策

みがうみだす〈魅力〉、すなわち住まい方の実践を通して形成される〈あこがれ〉の内実を分析することにしたい。

「阿佐ヶ谷住宅」は、かつて東京都の杉並区に存在したテラスハウス形式をメインにした住宅地である。[*12] 一九五八年に入居が開始されたこの住宅地は、日本住宅公団が手がけた初期の団地であり、半世紀の時を経て、およそ新築の住宅では醸し出すことのできない雰囲気と年輪を感じさせるものに変化していた。

どんなに古く醜い家でも、人が住むかぎりは不思議な鼓動を失わないものである。変化しながら安定している、しかし、決して静止することのないあの自動修復回路のようなシステムである。磨滅したか風化してぼろぼろになった敷居や柱も、傷だらけの壁や天井のしみも、動いているそのシステムのなかでは時間のかたちに見えてくる。住むことが日々すべてを現在のなかにならべかえるからである。家はただの構築物ではなく、生きられる空間であり、生きられる時間である。[*13]

阿佐ヶ谷住宅には、ここに記された多木浩二の言葉を借りるならば、人びとによって「生きられる空間」の痕跡と、「生きられる時間」の奥行が存在していた。換言すれば、そこには住まい手の居住の営みがうみだす独特の〈魅力〉が存在しており、『奇跡の団地　阿佐ヶ谷住宅』などの著作が示すように、少なからぬ人びとにとって、ある種の憧憬の対象となっていた。[*14] しかし、阿佐ヶ谷住宅の〈魅力〉とはいったい

*12——阿佐ヶ谷住宅は、テラスハウスと中層住棟（三階建ておよび四階建ての集合住宅）から構成されており、総戸数は三五〇戸、そのうち二三二戸がテラスハウス、一一八戸が中層住棟となっていた。なお、テラスハウスには二種類あり、前川國男建築設計事務所の設計によるものが一七四戸、公団本所設計課による設計のものが五八戸であった（三浦展・大月敏雄・志岐祐一・松本真澄『奇跡の団地　阿佐ヶ谷住宅』王国社、二〇一〇年、一五～二一頁参照）

*13——多木浩二『生きられた家——経験と象徴』岩波書店、二〇〇一年、三頁

*14——阿佐ヶ谷住宅で暮らしつつ、自身の住居をアートギャラリーに改造し、「とたんギャラリー」を主宰された大川幸恵さんの試みも、ひとつの事例といえるだろう。「とたんギャラリー」についてはウェブサイト（http://www.totan-gallery.com）、および森田芳朗「阿佐ヶ谷住宅の『とたんギャラリー』」（『建築雑誌』第一二二巻第一五六四号、日本建築学会、二〇〇七年、三八～三九頁）を参照されたい

何だったのだろうか。以下では、多木の問題意識を継承しながら、その〈魅力〉を構成する「生きられる空間」と「生きられる時間」の問題を考えてゆくことにしたい。

生きられる空間

阿佐ヶ谷住宅では、それぞれの住戸の専用庭との連続線上に、さまざまな草花や木々の生い茂る空間が広がっていた。住まい手たちはそこで草花の手入れをしたり、お花見をしたり、バーベキューをしたり、子どもたちを遊ばせたりしていた。そうした日々の積み重ねのなかで、人びとは少しずつ互いに手をかけることによって、「生きられる共有空間」とでも呼ぶべき場をうみだしていた。こうした共有の場は、阿佐ヶ谷住宅を手掛けた津端修一の言葉を借りれば、「コモン」のひとつのあり方だといえるだろう。[*15] 重要なことは、この共有の場が計画的につくられたものではなく、人びとの日常生活の積み重ねの結果としてうみだされた空間だったという点である。いいかえれば、住まい手たちに共有される日常の風景が、日々の生活のなかで自生的につくりだされていた点。このことが、阿佐ヶ谷住宅の〈魅力〉を醸成するうえで、重要な役割を担っていたと考えられる。

松原隆一郎は、「人工的につくられたはずの都市にも人の営みのなかでつくりあげられる雰囲気というものがあって、いわば人工のなかにも自然」があると指摘している。つまり、「最初は人工的につくられたとしても、そのあとの人の流れとか古び方とか修復の仕方によって立ち現れてきた何か非人工的な部分、歴史的な部分、社会的な部分があるのではないか」と述べ、それを「日常景観」と呼んでいる。[*16] こう

*15——津端はのちに、阿佐ヶ谷住宅のテーマは「コモン」であったと言及し、次のように述べている。「日本のまちというのは、人が通る街路と、区分された個人の宅地で構成されていて、公共空間としては公園がありますが、管理は自治体などが行いますから、「コモン」という概念は日本の住宅地のなかにはなかったといえるでしょう。だから個人のものでもない、かといってパブリックな場所でもない、得体の知れない緑地のようなものを、市民たちがどのようなかたちで団地の中に共有することになるのか、それがテーマだったんです」(「市民の庭なるコモン——津端修一さんに聞く」『住宅建築』一九九六年四月号、二六頁)

*16——松原隆一郎「経済発展と荒廃する景観」松原隆一郎・荒山正彦・佐藤健二・若林幹夫・安彦一恵『〈景観〉を再考する』青弓社、二〇〇四年、七一~七二頁

した「日常景観」は、植物の自然の秩序がうみだした結果でもなければ、計画に基づく人工の秩序がつくりだした結果でもない。その中間に位置しながら、人びとの居住の営みの相乗的な効果としてはじめて実現するものである。

ここで考えてみたいのは、互いに見知らぬ者同士が偶然集まって住むことになったにもかかわらず、[*17]阿佐ヶ谷住宅には味わい深い日常景観——生きられる共有空間——が住民達によってつくりだされていたことである。つまり、阿佐ヶ谷住宅の〈魅力〉は、単にその建物だけによるものではなく、そこに集う住人たちが年月をかけて形成してきた日常景観にも由来している点に留意しなくてはならない。換言すれば、阿佐ヶ谷住宅が示唆しているのは、居住の営みがうみだす〈あこがれ〉の内実が、こうした「生きられる共有空間」と分かちがたく結びついていたということである。

以上みてきたのは、「いまどのように居住地域を共有するのか」という共時的な共有に関する論点、すなわち「都市の集住性」という観点から分析した〈あこがれ〉の内実である。これに対し次項では、「過去から将来に向けて、どのように住まいを共有するのか」という通時的な共有に関する論点、すなわち「時間の堆積性」の観点から、その内実を分析することにしたい。

*17——分譲と同時に入居した人、途中で転居してきた人も含め、阿佐ヶ谷住宅で暮らしていた人びとへのインタビューについては、「テラスハウスに住む現実」(『住宅建築』一九九六年四月号、一八〜二五頁)を参照

生きられる時間

高度経済成長期以降の日本社会では、住宅の商品化を通して、その建物の部分が耐久消費財と同じように使い捨ての対象、すなわちスクラップアンドビルドの対象

になったという問題がある。事実、減価償却という考え方に典型的に示されているように、住宅の建物の部分は、新築時点を頂点にその価値は減退していくと、日本社会では考えられている。[*18] こうした考え方は、建物の劣化や地震などの要素を考え合わせるとある程度仕方ない側面もある。

たしかに、これまで膨大な量の住宅がただ古く汚くなったことを理由に、減価償却の観点から、建て替えや取り壊しの対象とされてきた。東京の普請の速度にはめざましいものがあり、古い建物は多くの場合、「住み継がれるモノ」というよりはむしろ「廃棄されるモノ」して、消えてゆく運命にある。実際、阿佐ヶ谷住宅も二〇一六年に民間の不動産業者により分譲マンションへと建て替えが行われ、現在は、往時の様子を見ることはできない。しかし、時を経ることがもたらす建物への影響を、経年劣化という観点からのみとらえる考え方は、建物をとらえるうえでかなり一面的な見方ではないだろうか。実際、たとえ商品として購入された建売住宅であっても、時間の経過が単なる劣化をもたらすのではなく、形容しがたい味わいや奥行をもたらし、人びとを魅了する場合もある。

たとえば、『奇跡の団地　阿佐ヶ谷住宅』の著者のひとりである建築計画学者の大月敏雄は、同潤会や日本住宅公団が初期に手掛けた集合住宅の〈魅力〉を、「時間の深さ」の観点から分析している。[*19] ここで大月が指摘する「時間の深さ」とは、人びとによって「生きられる時間」の積み重ねがもたらす効果であり、この意味において阿佐ヶ谷住宅は、ポジティヴな可能性を示すひとつの恰好の事例となっていた。換言すれば、阿佐ヶ谷住宅はそこに住まう人びとの日々の生活の積み重ねによって、

*18——現在、住宅の耐用年数は、「木骨モルタル造」のもので二〇年、「木造又は合成樹脂造」のもので二二年、「鉄骨鉄筋コンクリート造又は鉄筋コンクリート造」のもので四七年となっている(「別表第一　機械及び装置以外の有形減価償却資産の耐用年数表」『減価償却資産の耐用年数等に関する省令』大蔵省令第一五号、昭和四〇年三月三一日参照)
https://elaws.e-gov.go.jp/document?lawid=340M50000040015
(二〇二二年一月三一日最終閲覧)

*19——大月敏雄『集合住宅の時間』王国社、二〇〇六年参照

味わい深い奥行がそれぞれの家々にもたらされており、人びとによって「生きられる時間」の堆積性を実感させるものに変化していた。そしてこのことが、その〈魅力〉の重要な部分を構成していたのである。

以上みてきたように、阿佐ヶ谷住宅の〈魅力〉とは、人びとによって「生きられる空間」と「生きられる時間」が交錯する場に生成する複合的な効果であり、人びとの居住の営みがうみだす〈あこがれ〉の内実を具体的に示していたといえるだろう。しかし、阿佐ヶ谷住宅といえども、都市の再開発の流れのなかで、消失の運命をたどることとなった。そこで次節では、現存する住宅地に目を転じ、なぜその住宅地が維持され、そこにどのような社会的価値が形成されているのかを、「成城」を事例としてとりあげながら検討することにしたい。

4——〈あこがれ〉を構成する社会的価値

成城のまちなみ

東京都世田谷区にある成城のまちは、時の流れに沿ってマンションが建つようになり、古い家屋を取り壊した跡地に駐車場が散見されるようになるなど、年々様変わりを続けている。ただ、成城のまちを歩きながら、空高く伸びた街路樹を見あげるとき、この地を住み継ぎ、共有してきた多くの人びとの存在を、ふと感じる人もいるのではないだろうか。春の訪れを感じさせる桜並木、秋晴れの銀杏並木、そして一年を通して生い茂る、家々の瑞々しい生け垣や樹木。変わりゆくまちなみの中で、過去から現在の住まい手、そして未来の住まい手へと、目に見えない糸でつないでいくのは、こうした成城のみどりの深さなのかもしれない。

成城というまちのみどりの深さは、植物の自然の秩序がうみだした結果でもなければ、計画に基づく人工の秩序がつくりだした結果でもない［**図2**］。その中間に位置しながら、人びとの居住の営みの相乗的な効果としてはじめて実現するものである。実際、成城のまちなみに関する住民の紳士協定である「成城憲章」[*20]には、家々の生垣や庭先の樹木などについて、その保全のための条項が、次のように設けられている。

成城のまちの景観の基本であり、魅力でもある道路や隣地に面した生け垣や敷地内の樹木のあるみどりに包まれた庭づくりを進めてください。敷地内の既存樹木（特に保存樹木などの高木）の日常の保全・管理に努めてください。[*21]

こうした住民による自発的なみどりの保全の動きは、成城というまちの創生期から現在まで継続されてきたものであり、当初の申し合わせを調べてみると、家々が外部に接する部分に生け垣や樹木などのみどりを植えることが推奨されていることがわかる。[*22] また、隅切りと呼ばれる人びとの工夫や、[*23] 創生期のまちなみの雰囲気を今に伝える住まいも残されている。こうした歴史的な来歴を、「成城憲章」の前文は、つぎのように説明している。

*20――「成城憲章」は二〇〇二年一二月一日に制定され、二〇〇五年の一部改正を経て、二〇一一年には「区民街づくり協定」への登録が行われている。その後、二〇二一年に一部改訂が行われ現在に至っている

*21――成城自治会、「（3）生け垣や樹木などの敷地内の緑の保全（3．成城での建築や開発に伴って遵守すべき事項）」、（「成城憲章」、二〇二一年）参照。
https://seijo.tokyo/node/5
（二〇二二年一月三一日最終閲覧）

*22――当時の申し合わせには、「住宅地ノ外囲ニ就テ板塀ヤ煉瓦塀ハ風致ヲ害シマスカラ、コンクリート又ハ大谷石ノ土玻ヲシテ芝貼りの土堤ニ小樹木ヲオ植ニナルカ又ハ生垣ニ致シタク、ソノ工事ニ就テハ多数ヲ一緒ニ請負ハスレバ安価ニ上リマスカラ一応地所部ト御相談下サイ」と記されている（成城みどりのスタイルブック制作チーム編、『成城みどりのスタイルブック』成城自治会・世田谷トラストまちづくり、二〇一七年、二五頁）

*23――隅切り（角切り）は十字路の四隅にあり、「歩行者の見通しをよくするため、住民同士の当時の申し合わせにより個人が空間を提供しているもの」を指す（成城みどりのスタイルブック制作チーム編、同書、二五頁）。

［図2］成城のまちとみどり
出典：成城自治会ガイドブックワーキンググループ、『成城憲章ガイドブック』成城自治会、二〇二一年、二頁

私たちのまち成城は、大正期に成城学園の立地と郊外住宅地の開発とが結びついて、理想の学園都市を目指して誕生しました。成城には武蔵野の面影を残すみどり豊かな自然環境に包まれた閑静で清潔な住宅地と、洗練された学園まちとしてのイメージがあります。それには住宅地創成に当たっての生け垣と庭園設置の申し合わせが、その後の閑静な街並み景観形成と人的交流に大きく貢献してきたからと考えられています。[*24]

このように、成城のみどりの深さは、その時々の住民が手をかけることによってうみだされ続けているものであり、時代によって少しずつ様相を変えてきている。創生期から維持されている大木もあれば、さまざまな理由で住まい手とともに消え去っていった樹木もある。しかしながら、新たな住まい手が、新たに小さな樹木を植え、草花のガーデニングをはじめていく。こうした人びとの具体的な生活の連なりが、みどりに恵まれた成城のまちなみを、かたちを変えながらも、百年余り維持してきた点を押さえておく必要があるだろう。

必要の論理

しかしながら成城にも、阿佐ヶ谷住宅と同じように、都市の再開発の波が押し寄せてきている事実を無視してはならない。「成城憲章」の前文は、この事実を正面から受けとめ、次のように記している。

*24——成城自治会ガイドブックワーキンググループ、前掲書、二〇二一年、五〜六頁

時代の変化に伴って、成城のまちも変容しつつあります。居住者の高齢化や生活環境の変化などに伴って、新たな開発や建築の動きが急速に進んでいます。その結果、敷地の細分化、樹木や生け垣の減少、街並み景観と調和しない建物の出現、交通量の増加による環境の変化、国分寺崖線などでの開発の進行と自然環境の喪失、コミュニティの変化などによる諸問題が起こり、伝統あるまちの良さが失われつつあります。[*25]

ここには、東京のほかのまちも直面している共通の問題群が提示されており、成城といえども例外なく、「資本の論理」に貫かれた都市の再開発の波にさらされていることが如実に示されている。いいかえれば、生誕から百年の時を経て、それぞれの住まい手が自分の暮らす住まいを、住み心地の良いものにし、住みごたえのあるものに変え、年月をかけて住みこなしてきた結果、醸成された成城の味わい深いまちなみも、いま消失の可能性にさらされているという懸念を、この前文は語っているのだといえるだろう。

それでは、こうした迫り来る都市の再開発の波に、人びとの居住の営みは、どのように抵抗することができるのだろうか。ここで改めて考えてみたいのは、「成城憲章」という住まい手たちの自発的なルールが、ひとつの具体的な抵抗のかたちを示すものとなっている点である。

私たちは、この様な時代の変化に対応すべく、平成一四年（二〇〇二年）に「成城

*25——成城自治会ガイドブックワーキンググループ、前掲書、八頁

憲章」を制定しました。そこには、みどりの保全と創出を基本とする成城らしさに溢れた街並み景観を継承発展させ、いつまでも住み続けることを願って、ここに住む人々の自治と共生の精神によって育まれていくまちづくりの基本理念が共有されています。この「成城憲章」は、成城に住む私たちの願いと決意を広く宣言するものです。成城のまちの環境と暮らしを守るために、住民一人ひとりが進んで遵守すべき規範を住民の総意として示すものです。[*26]

ここに示されているように、みどりに恵まれた良好な住環境を守りたいと願う、個々の住まい手たちの「必要」が相乗的に積み重なった結果、成城では、まちなみが長年にわたり維持されてきたという事実がある。重要なことは、住民が自発的にうみだした目に見えぬルールが、そこには存在していたという点である。こうした自生的に醸成されたルールが示唆しているのは、みどりに恵まれた成城のまちなみが、行政主導のまちづくりのもとで、いわば上からの「計画」にしたがって維持されてきたものではなく、その時々の住民のもとで、いわば下からの「必要」によって維持されてきたという点である。

「成城憲章」は紳士協定ゆえに、法的拘束力を持たない。しかし、居住の営みがうみだす〈あこがれ〉を維持するうえで重要となるのは、こうした住民の具体的な抵抗のかたちなのではないだろうか。いいかえれば、「成城憲章」の取り組みに見受けられるような、住民の「必要の論理」に基づくある種の社会規範ないし自生的秩序こそ、重要となってくるのではないだろうか。

*26——成城自治会ガイドブックワーキンググループ、前掲書、九頁(引用元の異字体は標準字体に変換)

住まいの価値とまちなみの価値

こうした「成城憲章」の取り組みを通して見えてくるのは、地価のような市場取引における価値よりも、むしろ人びとの居住の営みがうみだす「住まいの価値」（味わい深さ＝佇まい）や、その相乗的な効果としての「まちなみの価値」（みどりの深さ＝日常景観）の方が、これからの〈あこがれ〉のかたちを考えるうえで、より重要なのではないかという問いかけである。そこで以下では、居住の営みがうみだす〈あこがれ〉を構成する「住まいの価値」と「まちなみの価値」についてあらためて考えてみることにしよう。

まず、住まいのうち土地の部分は、不動産市場においては「地価」というかたちでとらえられ、金銭との交換可能性によって、通常、その価値が決められている。ただし、そうした金銭によってとらえられる価値は、バブル景気などによって大きく左右されるため、「住まいの価値」を考えるうえで、必ずしも適切な指標とはいえないところがある。換言すれば、ある住まいの建物やそれが立地している地域の状況がまったく変化していない場合でも、市場との連動により価格は上下することがある点に留意しなければならない。これに対して、住まいをめぐる建物の部分は、不動産市場などにおいて、その価値は減価償却という考え方でとらえられている。これは、新築時点を頂点にその価値は下がっていくという、新しさに重点をおいた考え方である。

しかし、時間の経過が単に劣化をもたらすのではなく、新築ではおよそ醸し出すことのできない味わいや佇まいを住まいにもたらし、人びとを魅了する場合もある。

また、草花の手入れなど、個々の住まい手が日常生活のなかで少しずつ手をかけることによってつくり出す雰囲気や景観が、魅力的なまちなみを形成し、立地条件を高めていくこともある。「住まいの価値」とは、こうした人びとの居住の営みの結果としてうみだされる価値のことを指している。それゆえ「まちなみの価値」とは、人びとの日常生活の実践がつくり出す「住まいの価値」を中核として、都市機能、利便性、環境、歴史、文化といった、様々な立地条件を含み込むかたちでつくられており、単純に「地価」に還元されるものではない。

むしろ、今後、まちなみの観点から重要となってくるのは、住まいをめぐる人びとの創造力、いいかえれば自分の住まいに対する住民の働きかけではないだろうか。日々の暮らしのなかで、それぞれの住まい手が、自分たちの暮らす場所を、住み心地の良いものにし、住みごたえのあるものに変え、年月をかけて住みこなしていくとき、それらの働きかけが相乗的に積み重なった結果、「まちなみの価値」は高まっていくと考えられるだろう。

5——〈あこがれ〉のゆくえ

東京では、慣れ親しんだ馴染み深いまちなみが、次々と真新しい大規模なマンションへと建て替えられていく。生活を感じさせる家々の佇まいが、ひとつずつ消えてゆく。こうした現象は、東京という都市それ自体を利潤獲得の源泉とする「資本の論理」を、具体的に感じさせる瞬間のひとつだといえるだろう。阿佐ヶ谷住宅の消失もまた、その典型的な出来事のひとつにすぎない。

けれども東京に暮らしていると、こうしたスクラップアンドビルドの速度に、気づかぬうちに慣らされていく側面もあるのではないだろうか。いいかえれば、都市の再開発の波がのみこむように風景を変えていくことは、東京では日常茶飯事であり、居住の営みがうみだす〈あこがれ〉のかたちを維持することはかなり難しいといわざるをえない。しかしそうした流れのなかにおいて、成城というまちが示唆しているのは、人びとの「必要の論理」に基づく具体的な抵抗のかたちであり、それは「成城憲章」だけではなく、まちを彩る店舗にも見受けられるものである。

成城には、創業一九六五年の「アルプス」と呼ばれる洋菓子店がある。店舗の二階には、お茶とお菓子を楽しめるカフェ空間としてのサロンが併設されており、「成城の街とともに、皆様に育まれてまいりました[*27]」と店主は語る［**図3**］。高度経済成長期の渦中に誕生したこの店舗が、普請の速度のめざましい東京において、店構えをかえながらも存続してきた理由とは何だろうか。それは、成城のまちなみが様相をかえながらも維持されてきたのと同じように、人びとの「必要の論理」である。

社会学者の内田隆三は、この「必要の論理」という概念を説明するうえで、東京の千住大橋の事例をとりあげ、つぎのように述べている。

東京の、千住大橋というと、一六世紀の末に作られたものです。木の橋なので壊れたり、流出したりで、その時々の技術力で補修改装を重ねながら、三〇〇年ほど続いていたことになります。しかも八〇年くらい前には現在の鉄橋に

*27——太田秀樹「成城の四季をお菓子に託して」『About SEIJO ALPES』https://www.seijo-alpes.com/about/（二〇二二年一月三一日最終閲覧）

［**図3**］洋菓子店成城アルプス／カフェ空間としてのサロン（写真＝成城アルプス提供）

なっています。そういう意味では様子も、長さも、位置にも、切れ目がありますが、変えながらもやっぱり橋の経験は人とつながってきた。その連鎖があることだけは確かだから、そういうのも考えないと、東京というところは普請の速度が速いのでごく薄い記述になってしまう。[*28]

ここで内田は、千住大橋が三百年にわたり存続していた理由を、「それにかかわる人間が互いにずれながら、その都度の経験で具体的に与えているものだから」[*29]と分析している。換言すれば、千住大橋の同一性を支えているのは、坂口安吾が『日本文化私観』のなかで指摘したような「生活の必要」[*30]、すなわち「必要の論理」であると述べている。

「資本の論理」と「必要の論理」がせめぎあう東京という都市において、成城のまちなみや住民の憩いの場としてカフェの空間が、千住大橋のように存続するのか、あるいは阿佐ヶ谷住宅と同じ運命をたどるのかはわからない。ただ、これからの住まいを考えるうえで重要となる、居住の営みがうみだす〈あこがれ〉のゆくえは、私たちひとりひとりの生活とそのなかで見いだされる「必要」の内実に委ねられていることは、確かである。

*28——内田隆三、遠藤知巳「生きられる東京——東京の『現在』における生の様態」『10＋1』三九号、INAX出版、二〇〇五年、七五頁
*29——内田、同書、七五頁
*30——坂口安吾「日本文化私観」『坂口安吾全集』第一四巻、筑摩書房、一九九〇年、三五六頁、三八四頁参照
*——本研究は、JSPS科研費（二〇K〇二三〇四）による研究成果の一部に基づいている

第五章
日本とデンマークの比較でみる「幸福な住まい」のつくりかた

島原万丈

はじめに

「あなたにとって、家とは何ですか?」

二〇一八年の初冬。私はデンマークのコペンハーゲン市内で十軒の個人住宅を訪問し、住人たち一人ひとりにこの質問を投げかけてみた。

築一〇〇年以上も珍しくない年季の入った建物をリノベーションした(断熱改修は特に重視される)空間に、シンプルなデザインの北欧家具を端正に配置し、絵画や写真、グリーンや雑貨を効果的に飾った素敵な住まいを隅々まで見せてくれた後で、日本人ならいささか苦労しそうな抽象的なあの質問に対して、彼らはほぼ間髪をいれず即答した。

「It is who we are.」

人によっては「私の自己紹介」や「個性の表現」、「パーソナリティの一部」のように表現に多少の違いはあったとしても、彼らの答えは「家は自分(または家族)のアイデンティティである」という明確な意思で共通していた。デンマーク人の住まいへのこだわりの強さと、インテリのセンスの良さを強烈に印象付けられたコペンハーゲン取材だった［**図1**］。

ところで、そもそもなぜデンマークの住宅を取材したのか。それはデンマークが幸福な国として知られるからだ。昨今わが国でも、企業経営の主題としてWell-being（幸福）が掲げられたり、国家の成長戦略として「国民がWell-beingを実感できる社会の実現」が明記されたりするなど、Well-beingへの関心が高まっている。その点、デンマークは、国連持続可能な開発ソリューションネットワーク（SDSN）が毎年発表する「世界幸福度報告（World Happiness Report）」において、二〇一二年の調査開始以来ずっと三位以内の位置をキープしている主観的幸福度が高い国である。*1

*1——ちなみに日本は二〇二二年度版で五六位と、OECD加盟国の中でも最下位クラスに位置する

［**図1**］デンマークで訪問した住宅（写真＝筆者提供）

そこで幸福の国デンマークの住まい方に注目した。

デンマークの人々が非常に大切にする価値観として、「Hygge（ヒュッゲ）」という概念がある。日本語にはデンマーク語のHyggeを直訳できる言葉はないが、英語の「Coziness（コジィネス）」や、ドイツ語の「Gemütlichkeit（ゲミュートリヒカイト）」に近いイメージだといわれることが多い。あえて訳すとすれば「居心地の良い」となるだろうか。[*2] 長く続く厳しい冬には家で過ごす時間の長いデンマークの人々は、Hyggeであるかどうかを軸として暮らしの時間と空間を演出し、それが彼らのライフスタイルを表すキーワードとなっている。

幸福度の高い国民が実践する居心地の良いライフスタイル。それはどのような内実を持ち、どのような意識や態度あるいは環境や制度で成立しているものなのか。住まいという領域にフォーカスして幸福の国の幸福を抽出し、私たち日本人の住生活に照射することで、私たち日本人の住まいの課題が見えてくるのではないか。

コペンハーゲンの取材で得られた知見やインスピレーションを踏まえ、国際的なインターネット調査サービスを使い、デンマークと日本の住生活の比較調査を実施し、[*3] その結果を中心に『住宅幸福論 Episode2　幸福の国の住まい方』（二〇一九年、LIFULL HOME'S総研）をまとめた［**図2**］。

本稿では、同レポートで実施した日本とデンマークの比較調査をもとに、わが国の住生活の課題を検証したうえで、本書のテーマである「あこがれ」が住まいの幸福に対して与える作用について考察する。

*2——現地取材を案内してくれた、デンマーク生まれでデンマーク育ちの岡村彩さんによれば、「ヒュッゲ」は日本人の若い女性が使う「かわいい」くらいに活用範囲が広く、明確な定義は困難だそうだ

*3——調査の対象は、デンマークはグレーター・コペンハーゲンと言われるデンマーク首都圏、日本は東京都・神奈川県・千葉県・埼玉県の首都圏に住む、二〇歳〜六九歳の男女個人とした。本稿では以下、特に断りがない限り、デンマークのデータはグレーター・コペンハーゲン在住者のデータ、日本のデータは首都圏在住者のデータのことである。調査数はデンマーク一〇〇〇サンプル、日本二〇〇〇サンプルを回収した

［**図2**］『住宅幸福論 Episode2 幸福の国の住まい方』（LIFULL HOME'S総研）と調査概要（二〇一九年）
https://www.homes.co.jp/souken/report/201905/

1——日本・デンマーク住生活比較調査

住宅観の違い

まず、現地取材でも尋ねた「あなたにとって家とは何か?」の質問を、具体的な選択肢を提示して「極めてよくあてはまる」から「まったくあてはまらない」の七段階の回答で尋ねてみた結果からみていこう。[図3]のスコアは「極めてよくあてはまる」、「よくあてはまる」、「あてはまる」の合計値である。一目瞭然だが、デンマーク人の回答に比べて、日本人の回答が全体的に少ないことが分かる。デンマーク人が多くの項目をあてはまると選ぶのに対して、日本人は選ぶ項目数が少ないのであ

調査方法：インターネット調査

●デンマーク人がトルーナ・ジャパン株式会社、日本人が株式会社マーケティングアプリケーションズ、それぞれのインターネット・リサーチパネルを利用。

調査方法

●以下の条件に該当する、二〇～六九歳までの男女。

▼本人または本人の配偶者が世帯主。学生ではない。

▼デンマーク人はグレーター・コペンハーゲン、日本人は一都三県(島嶼部を除く)に居住。

サンプル数

●デンマーク人は一〇〇〇サンプル、日本人は二〇〇〇サンプルを回収した。

●性別「男性」「女性」の二区分、年代「二〇歳代」から「六〇歳代」の五区分を組合わせた一〇区分による均等回収を設定し、デンマーク人は一〇〇サンプルずつの一〇〇〇サンプル、日本人は二〇〇サンプルずつの二〇〇〇サンプルを回収した。

●ただし、デンマーク人は一部の割付区分で回収サンプルが設定数に不足したため、同姓の前後世代または同年代の異性で補填した。

調査対象時期

●デンマーク人：二〇一八年一二月一七日(月)～二〇一九年一月七日(月)

●日本人：二〇一八年一二月一一日(火)～一二月二〇日(木)

調査実施機関：株式会社アンド・ディ

[図3] 住宅観TOP2(全体/各単一回答)
※TOP2=「極めてよくあてはまる」~「よくあてはまる」

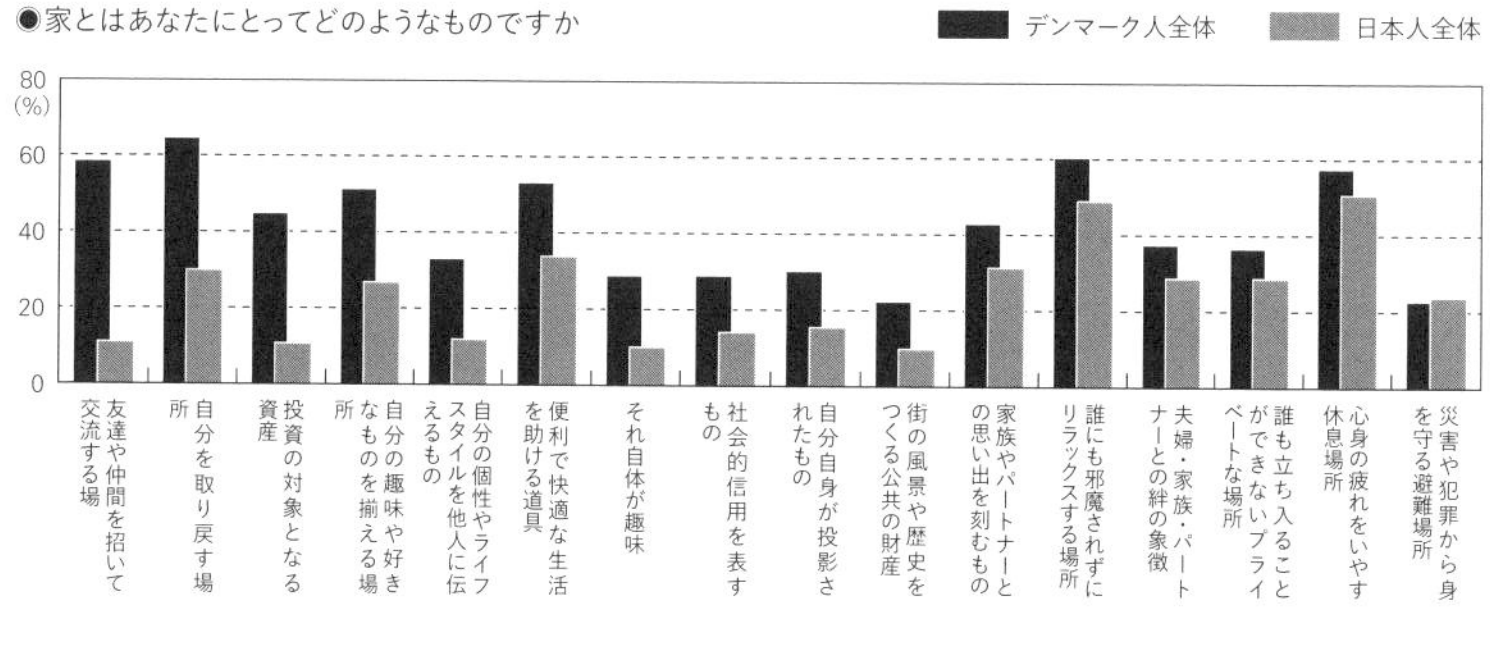

る。言い換えると、デンマーク人は日本人に比べて家を語るボキャブラリーが豊富で、家に対して多様な意味を見出しているということだ。

個別の項目をみると、デンマーク人で回答の多かったのは順に「家は自分を取り戻す場所である」(六四・九%)、「家は誰にも邪魔されずにリラックスする場所である」(六〇・四%)、「家は友達や仲間を招いて交流する場所である」(五八・六%)、「家は心身の疲れをいやす休息場所である」(五七・六%)、「家は便利で快適な生活を助ける道具である」(五三・二%)、「家は自分の趣味や好きなものを揃える場所である」(五一・三%)などで、五割から六割の人がこれらの項目を選んでいる。

一方、日本人の回答で五割を超えるものは「家は心身の疲れをいやす休息場所である」(五〇・七%)だけであり、以下「家は誰にも邪魔されずにリラックスする場所である」(四八・九%)、「家は便利で快適な生活を助ける道具である」(三三・八%)、「家は家族やパートナーとの思い出を刻むものである」(三一・三%)、「家は自分を取り戻す場所である」(二九・九%)などが続く。

回答の上位は両国で共通する項目が多いものの、日本とデンマークの住宅観の違いをもっとも際立たせているのが、「家は友達や仲間を招いて交流する場所である」である。この項目を選んだ割合はデンマーク人では六割近くあり、そのスコアは一六項目の選択肢のうち三番目に高い。一位と二位の「自分を取り戻す場所」や「誰にも邪魔されずにリラックスする場所」との差も小さく、デンマーク人の住宅観において、社交性はプライバシーと共存して中心的な位置を占めていることがわかる。かたや日本人でこの項目を選んだ割合は一一・〇%に留まり、一六項目中一三番目

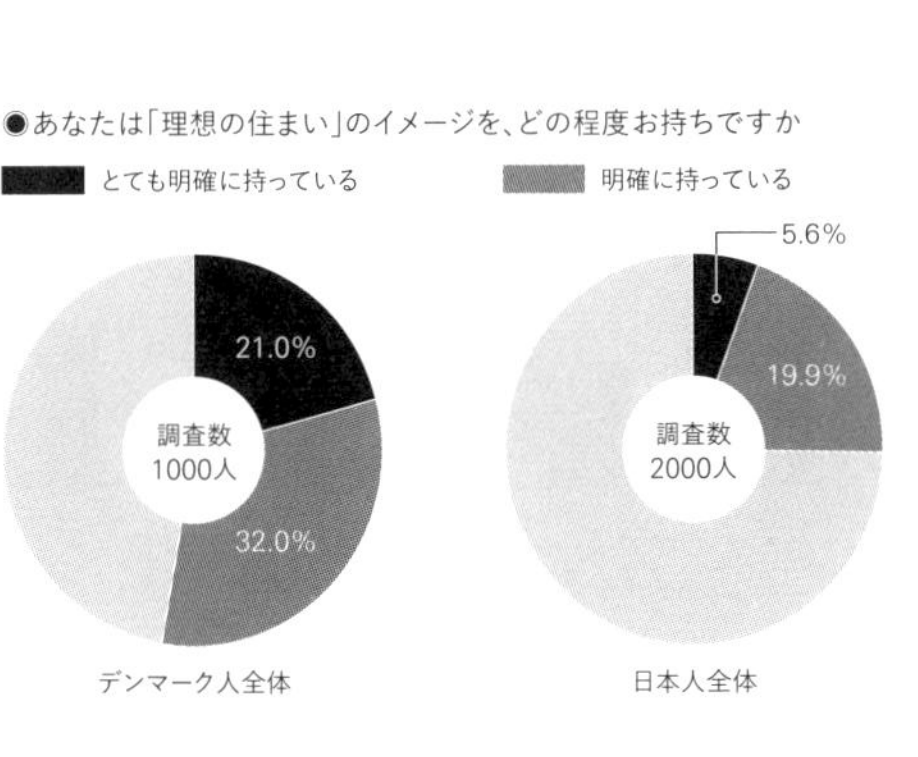

[図4] 理想の住まいのイメージの有無(全体/単一回答)

[図5] 理想の住まい像(希望する住まい方)(全体/各五段階回答)[左頁]
※スコアは「とてもあてはまる」と「ある程度あてはまる」の上位二段階の合計

に過ぎない。デンマーク人と比べることで、家とはプライベートに閉じた休息場所である、という日本人の住宅観の特徴が浮き彫りになった。

あこがれの住まい像

先にみたように、日本人は自分にとっての住まいの意味を語るボキャブラリーが少ない。そのことはいったい何を意味するのだろう。理想の住まいのイメージの有無を尋ねてみた［**図4**］。本書のテーマである「あこがれの住まい」に直結する質問項目である。

デンマークでは理想の住まいのイメージを「とても明確に持っている」と答えた割合は二一・〇%、「明確に持っている」が三二・〇%と、合わせて五三%は自分の理想の住まいのイメージを明確に持っていると回答した。日本では「とても明確に持っている」は五・六%にしか過ぎず、「明確に持っている」（一九・九%）と合わせても、理想の住まいを思い描けるのは二五・五%とデンマークの半分に留まる。

日本人の理想の住まいのイメージが希薄な傾向は男女であまり差はなく、年齢層によって差が出てくる。相対的に二〇代〜三〇代の若い層では理想のイメージを持っている割合が高く、四〇代を底に中高年層（四〇〜六〇代）では低くなる。世帯類型でみると、男性中高年の単身世帯では理想のイメージがなく、「とても明確に持っている」と「明確に持っている」を合わせても一五・三%に留まる。

次に、理想の住まいのイメージの内実として、住まいや住まい方に対する希望を五段階のあてはまる程度で尋ねた結果もみてみる［**図5**］。

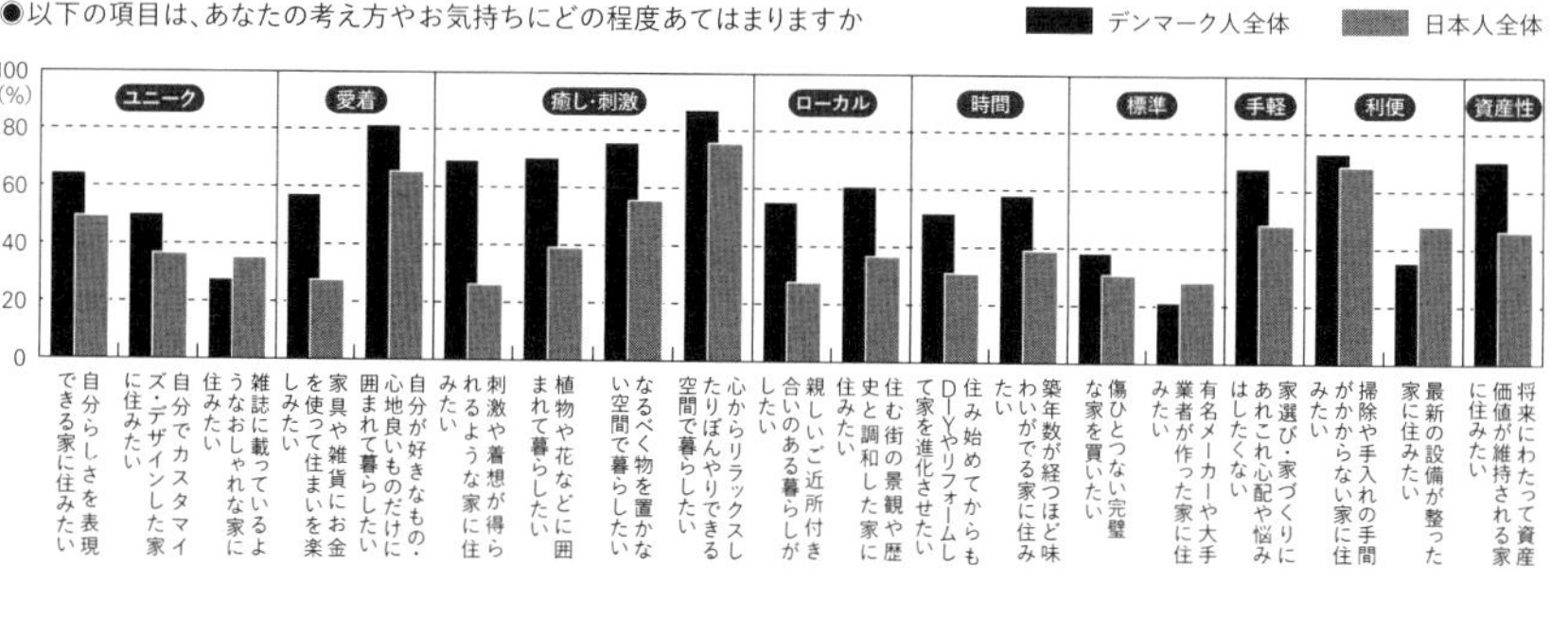

デンマークで「あてはまる」と回答の多かったものは順に、「心からリラックスしたりぼんやりできる空間で暮らしたい」（八七・二％）、「自分が好きなもの・心地よいものだけに囲まれて暮らしたい」（八一・四％）、「なるべく物を置かない空間で暮らしたい」（七五・七％）、「掃除や手入れの手間がかからない家に住みたい」（七三・三％）、「将来にわたって資産価値が維持される家に住みたい」（七〇・八％）。同様に日本では、「心からリラックスしたりぼんやりできる空間で暮らしたい」（七五・六％）、「掃除や手入れの手間がかからない家に住みたい」（六八・六％）、「自分が好きなもの・心地よいものだけに囲まれて暮らしたい」（六五・二％）、「自分らしさを表現できる家に住みたい」（四九・四％）となる。

上位に並ぶ項目の顔ぶれには共通するところが大きいものの、ここでも全体的にデンマークの回答スコアは日本のそれを大きく上回っている。特に「刺激や着想を得られる家に住みたい」では両者のスコア差は四〇ポイント以上になる。このほか、「植物や花などに囲まれて暮らしたい」、「家具や雑貨にお金をつかって住まいを楽しみたい」、「親しいご近所付き合いのある暮らしをしたい」なども差が大きく、デンマーク人のほうが住生活を楽しむ術のイメージが具体的である。日本人がデンマーク人の回答を上回る項目は、「最新の設備が整った家に住みたい」、「有名メーカーや大手事業者が作った家に住みたい」、「雑誌に載っているようなおしゃれな家に住みたい」の三つで、日本人の理想の住まい像に、商品としての住宅イメージやハード志向の強さがうかがえる。

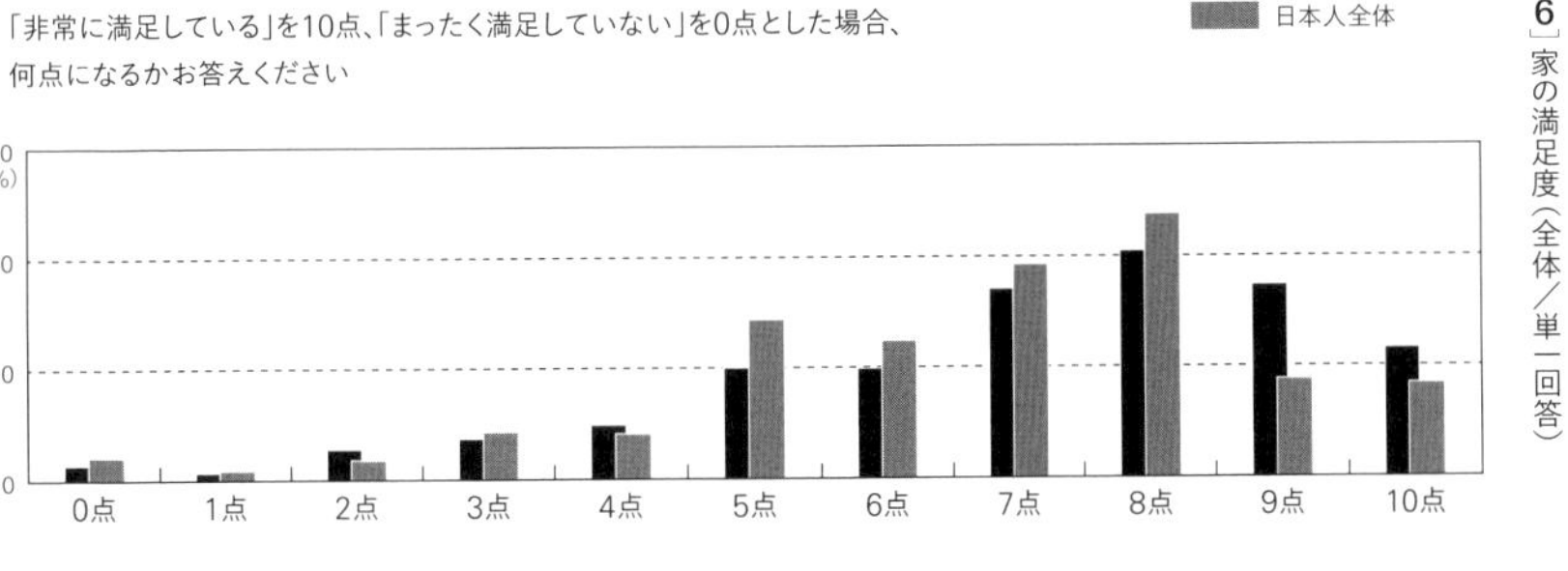

［図6］家の満足度（全体／単一回答）

住まいの満足度

「いま住んでいる家に対してどの程度満足しているか」、家の満足度を〇点から一〇点の一一段階の得点で回答させ、両国の家の幸福度を測定した［**図6**］。平均点で比べると、デンマーク人七・〇二点、日本人六・六七点と、やはりデンマーク人のほうが日本人よりも、自分が住んでいる家に対する満足度が高いことが確認できる。どちらも最多のボリュームは八点であるが、九点と一〇点の割合がデンマークのほうが高く、日本では相対的に五〜七点の分布が多くなる。

住宅タイプ別［**図7**］には、デンマークでは持ち家層が七・五〇点と賃貸層の六・七一点を上回る。さらに細かくみると、デンマークでは持ち家の戸建てが七・九〇点で最も高く、持ち家の集合住宅の七・三二点、アンディール（日本で言うコーポラティブ）の六・七六点を上回る。賃貸住宅では戸建て七・〇三点、集合住宅六・五七点と、持ち家と同様に戸建て住宅の居住者の

	デンマーク平均	日本平均	差(Den−Jp)
全体	7.02	6.67	0.35
持ち家・計	7.50	7.14	0.36
戸建て	7.90	7.17	0.73
集合住宅	7.32	7.33	-0.01
アンディール	6.76	–	–
賃貸・計	6.71	6.08	0.63
戸建て	7.03	5.86	1.17
集合住宅／マンション	6.57	6.15	0.42
アパート	–	6.00	–

A

A：［**図7**］建物タイプ別の家の満足度（点）
B：［**図8**］いま住んでいる家の気に入っている点（全体／各七段階回答）
※スコアは「これ以上ないくらい気に入っている」と「とても気に入っている」の上位二段階の合計

●「いま住んでいる家」について、以下の各項目はどの程度気に入っていますか

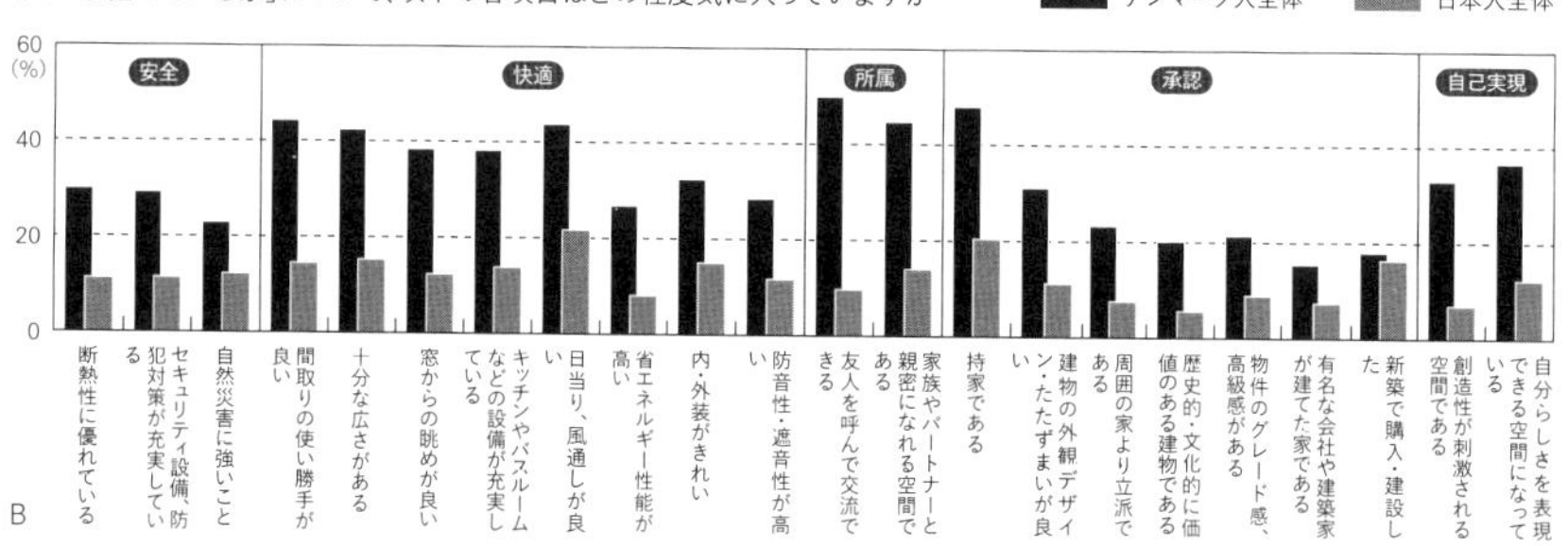

B

満足度が高い。

一方日本では、持ち家層の七・一四点に対して賃貸層が六・〇八点と、デンマークよりも持ち家か賃貸かでの満足度の差が大きく、賃貸住宅の満足度はデンマークより大きく見劣りする。賃貸住宅を建物タイプ別に比べると、デンマークの賃貸戸建て七・〇三点に対して日本の賃貸戸建ては五・八六点と一段とスコアが低くなっている。市場の賃貸住宅の多くを占める集合住宅に限ってもデンマークでは六・五七点、日本は賃貸マンションが六・一五点、賃貸アパートが六・〇〇点。このように特に日本の賃貸戸建てと賃貸アパートのスコアの低さが目立つ。持ち家の集合住宅に限れば、日本のマンションは七・三三点で、デンマーク七・三二点と同水準の満足度が得られている。[*4]

住まいの幸福の構成要素

住まいの満足度はどのような要素で構成されているのか。そしてそれはデンマークと日本でどう異なるのか、あるいは共通するのか。いま住んでいる家について、気に入っているところを二二項目の選択肢を提示して、七段階のあてはまる程度を尋ねた［**図8**］。ここでも、デンマークはすべての項目で日本のスコアを上回っている。

デンマークの回答を多い順に並べると、「友人を呼んで交流できること」（四九・九％）が最も多く、「持家であること」（四八・〇％）が僅差で並び、次に「家族やパートナーと親密になれる空間であること」（四四・七％）、「間取りの使い勝手が良いこと」（四四・二％）、「日当たり、風通しが良いこと」（四三・七％）が続く。

*4——なお、持ち家か賃貸か、戸建てか集合住宅かなど、住宅のタイプ別の満足度には世帯年収によるバイアスがかかっている。一般に世帯年収の高い人ほど利便性の高い立地で広さや機能面で優位な持ち家に住む確率が高く、逆に年収の低い人はスペックの劣る住宅に住む確率が高いため、世帯年収の高さ低さが住宅タイプ別の満足度を背後で左右しているのである。世帯年収などによるバイアスを排除して比較すると、持ち家か賃貸か、マンションか戸建かなど建物タイプによる満足度の差は、単純集計の結果ほどは大きくないことは確認済みであるが、本分析ではデンマークと日本の比較が目的であるので、特別な操作はせずクロス集計の結果でみている

日本では回答の多い順に「日当たり、風通しが良いこと」（二二・七％）、「持家であること」（二〇・四％）、「新築で購入・建設したこと」（一六・四％）、「十分な広さがあること」（一五・三％）、「内・外装がきれいであること」（一五・〇％）と並び、新築で手に入れた持ち家であることが家の満足の理由として大きな位置を占めていることがわかる。逆に、デンマークでは上位に上がってくる「友人を呼んで交流できること」と「家族やパートナーと親密になれる空間であること」では、両国の差は三〇〜四〇ポイントにもなる。先にみたように、デンマーク人の住宅観が社交性を重視するのに対して、日本人の住宅観はプライベートに閉じる志向が強いことが背景にあると考えられる。良し悪しは別としても、家で過ごす時間の内実が両国で大きく異なることは想像に難くない。

実はここで提示した二二項目は、アブラハム・マズローの段階欲求説を下敷きにして、安全性や快適性などの低次の欲求に相当する項目から、所属、承認、自己実現の高次の欲求に応える項目まで段階的に並べている。[*5] デンマークの回答はすべての項目で日本を大きく上回っているが、日本では一割程度の回答しかない「創造性が刺激される空間であること」、「自分らしさを表現できる空間になっていること」のようなマズローの言う自己実現の欲求に属する項目についても三割以上の回答がみられ、デンマークと日本で、住宅が持つ意味の大きさの違いが表れている。

デンマーク人の幸福感を高める友人との交流

自宅に人を招くことがデンマーク人の家の満足度を高めていることは、彼らの住

*5――A・マズローは人間の欲求を「生理的欲求」「安全の欲求」「所属と愛の欲求」「承認の欲求」「自己実現の欲求」と五段階に分け、最終的には自己実現を目指して、低次の欲求の充足を満たしながら段階的に移っていくモデルを提示した。日本とデンマークという先進国を対象にした本調査では、生存欲求ともいわれる最も低次の「生理的欲求」を割愛し、「安全の欲求」を「安全」と「快適」に分割している

宅観を反映しているところが大きいと思われるが、デンマークの家の社交性の実態を「自宅に友人を招く機会の頻度」で確認しておく［**図9**］。

デンマークでは「一週間に一回以上」が三三・八％、「月に二〜三回程度」が二七・一％、「月に一回程度」が一五・六％と、合わせると実に七六・六％の人が月に一回以上は自宅に友人を招いていることになる。この割合は、単身者からカップル、ファミリーまであらゆる世帯類型で大差がなく、また戸建てか集合住宅かも関係なく、デンマーク人の一般的なライフスタイルであるようだ。*6 また、このデータは自分が友人を招く頻度なので、当然自分が招かれる機会も同様にあるはずで、デンマークの住生活における交流に割く時間の多さがうかがえる。

一方日本では、自宅に友人を招くことが「ほとんどない」と回答する者が半数以上を占め、「月に一回以上」の回答は一六・四％に留まる。これはほとんどの属性で共通している傾向であるものの、特に日本の中高年（四〇〜六〇代）男性の単身世帯では七四・五％が人を招くことは「ほとんどない」と回答している。

日本における家での社交性のなさは、先に見た住宅観のそもそもの違いが前提にはなろう。それに加えて、グレーター・コペンハーゲンに比べて圧倒的に広大な面積の東京圏における居住地の広域分散と、労働時間や通勤時間の長さの相乗効果による、自宅で過ごす時間の短さの制約もあると推察される。いま住んでいる地域に親しい友人が何人いるか人数を確認すると、デンマークでは一四・九％に過ぎない「0人」が、日本では四六・二％に達する。日本でもデンマークでも一義的には住むハコである住宅ではあるものの、そこで過ごす時間のありようは両国で大きく異

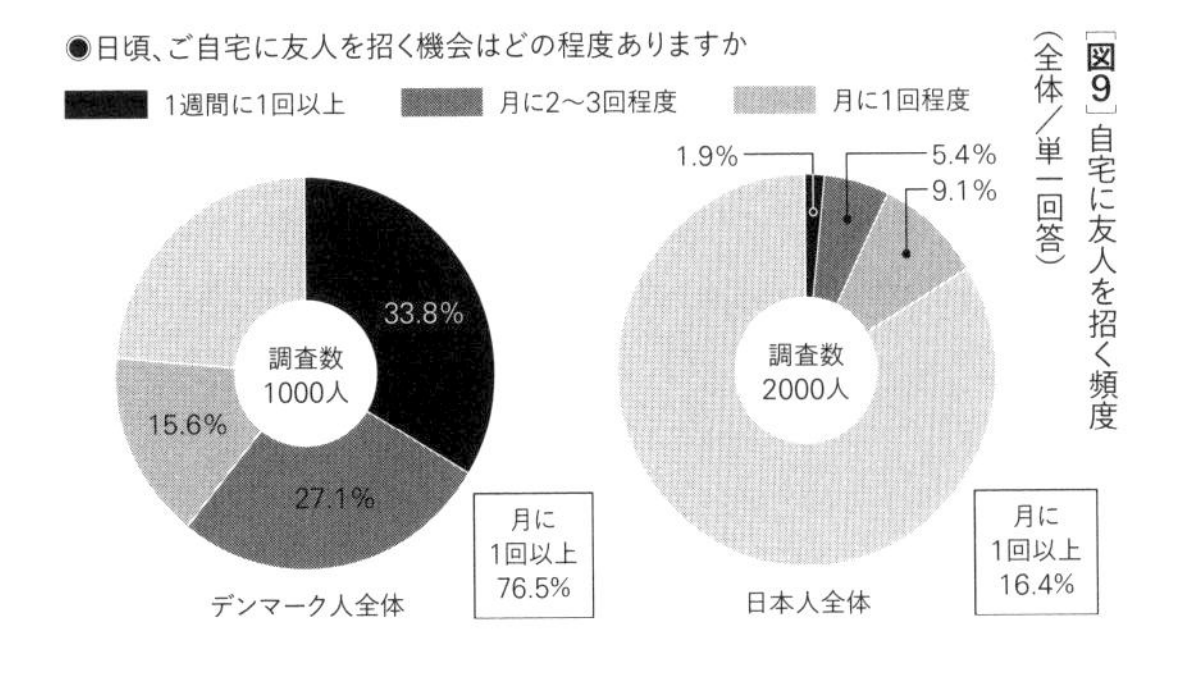

［**図9**］自宅に友人を招く頻度（全体／単一回答）

*6——私たち取材チームも取材のアポイントを取ると、ちょうどパーティがあるから来ないかと誘われて、ホームパーティに参加した。デンマークでのホームパーティは日本でのパーティとはかなり違って、とてもカジュアルで気楽なものだった。その日も集合時間に集まった皆で買い出しに行き、ゲストもホストも入れ替わりで一緒に料理を作り、食卓とは別にキッチンでも

なっている。[*7]

継続的に住まいを改善していくデンマーク人

日本の住生活には見られないデンマーク人の住生活の特徴は、日常的な交流の多さだけではない。普段の暮らし方として「自分の住まいをより良くすることにどの程度気を配っているか」と尋ねた結果、デンマーク人と日本人の、住まいへの関心度の違いがあらためて確認できた［**図10**］。

デンマークでは「とても強く心がけている」が一五・二%、「強く心がけている」が二六・一%。日本では「とても強く心がけている」は五・〇%、「強く心がけている」は一八・二%に留まり、日本人は、デンマーク人に比べて自分の住まいを改善しようとする意欲があまり強くないことがわかる。

住まいの改善の実践として、住んでいる家のリフォーム・リノベーションの経験率をみると、デンマークでは四三・二%あるのに対して日本

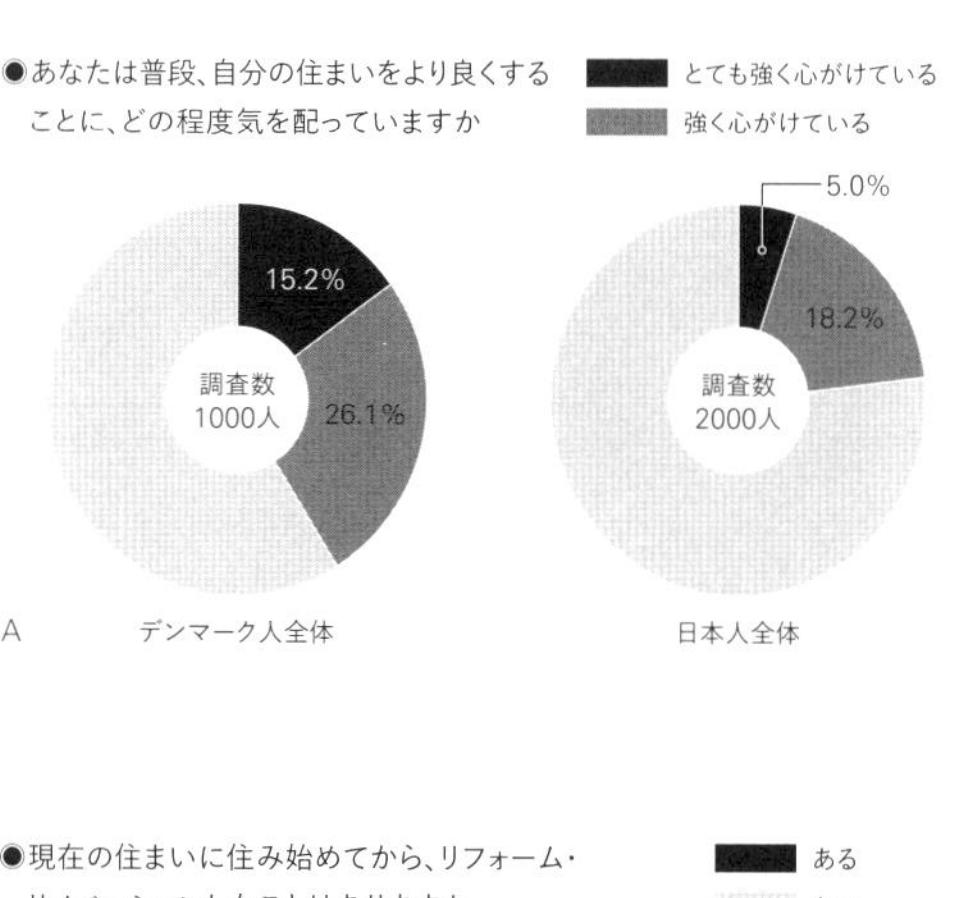

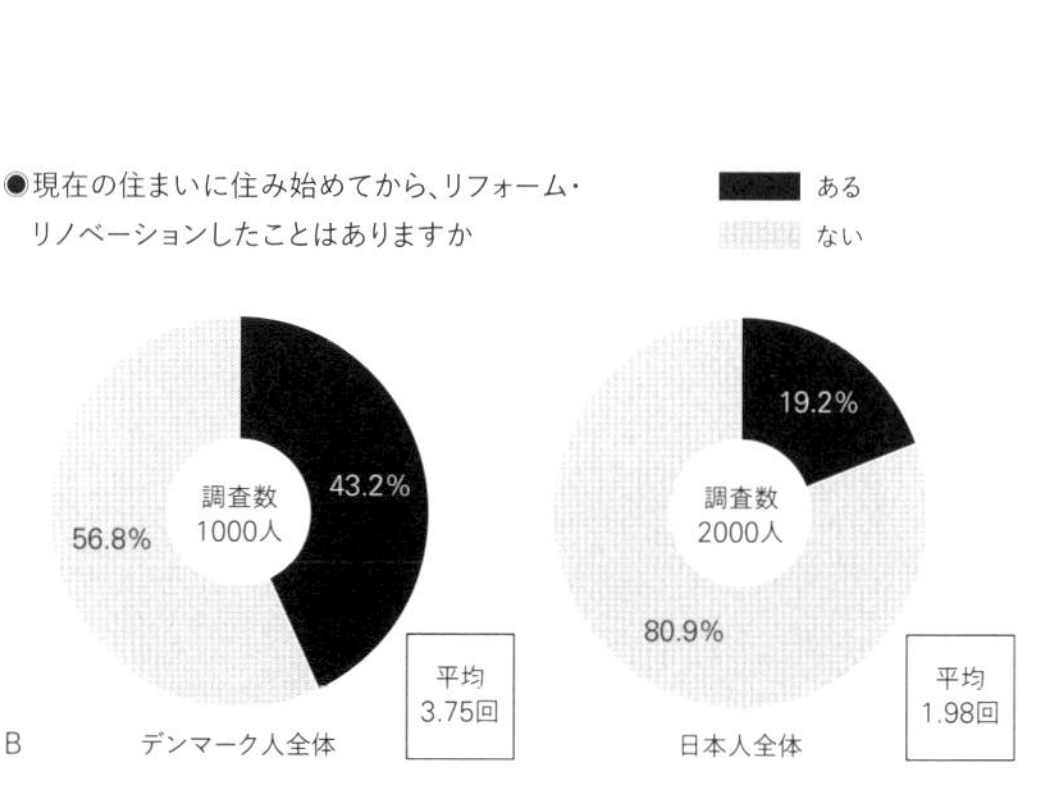

A：［**図10**］住まいの改善意欲（全体／単一回答）
B：［**図11**］いまの家のリフォーム・リノベーション経験（全体／単一回答）

話に花が咲く。これをデンマークではカンバセーション・キッチンと呼ぶのだそうだ

＊7――このような日本の大都市圏のライフスタイルも、コロナ禍でリモートワークが浸透したことで多少変化が生まれるかもしれない。在宅時間が増加したため、自宅で過ごす時間の質や地域コミュニティに対して関心が高まっているという指摘は、多くの研究者やメディアからなされている

では一九・二%に留まる［**図11**］。デンマークでは賃貸住宅居住者ですら三〇・二%はリフォーム・リノベーションを経験しているが、日本の賃貸住宅ではわずか一・三%である。持ち家層に限っても三三・〇%と、デンマークの賃貸住宅と変わらないレベルである。

またリフォーム・リノベーションの目的をみると、日本とデンマークにおけるリフォーム・リノベーションの意味も大きく異なることがわかる［**図12**］。デンマークではリフォーム・リノベーションの目的は、「高機能・高性能な設備へグレードアップするため」（四九・七%）がトップで、「家の快適性を向上させるため」（四五・〇%）、「好みのデザイン・インテリアにするため」（四〇・一%）と、家の居心地をより良くすることにリフォーム・リノベーションの目的がある。

日本でも「家の快適性を向上させるため」（四一・三%）が最多であるものの、「具体的な不具合や故障を直すため」（三九・二%）と「古びた見た目をきれいにするため」（三八・九%）が僅差で並んであげられており、建物や設備の劣化で損なわれた快適性を回復させるため、というニュアンスが強いことがわかる。新築で買った家を不具合が出るまで手を入れない、というのが多くの日本人の住み方である。同じ「家の快適性を向上させるため」でも、デンマークではグレードアップに力点があるのに対して、日本ではマイナスをゼロに戻すための行為として位置づけられている。

リフォーム・リノベーションまで大掛かりな工事を必要としない住まいの改善行動として、インテリアの模様替えについてもみておく［**図13**］。「家具やインテリアの配置を替えたり、インテリアを大きく替えたりした」経験を尋ねると、デンマーク

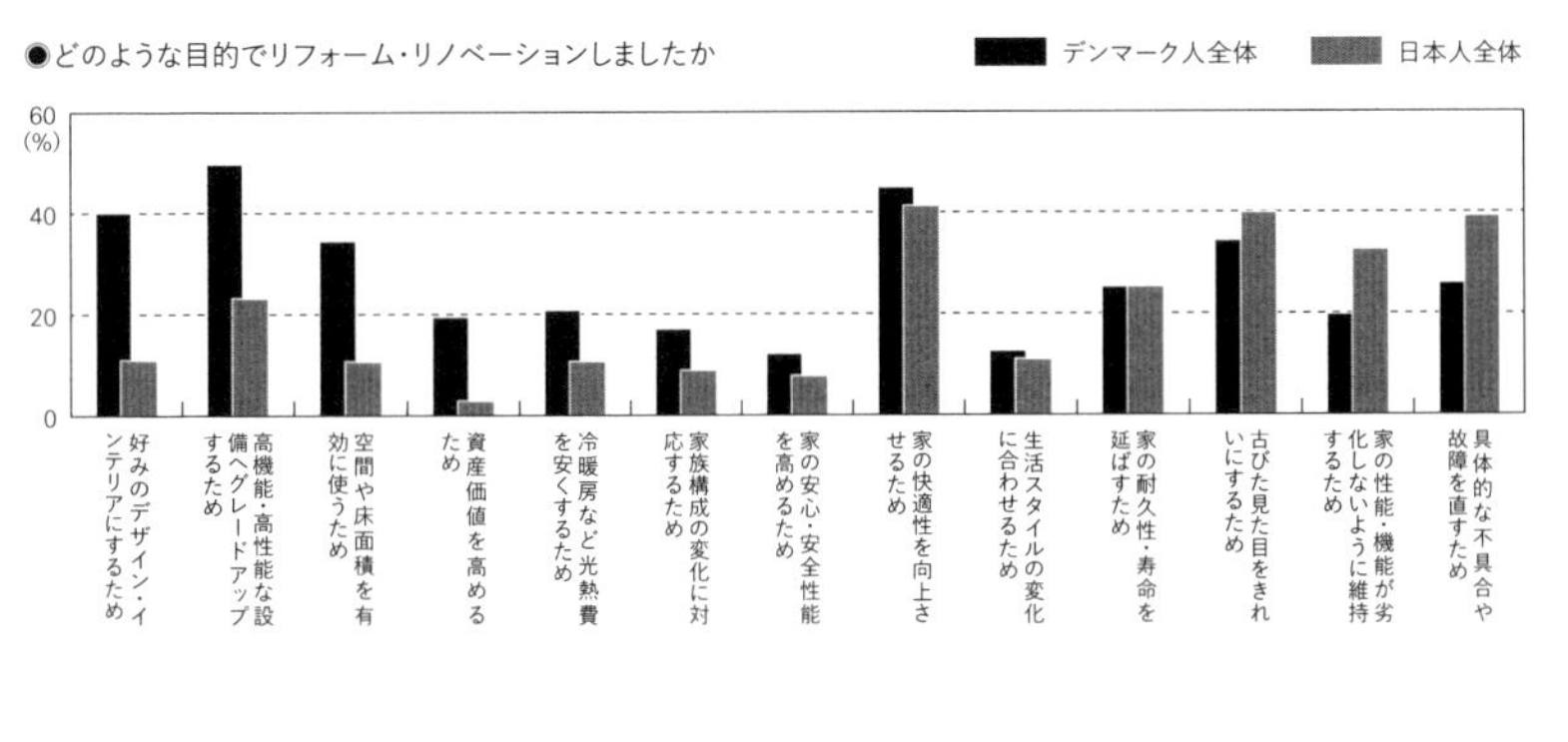

［**図12**］リフォーム・リノベーションの目的（リフォーム・リノベーション経験者／複数回答）

では「とても頻繁にしている」が七・九%、「頻繁にしている」が一四・二%と、二二・一%が頻繁に模様替えをして住まいの改善を図っている。日本では合わせても六・四%に留まる。

このように、継続的に家を改善していくデンマーク人の暮らし方は、もちろんヒュッゲという価値観の表れだと思われるが、交流の多さとも無関係ではないだろう。日常的に人を家に招き入れるという暮らし方が「家は自己紹介」と言える心持ちをつくり、いかにパーティがカジュアルなものとはいえ、ゲストのヒュッゲのために家を整える動機になる。そうやって家に関与し続けることで、デンマークの家はますます居心地のよい空間になり、家への愛着も育まれるのだろう。

調査結果のまとめ：日本人の住生活に足りない主体性

デンマークとの比較調査全体を通して見えてくるのは、日本人の住まいに対する関心の低さである。自分にとって家とは何か。自分にとっての理想の住まいとは。今住んでいる家の気に入っているところはどこか。などなど、調査のほぼすべての質問項目について日本人の回答はデンマーク人を大きく下回った。段階式の選択肢で回答を求める質問では「そう思う」「あてはまる」というポジティブな割合は一貫して低く、複数回答式の質問では回答個数が少ない。日本人が強い意見の表明を好まない傾向はよく指摘されるところではあるものの、それを差し引いてみたとしても、デンマーク人の住まいに対する意識との差は埋めがたいものがある。あくまで個人的印象だが、筆者が過去に経験した複数の国際比較調査の中でも、これほどの

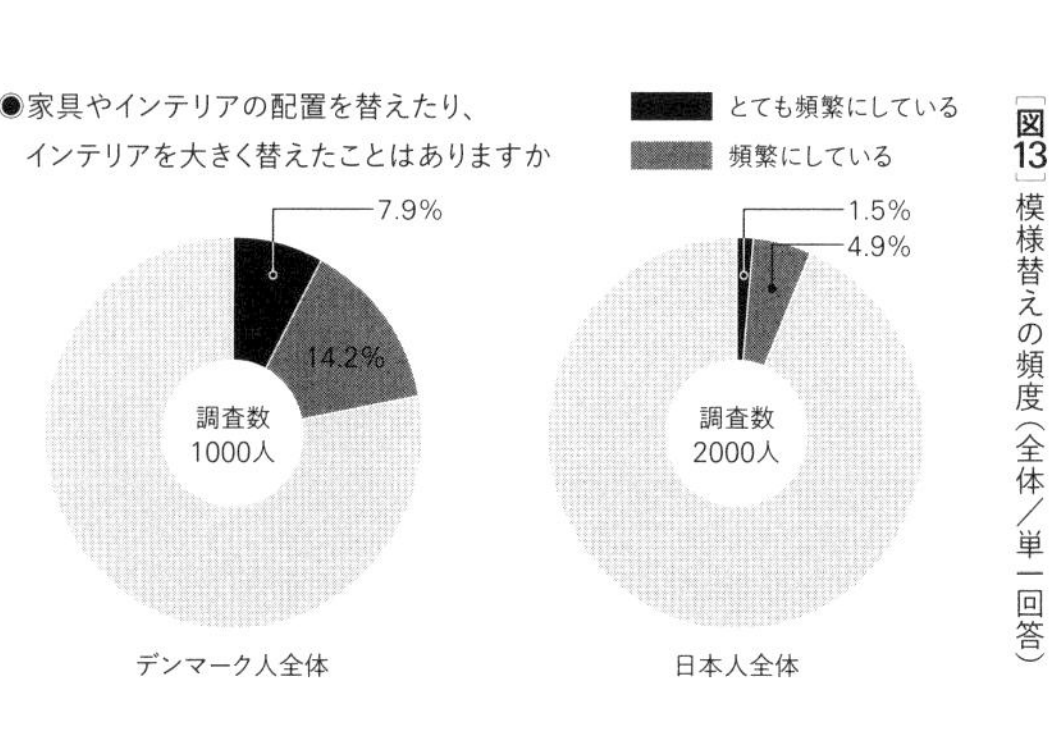

［図13］模様替えの頻度（全体／単一回答）

大きな差がついた調査は珍しい。

デンマーク人と対比させることで浮き彫りになった日本人の住まいに対する関心の低さは、自ら自分の家の住み心地を良くしていこうとする意欲につながらず、具体的な行動を引き起こさない。住まいを語る言葉の少なさが示唆しているのは、家を住みこなすスキルの低さだ。デンマーク人の暮らし方は、住んでいる街での日常的な経験、他者との交流、そしてインテリアの改善など、住むことにまつわる具体的なアクティビティの多さに表れている。それをひと言で集約するなら、それは住むことに対する主体性ということになるだろう。住むことを良くしようとする主体的な行為の積み重ねが、住生活を幸福にしているのである。これまで多く書籍の著者が語ってきた通り、ヒュッゲ(Hygge)を軸にしたデンマーク人の暮らし方は、デンマーク人の幸福の大きな原動力になっているようだ。

2——あこがれと住むことの幸福に関する考察

「私らしい家」はインテリアがつくる

お宅訪問をして話を聞いたデンマーク人は、「家は私のアイデンティティの表現だ」、「家は自己紹介だ」と、家の私らしさを口々に語ってくれた。取材でそれに感銘を受けたところから本調査研究プロジェクトはスタートした。

住まい手は「私らしい家に住みたい」と願う。「自分らしさを表現できる家」は、デンマーク人のみならず日本人でも多くの人が望む住まい方である(P.113［**図5**］)。

住宅デザイナーは「あなたらしい家をつくる」と提案する。メディアや研究者も「あなたらしい家が素晴らしい」と啓蒙し、画一的な住宅供給を批判する。誰もが、自由な住まい手の個性として「私らしい家」の尊さを強調する。

では、「私らしさ」は、いったいどのようにして空間化することが可能なのだろうか。それを実現するのが建築の仕事である、という主張はむろん可能だろう。だが、賃貸住宅に暮らす人や分譲住宅や中古住宅を買う人にとっては、建築は既に存在している。完全オーダーメイドの注文建築でも竣工後には建築は与件となる。

一般的な住まい手が自分で住空間に働きかけることができるのは、主にインテリアと呼ばれる領域だ。だから幸福な私らしい家の成立には、インテリアが重要な役割を果たすことになる。インテリアの作用について、デザイン評論家の柏木博はモノによるコラージュ機能に着目し、インテリアが換喩として私を表象すると言う。

> わたしたちの住まい、そして室内は、わたしたち自身が集めたものによって埋められている。家具、食器、衣服、書物、そのときどきに好ましく感じて買ったものや必要にせまられ購入した道具など、数多くのもの。それらのものは、そこに生活している人物を表象しているといえる。ものは、それを所有している人間の換喩(メトニミー)になっていると言っていい。(柏木博、二〇一三)[*8]

柏木の論は、そうとは意図せずに揃えたモノが結果として私らしさを物語っている、と結果論的なニュアンスが強いが、モノによるコラージュ機能を意識的に操作

*8――柏木博『わたしの家 痕跡としての住まい』亜紀書房、二〇一三年、二三九〜二四〇頁

すれば、インテリアで「私らしい家」をつくることが可能かもしれない。確かに、「アイデンティティの表現」と語りながらデンマーク人が見せてくれた家とは、広義にインテリアと定義される内部空間であった。

「私らしい家」という困難

ただし、このロジックには一つの前提が必要になる。それは、「私らしい家」が成立するためには、出発点に自分の「私らしさ」が特定されなければならないということである。アイデンティティ「identity」とは、他の誰かではない自己として識別される同一性である。それがインテリアを介して空間化するとしても、まずそこに私の自己同一性、すなわち曖昧に揺れ動くことのない確かな「本当の私」が必要なのだ。

この「本当の私」を起点としてインテリアを介して「私らしい家」をつくる行為を模式化すると、「本当の私」→(インテリア)→「私らしい家」となる［図14］。

ところがここに困難がある。「私」とは何者か。確かな本当の私とはどんな「私」か。私らしさとは何か。このような問いに明快な答えることは、当の本人にとって難儀なことである。「私」は、私を取り巻く環境や自分の気まぐれに左右され、時と場合によって揺れ動く。私がこれまでしてきた言動に、厳密な一貫性や同一性があるわけではない。むしろ自分のことをよく知っているが故に、自分こそが一番「私」を語ることが難しい。私たちにとって「私」は厄介な問題だ。

ここでいま一度デンマーク人の住まい方を思い出してもらいたい。「家は自分の

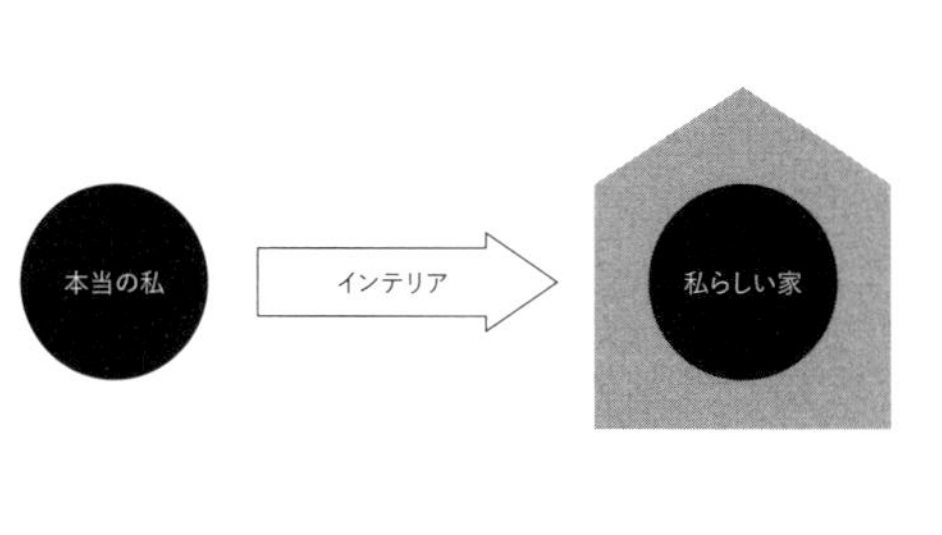

［図14］「本当の私」モデル

アイデンティ」と語るデンマーク人は、定量調査で確認しても、頻繁に模様替えを行い、リフォーム・リノベーションで家をグレードアップし、家具を吟味し、グリーンやアートで部屋を飾るなど、インテリアに対する具体的な行動を多くとっている。しかし、このようなデンマーク人の住まい方を、「本当の私」モデルで説明しようとすると少々奇妙なことになる。

もしデンマーク人が日本人よりもはるかに強固に自分のアンデンティを自覚していて（一般に北欧は個性が強く重視される）、理想の住まい像が明確で、巧みなインテリア術で「私らしい家」をつくることができるなら、「本当の私」→（インテリア）→「私らしい家」に従って、デンマーク人の家づくりは一度で完結してもよさそうなものだ。にもかかわらず、実際には彼らは頻繁にインテリアに手を加え、リフォーム・リノベーションをして、家の改善に余念がない。

これはなぜだろうか。デンマーク人が家づくりに失敗ばかりしてその修正に追われているのか。だとすれば、住まいに対する満足度の高さが説明できない。あるいは、デンマーク人の「私」はコロコロとしょっちゅう変化するものなのか。いやそんな代物はアイデンティティとは呼べない。これは一種のパラドックスである。

本当の私を捨てて、なりたい自分にあこがれる

確かな私の個性を先立たせることが不可能だとすれば、「本当の私」→（インテリア）→「私らしい家」は成立し得ない。「本当の私」を出発点とする限り、私らしい家づくりには、自分探しの旅と同じ有耶無耶な終着点しかないだろう。「本当の私」を出

発点としなくても「私らしい家」が出来上がる、はたしたそんな魔法はあるのか。

隘路の突破口は、デンマークの哲学者キエルケゴールが端緒を開いた実存主義の考え方に求められるのではないか。

実存主義の核心は、フランスの哲学者ジャン＝ポール・サルトルの「実存は本質に先立つ」という言葉に代表される。実存とは「本質存在」に相対する「現実存在」を短縮した言葉である。いまここにこうして存在している私の現実がまず先にあり、存在の意味（本質）は後からつくられるものだ、という考え方である。サルトルは、「人間は、最初は何ものでもない」と、理性によってあらかじめ定義されているとするヘーゲル的な人間像を退け、「自らつくったものになる」新たな人間像を打ち立てた。

> 人間は彼自身の投企以外の何ものでもない。彼は自己を実現するかぎりにおいてのみ存在する。したがって彼は彼の行為の全体以外の、彼の生活以外の何ものでもないのだ。（ジャン＝ポール・サルトル、二〇一五）[*9]

人間は自分が自分で創りだすものである、と主張するサルトルの哲学は「個人の選択の自由」で貫かれている。そのためには、全能の神であれ世界を統合する合理性であれ、自分以外の何者かに、あらかじめ自分の本質を定められているわけにはいかない。人間の本性などというものは存在しない、すなわち「無」だと。無の状態から無限に開かれた可能性に自ら身を投じていくことで、自分を創っていくのが

*9——ジャン＝ポール・サルトル、伊吹武彦・他訳『実存主義とは何か』人文書院、二〇一五年、六〇頁

人間だ。サルトルの言う投企とは、自らの可能性を追求する自由な企てのことである。

サルトルのこの考え方は、実は私たち日本人には馴染みのある仏教の考え方にも通じるところがある。諸法無我。諸行無常と並ぶ仏教の基本的理念の四法印の一つである。これが意味するのは、すべては繋がりの中で変化している、いかなるものにも実体はないという教えである。「無我」とあるように、永遠不変の私という本質もない。

本職の住職も舌を巻くほど仏教に造形の深い、イラストレーターのみうらじゅんは、諸法無我を解釈したうえで、「自分探し」ではなく「自分なくし」をするべきだと提唱する。

いかにも彼らしいトリッキーな表現だが、「自分なくし」が意味するのは、なりたい自分へ自分を変えていくために、ありもしない「本当の自分」への拘泥を手放すための技術である。その試みの先に、自分を変革する契機が見つかるという。

> それは誰かに「憧れ＝なりたい」と思うことです。（中略）必死で真似をしているとき、自分はなくなっています。（中略）「自分なくし」というのは、自分を変えるためにリセットするという考え方でもあります。（みうらじゅん、二〇一一）[*10]

私らしさに関する議論で人の真似をしろという提案に違和感がある人もいるかもしれないが、あまり狭い意味に考えなくてもよい。この主張の核心は「自分を変え

*10――みうらじゅん、『マイ仏教』新潮社、二〇一一年、九四～九五頁

る」だ。あこがれる誰かは、なりたい自分≠本当の私でもいいわけだ。「自分なくし」は、「本当の私」→（インテリア）→「私らしい家」モデルの不可能性を乗り越えるためのきっかけを用意してくれる。

デンマークのパラドックスを解く

そこで、デンマーク人の住まい方は、サルトルの言葉でいえば投企、みうらじゅんに言わせれば「自分なくし」に他ならないのではないか、と考えてみる。

出発点にあるのは、揺るぎない「本当の私」ではなくて、今ここにこうして存在している「とりあえずの私」である。その私がなりたい他者にあこがれるように、インテリアを通して住空間に働きかけ、そこに「なりたい私＝あこがれ」を表現する。本人の口から語られる時は「自分のアイデンティティを表現した」というストーリーになるとしても、実際には「とりあえずの私」が、その時に「なりたい私＝あこがれ」を投影した空間なのではないか。

しかしそうして出来上がった空間が、どの程度「なりたい私」の目論見を達成しているのか、自分だけで評価が出来るわけではない。美術評論家の多木浩二は、住み手は自分の家の空間の意味を正確に語ることが出来ないと、他者の視線の必要性を指摘する。

たしかに住み手は自分の家をすみずみまで使いこなし装飾するにも拘わらず、自分の家に含まれている意味について、正確に語ることができない。かれは自分の行動のごく一面しか理解していないのである。ところがわれわれが他人の家を訪れてみると、その家は住み手が決して意識的に語らぬ側面を語りはじめる。道具の表情や気配、それらの配置などがそれを仕立てた筈の人間の意識をこえてひとつの謎めいたメッセージになりはじめるのである。（多木浩二、二〇一二）[*11]

デンマーク人は「家は自己紹介」とも語っていた。ホームパーティが日常的なライフスタイルとして根付いているデンマークでは、はじめての友人を招いた時には、必ず家の案内ツアーから始まり、インテリアはいつもパーティの話題の中心になる。そのように家を舞台にした交流が、デンマーク人の住生活の幸福を高めていることはすでに述べたわけだが、ここでは多木の主張をふまえ、家での他者との交流がもたらす作用について、もう少し踏み込んでみたい。

住まい手は自分の家について正確に語ることはできない、しかし他人の家については、住い手が意識していなかった意味までたちどころに分かる、と多木は言う。それに従えば、ホームパーティが盛んなデンマークでは、自分すら気づいてなかった自分の家の意味を読み取ってくれる他者の視線を、日常的に自分の家に招き入れていることになる。その時、自己紹介されているのは空間化された「本当の私」ではなく、空間化された「なりたい私（＝あこがれ）」だ。また自分が友人の家に招かれる時は、逆に他者の視線で友人のあこがれを眺める。そしてパーティの話題としてインテリアについて語り合うことで、互いの目に映った互いの家の意味（＝あこがれ）

*11 ―― 多木浩二『生きられた家』青土社、二〇一二年、一〇〇頁

を交換しあっているのだ。住まいを語る言葉が豊かに鍛えられるのも納得だ。

家を舞台にしたそんな交流によって得られるのは、自分の家に対する相対化された視線である。どんな家でも、生活用品として置かれたアイテムには大差がないはずだ。だがしかし、どんな家具を選び、どのように配置し、壁に何を飾り、どんなキャンドルを使い、どんな音楽を流し、空間をどのように演出するかは各人の「なりたい私」によってまったく異なる。その違いの中で自分の家を見つめ直し、空間化された「なりたい私」を事後的に了解する。

これを模式化すると、「とりあえずの私」→（インテリア）→「あこがれの家（なりたい私）」→（交流）→「了解された私」となる［図15］。

しかし、このモデルの矢印は「了解された私」で終わることはない。「了解された私」には当初の目論見からは何らかのギャップやズレ、不徹底が見つかるはずだ。みうらじゅんは、「自分なくし」でリスペクトするあこがれの対象を真似ろと説いた。しかし、どれだけリスペクトしても、どれだけ真似をしても、完璧にあこがれの人物になりきるのは不可能である。みうらは、まさにその失敗にこそ自分の個性が見出されるのだと言う。

> リスペクトする人をどうしても真似しきれなかった余りの部分、いわゆるそれが「コンプレックス」というやつですが、そのコンプレックスこそが「自分」なのであって、それこそが「個性」なのです。（みうらじゅん、二〇一二）[*10]

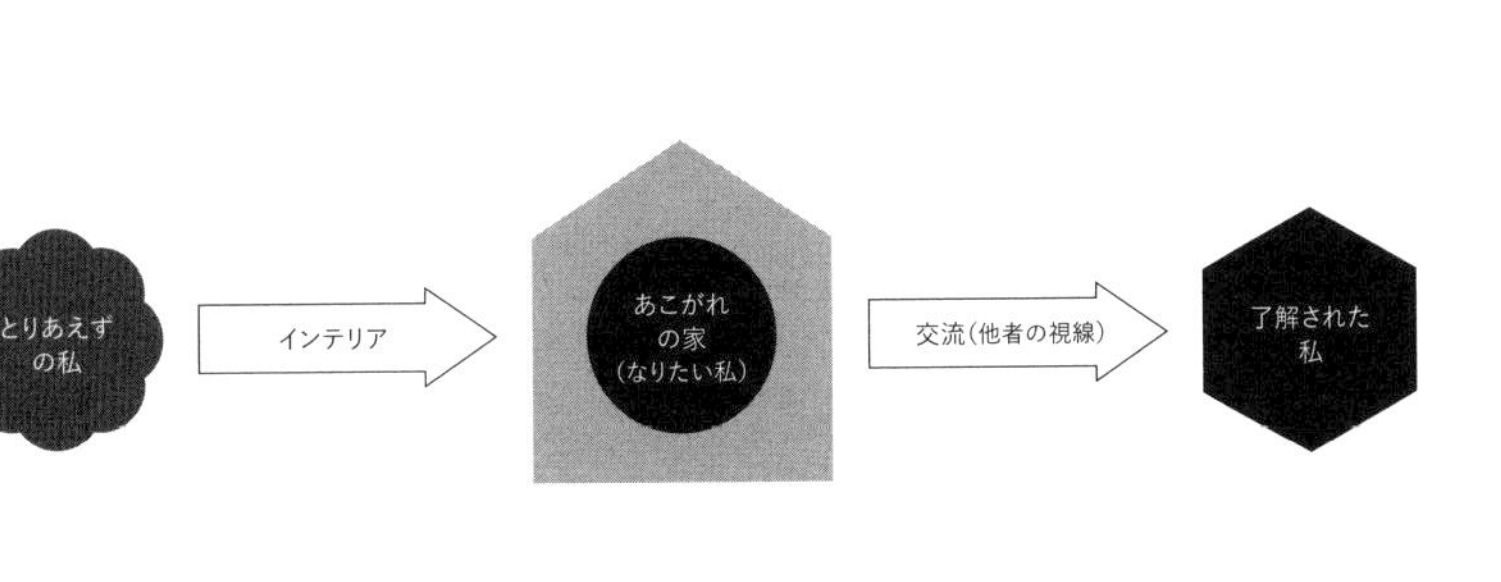

［図15］「あこがれの家」モデル

みうらの言う余りの部分とは、他者との交流によって相対化された「了解された私」の失敗部分、つまり思惑とのギャップやズレに符合する。そのコンプレックスには修正や改善の動機も内包されているはずである。だとすれば、そこに次の「なりたい私＝あこがれ」に向かって自らを変化させるきっかけが生まれる。それこそが「個性」だとみうらは主張しているのである。言い換えると、「個性」＝「私らしさ」とは、アプリオリな「本当の私」ではなく、「なりたい自分＝あこがれ」に向かうベクトルなのだ。

コンプレックスのエネルギーは、家づくりを一度で止めることなく、「了解された私」を「とりあえずの私」へフィードバックし、そのことによって住むことは一連のプロセスとして歩みを止めることのないループ運動となる［**図16**］。そうやって「了解された私」を修正し「なりたい私＝あこがれ」をアップデートし続けることで、家には常により良い状態を目指して進化・成長していく余地が残る。同時に、住まいは自分と一緒に変化しつつも、常にその時点でのベストな状態にあることが可能になる。これがデンマークのパラドックスの正体である。

この一連のプロセスは、住まいによって「なりたい私＝あこがれ」を自らつくっていく住まい方と呼べるだろう。住まい手が自ら幸せになろうとする態度や心構えを住まい手に要求する暮らし方である。

デンマークでは、それは家を舞台にした友人との日常的な交流によって後押しされている。だが、人を家に招く習慣のない日本では、これを自分一人で成されなければならないという大きなハンディを背負う。だから、［**図5**］（P.113）でみたように、

［**図16**］「あこがれの家・修正」モデル

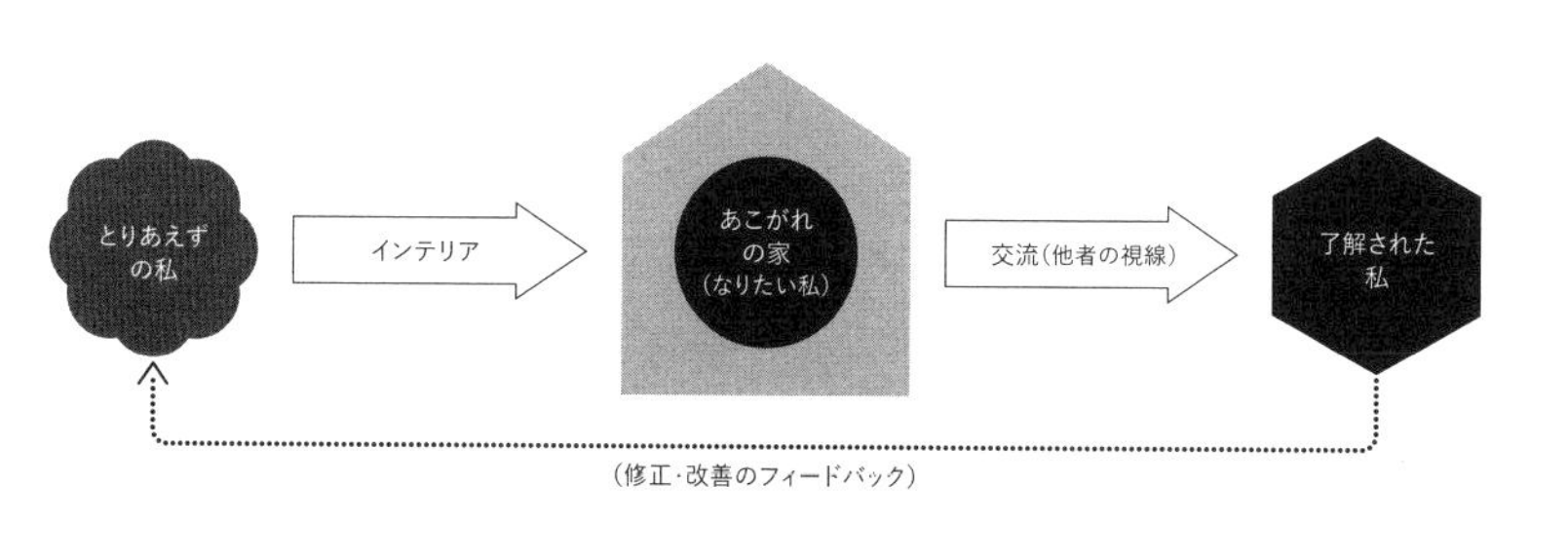

日本人の理想の住まい像は、「最新の設備が整った家」、「有名メーカーや大手事業者が作った家」、「雑誌に載っているようなおしゃれな家」のように、商業メディアの広告を介して広まる商品としての住宅のイメージに引っ張られているのだろう。

あこがれの効用

以上、かなり乱暴な議論だったかもしれないが、あこがれがインテリアを介して幸福な住まいをつくるための理路は繋がったと思う。

揺るぎない「本当の私」が「私らしい家」をつくるのではない。誰かに与えられた素敵なインテリアが幸福な住まいを約束するのではない。「本当の私」をいったん括弧に入れて「とりあえずの私」という、ある意味で不確かな個性（＝変わることができる自分）を受け入れ、少しずつでも「なりたい私＝あこがれ」になろうと主体的に家に関わり続けることで、住まいと幸福を結ぶ回路は開かれるのだ。あるいは、その関係性そのものが住まいの幸福と呼ぶべきものかもしれない。

この考え方は、誰もが今いるその場所から一歩でも二歩でも幸福に近づくことを可能にするリーズナブルな処方箋ではないかと考える。経済的に成功した豊かな人が、それにふさわしい高価な住宅を手に入れることだけが住まいの幸福なのではなく、自らが主体的に「なりたい私」になろうとする、その住まい方こそが住まいの幸福なのだ。

第六章
外国人から見た「和」の住まい

鈴木あるの

はじめに――「あこがれ」の有用性

日本の住宅の中では忘れ去られかけている和室が、ここ数年、海外の人々の関心を集めていると聞く。和室とは何かという難問題はさておき、関連産業にとっては一縷の光に違いない。しかし和室あるいは「和」の住まいを輸出産業として持続させるためには、海外の人々が和室のどこをどのように捉えているのかを把握しなければならない。また、これまでの日本への関心あるいは評価の浮き沈みを歴史的に眺めてみると、日本人あるいは日本国そのものの評判が、日本文化や日本製品の受容に少なからず影響を与えていることもわかる。そこで、海外の人々が日本という国のどのような点に魅力を感じ得るのかを探るため、やや遠回りのようではあるが、多大な蓄積のある外国人による日本論を概観してみたいと思う。なおここでいう「外国人」とは、国籍によらず「日本の外で生まれ育った人々」とする。またこれら日本論の大半が欧米発であるため、「外国」の基準となる文化圏の偏りはご容赦いただきたい。[*1]

*1――本稿で参照する主な著者（来日順）

●ラザフォード・オークコック（Sir Rutherford Alcock）、英国の医師・外交官（一八〇九～一八九七）初代駐日大使として一八五九～一八六二年と一八六四年に滞日

●アーネスト・メイスン・サトウ（Sir Ernest Mason Satow）、英国の外交官（一八四三～一九二九）一八六二～一八八三年と一八九五年～一九〇〇年の計二五年間滞日

●ハインリヒ・シュリーマン（Johann Ludwig Heinrich Julius Schliemann）、ドイツの考古学者・実業家（一八二二～一八九〇）一八六五年に約一ヶ月滞日

●エドゥアルド・スエンソン（Edouard Suenson）、デンマークの軍人（一八四二～一九二二）一八六六～一八六七年に電信技師として滞日

そもそも外国人の日本文化への関心の中には、本書のテーマである「あこがれ」の要素はあるのだろうか。「あこがれ」という気持ちには、その対象を目標として目指す、あるいはその対象を自身よりも上位のものと見るといった自発的な敬意が含まれていると筆者は考えている。そしてそれは、幻想ではなく正しい理解と評価に基づいていなければならない。ここで敬意に拘るのは、それがなければ文化的なものに対する「コミットメント」[*2]が続かないと考えるからである。ここでいうコミットメントとは、文化のために金銭、時間、労務、社会的地位、世間体といった代償を支払う覚悟を意味する。敬意をともなわない異国趣味や、一時的な情熱に依存した販路拡大には、「蝶々夫人」[*3]や「お菊さん」[*4]のような「現地妻」の悲劇が待っている。しかし正しい理解と敬意にもとづく持続的な「あこがれ」を獲得することができれば、「和」の住まいの関連産業にとっても強力な武器となり得るであろう。

1——古き良き日本

江戸時代から明治初期

日本に関する観察記録としては、一六世紀にカトリックの布教に訪れた宣教師ら[*5]による記録、そして鎖国の時代に長崎出島のオランダ商館に勤務した「出島三学者」[*6]による著作が、後に来日する人々に広く読まれていたようである。江戸末期から明治維新前後にかけては、国交・教育・技術支援といったさまざまな任務を携えて日本を訪れた外国人達[*1]による証言が数多く残されている。これらの大半は、何ら

●ジョルジュ・ブスケ(Georges Hilaire Bousquet)、フランスの法律家(一八四六〜一九三七)一八七二〜一八七六年に滞日
●バジル・ホール・チェンバレン(Basil Hall Chamberlain)、英国の日本研究家・東京帝国大学文学部教員(一八五〇〜一九三五)一八七三年〜一九一一年の三八年間滞日
●イザベラ・バード(Isabella Lucy Bird)、英国の探検家(一八三一〜一九〇四)一八七八年に約三ヶ月間、北日本と関西を旅行
●エリザ・シドモア(Eliza Ruhamah Scidmore)、米国の地理学者(一八五六〜一九二八)一八八五〜一九二八年に数回来日

*2——commitment 献身、責任をもつこと

*3——ジョン・ルーサー・ロング(John Luther Long)作の小説(一八九八)、ジャコモ・プッチーニ(Giacomo Puccini)作のオペラ(一九〇四)

*4——ピエール・ロティ(Pierre Loti)作の小説(一八八七)、アンドレ・メセジェ(André Messager)作のオペラ(一八九三)

*5——イエズス会宣教師・通事
●フランシスコ・ザビエル(Francisco de Xavier 一五〇六〜一五五六)
●ルイス・フロイス(Luís Fróis 一五三二〜一五九七)
●ジョアン・ロドリゲス(João Tçuzu Rodrigues 一五六一〜一六三三)
その他

かの任務を負って未知の国を訪れた人々による、贔屓(ひいき)目なしの客観的評価である。しかし当時の西欧諸国の優越感は絶対的であり、そこには「上から見た高評価」はあっても「あこがれ」は見られない。日本の風物に触れ数々の長所を発見し賞賛しつつも、それらを積極的に自らの生活に取り入れようといった行動は見られない。率先して日本式の生活をし、日本人女性の家に婿養子入りまでした小泉八雲[*7]のような例は稀であり、それは欧米人コミュニティからは非難や嘲笑の的となる行動だったのである。[*8]

日本家屋の簡素さ

日本の家屋、町、そしてそれらを彩る生活用品に注目してこれら十六〜十九世紀の記録を読み返すと、共通して賞賛されている要素は、簡素、清潔、そして開放的だということである。特に簡素さについては、当時のヨーロッパの常識では困窮と結びつけられ短所とされるはずのところであるが、日本の庶民はその既成概念を覆した。

家具や調度品がほとんどない日本の家屋の簡素さは、全ての西洋人にとって衝撃であった。「殺風景で寒々しい」[*9]等の批判もある一方で、「地味で優雅さのある部屋の中には(中略)、我々のブルジョワのサロンを醜いものにしている目障りなものを何一つ見出すことがない」[*10]とその美しさを認める声もある。また、「もし正座に慣れることができたら、家具が無くとも同じように快適に暮らせるだろう」という実用的な羨望もあった。というのも、当時ヨーロッパの一般市民は、豪勢な家具調度

*6――出島三学者
●エンゲルベルト・ケンペル(Engelbert Kämpfer 一六五一〜一七一六)ドイツ出身の医師・博物学者
●カール・ペーテル・ツンベルク(Carl Peter Thunberg 一七四三〜一八二八)スウェーデン人出身の植物学者・医学者
●フィリップ・フランツ・フォン・シーボルト(Philipp Franz Balthasar von Siebold 一七九六〜一八六六)ドイツ出身の医師・博物学者

*7――出生名パトリック・ラフカディオ・ハーン(Patrick Lafcadio Hearn)、ギリシャ生まれの作家、教師、日本民俗研究者(一八五〇〜一九〇四)

*8――竹下修子の研究によれば、英国政府は小泉の国籍離脱を認めていない可能性がある。「明治前期の外国人入夫婚姻に関する一考察―小泉八雲の事件から―」人間文化:愛知学院大学人間文化研究所紀要三一号、二七四〜二六五頁(二〇一六)

*9――マシュー・カルブレイズ・ペリー監修「ペリー提督日本遠征記」下巻、宮崎壽子訳、三〇四頁、角川ソフィア文庫、原著Francis L. Hawks, Narrative of the Expedition of an American Squadron to the China Seas and Japan(一八五六)

*10――ブスケ「日本見聞記」野田良之・久野桂一郎訳、みすず書房、七一五頁、原著Le Japon de nos jours(一八七七)

品を揃え維持するための経済的負担や家事の労力に苦しめられており、そのための結婚難さえあったのである。[*11] 彼らは日本人が貧しく質素な暮らしにも満足し幸福そうにしている様子、最低限の生活用品で上手に暮らす様子に驚いており、そこには、認めたくはないが内心羨ましく思っている、「あこがれ」の萌芽らしきものが垣間見える。[*12] ところがそのわずか百年後、日本人が「エコノミックアニマル[*13]」と揶揄されるほどの銭の亡者になり、モノで溢れかえった家に住むようになろうとは、誰が想像したであろう。

日本家屋の清潔さ

白い畳、磨き上げられた床、年に幾度か取り替えられる真っ白な障子など、日本家屋の清潔さについては、ほぼ全ての文献に絶賛の記述が見られる。家屋だけでなく道も常に掃き清められており街全体が清潔であること、どんなに貧しい人でも毎日入浴する習慣など、「日本人は世界で一番清潔な国民である」と多くの外国人が評価している。[*14] 特に畳に関しては、靴を脱ぐことへの心理的抵抗[*15]を感じながらも、そこへ靴で上がるべきではないことを彼らは直感的に理解していた。[*16]

清潔を好むのは何も日本人に限った話ではない。イスラム教ではその聖典の中に衛生管理に関する教義が具体的かつ詳細に説かれており、室内で土足を用いないことはもちろん、礼拝前には必ず身体を清める習慣がある。また日本ほど水が豊富ではない中東地域や地中海沿岸地域においても、入浴好きの文化は古代より存在していた。しかし中世以降のヨーロッパでは伝染病感染予防の観点から入浴が制限され

*11——オールコック著「大君の都」上巻 山崎光朔訳、講談社学術文庫、一七四頁、原著 The Capital of the Tycoon(一八六三)

*12——ブスケ、前掲一二五〜一二六頁、七七八〜七八〇頁、シュリーマン、前掲八二頁、他多数

H・シュリーマン「シュリーマン旅行記 清国・日本」石井和子訳、講談社学術文庫、八三〜八四頁、原著 La Chine et le Japon au temps present(一八六九)

*13——経済的利潤の追求を第一として活動する人を批判した語。昭和四〇年(一九六五)、パキスタンのブット外相が日本の経済進出のあり方について言ったもの(デジタル大辞泉)

*14——シュリーマン、前掲八七頁、他多数

*15——タウト全集第三巻「美術と工芸」篠田英雄訳、育生社弘道閣(一九四三)一四四頁

*16——イザベラ・バード「日本紀行」上巻一四二〜一四三頁、他多数

るようになり、現代の感覚からすれば極めて不潔な生活環境へと移行していた。[17] それで日本の清潔さに驚いたのであろう。衛生的な方向へと文明が進むのは生理的にも自然な流れであり、清潔さを望ましいと思う感覚は世界共通である。[18] しかも床の上に座り就寝し食事もとるとなれば、そこを衛生的にしておこうとするのは当然のことである。実際、欧米や中国の大部分など、もともと室内でも土足を用いていた地域においても、衛生上の配慮から、室内では靴を脱ぐ習慣を取り入れる事例が増えてきている。[19]

ここでひとつ認識しておくべきは、ここまで欧米人が揃って日本の清潔さに驚いたということは、その頃の日本が後進国と断定されていたことの証であろうということである。思えば筆者も、南アフリカの貧困層居住区の調査を行なった際、その清潔さに驚いてしまった。「貧しい人々は不潔」という先入観があったことは否めない。しかし実際は、廃材で作られた掘立て小屋の中は予想以上に綺麗に整えられていた。人々は洗濯に精を出し、日本や米国の貧しい地域にありがちな悪臭に出会うことは一度もなかった。[20]

日本家屋の開放性

壁が少なく道に面して開いている住宅様式は、日本の国土と気候と社会環境の下にのみ成立するものであり、外国人からはなかなか理解されにくい特性である。しかし日本人の簡素で清潔な生活ぶりが外から詳細に観察できたのは、この日本家屋の開放的な構造のおかげであった。動物学者のモースにいたっては、夜に勝手に人

*17——末広菜穂子「清潔観にみる生活意識の変化」広島経済大学経済研究論集第一四巻一号（二〇〇八）
*18——斉藤修平「感覚のフォークロア—不潔意識と時間感覚について—」埼玉県立さきたま資料館調査研究報告第一〇号（一九九七）
*19——鈴木あるの他、留学生の住宅嗜好とその背景に関する研究、日本建築学会計画系論文集 第七八巻六八六号七四五〜七五四頁（二〇一三）
*20——Suzuki A., Mixed Lifestyles in South African Townships: Interviews and Participant Observation in the Greater Cape Town Area, UIA 2021 RIO: 27th World Congress of Architects: International Proceedings Vol.2, pp.669–675

の家に上がり込み、裸で眠っている母子をスケッチしている。[*21]「日本家屋において秘密の会話は不可能[*22]」であり、紙でできた軽い間仕切りは、食事の席への見知らぬ外国人の突然の合流も妨げない。[*23]当時の日本人にはプライバシーの概念は乏しかったようで、公衆浴場は男女混浴で、「禁断の果実を齧(かじ)る前の我々の先祖と同じ姿」で老若男女が湯につかる「清らかな素朴さ」には、多くの外国人が驚きを隠さない。[*24]

日本建築については賛否両論があるが、日本の豊かな自然環境や植物を扱う技術に対する外国人たちの評価は例外なく高い。「世界一の造園家[*25]」とまで言われた日本人が、庭を用いて屋内と自然との連続性を示すことを忘れなければ、この開放的で「頼りない」日本家屋の評価も好転するのではないだろうか。

高品質を支えた「遊び」

前述のアフリカ人は、彼らなりの規範や倫理感をもって働いているのだが、時間の管理を重視しない傾向があるため、白人社会からは「怠惰」の烙印を押されることが多い。明治初期までの日本人もおそらく同様で、彼らはゆとりをもって自主的に働いていたのだが、頻繁に仕事の手を止めて歌い、雑談に笑い転げる姿[*26]は、「ヨーロッパ人には考えもつかないほどの不精者[*27]」と映った。

しかし大方の外国人たちは、「大人も子供のように遊ぶ[*28]」「必要以上の金銭を受け取ろうとしない[*29]」江戸時代から明治維新頃の町人たちを、当惑し呆れながらも好意的に描写している。その遊び心をもった職人たちが、時間に縛られず、金銭に執着せず、自分自身が満足する出来栄えをとことん追求していたのであろう。

*21——エドワード・シルヴェスター・モース（Edward Sylvester Morse 一八三八〜一九二五）「日本その日その日」第一巻一五七頁、東洋文庫、原著Japan Day by Day（一九一七）
*22——アーネスト・メイスン・サトウ「一外交官の見た明治維新」鈴木悠訳、講談社学術文庫、三三二頁、原著A Diplomat in Japan（一九二一）、他多数
*23——エドゥアルド・スエンソン「江戸幕末滞在記」長島要一訳、講談社学術文庫、一五五〜一五七頁、他多数
*24——シュリーマン、前掲八八頁、他多数
*25——Eliza Ruhamah Scidmore, Jinrikisha Days in Japan, Harper & Brothers（一八九一）一一頁
オリファント「エルギン卿遣日使節録」五四頁、他
*26——モース、前掲五〜六頁、ブスケ前掲書七七八〜七八〇頁、他多数
*27——ルドルフ・リンダウ「スイス領事の見た幕末日本」訳、新人物往来社（一九八六）四四頁、原著Un voyage autour du Japon（一八六四）
*28——エメェ・アンベール「絵で見る幕末日本」茂森唯士訳、講談社学術文庫、二八五頁、原著Aimé Humbert, Le Japon illustré（一八七〇）、他
*29——ブスケ、前掲七七八頁、他

こうして明治初期までの日本では、高品質な工芸品が市井で普通に生産されており、安物の日用品も全て美しかった。[*30] 簡素な家屋にも隅々まで創意工夫と芸術心が行き渡っていた。[*31] この時代の「高品質」は、高度成長期の工業製品に見られた技術力や生産性の高さとは異なる、「遊び」すなわち余裕から生まれたのではないだろうか。

変わってしまった日本人

外国人たちの記録によれば、明治初期までの日本人は、富よりも名誉を重んじ、[*32] 法の下に自由で独立した精神をもっていた。[*33] 何人たりとも法の上に立つことは無く、[*34] 法は弱者保護を旨とし、[*35] 役人は業務記録を文書化し適切に保管していた。[*36] 上層階級は下層の人々を大事に扱い、[*37] 貧富の格差が小さいため皆が満足しており、[*38] 君主も他国を侵略することなど考えなかった。[*39] 低い身分の者にいたるまで知識欲や読書欲が旺盛で、[*40] 西洋人よりも速く外国語を習得し科学を理解した。[*41]

もしも彼らが今の日本社会や日本人を見たら、いったいどう思うであろうか。

2——日本文化の没落

広報の失敗

庶民の一般家庭に見られる日用品の美しさ、そしてそれらが高貴な人々の持ち物とさほど変わらないほど上質であることは、多くの西洋人たちを驚愕させた。一九

*30——Alice Mabel Bacon, A Japanese Interior (一八九三) The Riverside Press, Cambridge, U.S.A. 二二六頁
*31——モース、前掲一五七頁
*32——河野純徳訳「聖フランシスコ・ザビエル全書簡三」東洋文庫（一九九四）九六頁、他多数
*33——ツュンベリー「江戸参府随行記」二二〇頁、カッテンディーケ「長崎海軍伝習所の日々」一九頁、一二五頁、フィッセル「日本風俗備考一」八七～八八頁、他
*34——フィッセル、前掲八六～八七頁
*35——大日本文明協会、前掲三七八頁、ツンベルグ・ブスケ 前掲五一五頁、ツンベルグ「ツンベルグ日本紀行」二四八頁、他
*36——ルケンペル「江戸参府旅行日記」一一七頁、フィッセル、前掲七二頁、他
*37——スエンソン、前掲一一六頁、他
*38——フィッセル、前掲八八頁、シュリーマン、前掲八二頁、ブスケ、前掲一二五頁、他多数
*39——ツュンベリー、前掲二二四頁、ツンベルグ、前掲二一三頁、他
*40——オイレンブルク「オイレンブルク日本遠征記（上）九六～九七頁、同（下）四九頁、三四二～三四四頁、他多数
*41——大日本文明協会編「欧米人の日本観」上 一九〇七年 二三五頁、ティチング 日本風俗図誌 二六五頁、オリファント、前掲一六〇～一六二頁、他

世紀末、奇しくもヨーロッパでは産業革命への反動からゴシック・リヴァイヴァルやアーツ&クラフツ運動が起こっていた。そのため日本の手工芸品はオールコックを始めとする外国人たちに買い占められて西欧諸国に渡り、純粋美術(Fine arts)と応用美術(Applied arts)との境をなくした先駆的実例として、ヨーロッパの美術界に拍手をもって迎えられた。しかしそれを日本国の国際社会への広報活動に利用しようと日本政府が企てた時、何かが間違ってしまった。一八七八年のパリ万博に出品された工芸品は、輸出用に急いで大量生産したため品質が落ち、消費者はさておき芸術批評家からは不評を買った。[*42] また西洋人の好みに合わせようとして改変されたデザインも、その中途半端さから、目の肥えた西洋人には酷評された。[*43] またこの万博においては、柄杓に直接口をつけて水を飲ませる「日本の泉水」という、誤解を生みそうな展示もあった。[*44]

万博以来の誤情報は、今でも一部の国々の「日本庭園」などにおいて、池に置かれた青銅製の鶴といったかたちで残念な影響を遺している。一八九三年のシカゴ万博にお目見えした「鳳凰殿」も、「左右対称の構成が共通するくらい」[*45]であったにもかかわらず、岡倉天心の英語版の解説[*46]によって「宇治の平等院鳳凰堂の縮小版模写」として広まってしまった[**図1**]。日本を舞台にしたオペラやハリウッド映画でも、日本に関する考証の誤りは枚挙に暇がない。例えば「蝶々夫人」を二千回も演じた三浦環が、なぜその台本上の数々の誤りについて何も指摘しなかったのかわからないが、日本人には誤解を気にせず受け流す傾向があるのかもしれない。[*47] そのような大らかさは日本人の美点なのかもしれないが、本質的な誤りを許容し過ぎると、自

*42——ブルーノ・タウト「美術と工芸」タウト全集第三巻、篠田英雄訳　育生社弘道閣(一九四三)一五一頁
*43——寺本敬子、パリ万国博覧会とジャポニズムの誕生、第四章、思文閣出版(二〇一七)、三〇三〜三〇八、イザベラ・バード「日本紀行」上巻四一頁、六三頁、下巻三〇三頁、他多数
*44——寺本、前掲二九〇頁
*45——鈴木博之「建築—内と外からの日本」ジャポニズム入門、思文閣出版(二〇〇〇)、一九七頁
*46——Kakuzo Okakura, The Ho-o-den (Phoenix Hall): An Illustrated Description of the Buildings Erected by the Japanese Government at the World's Columbian Exposition, Jackson Park, Chicago (1983)
*47——二〇一一年に岡村喬生がイタリアにおける「蝶々夫人」の上演において初めて日本に対する誤認を修正した

［**図1**］上：シカゴ万国博覧会の日本館鳳凰殿（一八九三、シカゴ美術館アーノルド・コレクション蔵）　下：平等院鳳凰堂（写真提供：平等院）

国の文化がわからなくなってしまう恐れがある。実際、二〇二一年にインターネットで炎上したヴォーグ誌の「日本イメージ」写真[*48]やミス・ユニバース日本代表のナショナルコスチューム[*49]についても、日本の伝統文化を知る人が見たら異論を唱えずにはおられない内容であるが、「いったい何がいけないのか」と言う日本人も少なくないのである。

デザインの意味を知ること

「用の美」である日本の建築や工芸品の芸術的価値は、その制作過程を知り、また正しい用途や使い方を知ることにより、初めて理解される。特に建築や工芸品を海外に紹介する場合、それを作成している様子や実際に使用している様子も実演して見せることが望ましい。一八六七年のパリ万博においては、茶室の中に「展示」された日本人の立ち振る舞いが観覧者たちを沸かせ、その後の万博においてもこのような実演が通例となった[*50]。また一八九三年のシカゴ万博においては、日本館「鳳凰殿」を現場施工する日本人大工たちの俊敏な仕事ぶりが、幸運にもそれを見る機会に浴した人々に大きな感銘を与えた[*51]。しかし前述の柄杓の水飲みなどは、生活文化を間違って伝える恐れのある展示も行われた。「日本庭園」に鳥居や仏像や石庭を持ち込んでいる人たちも、それらの本来の意味や目的を知ったならば、もう一度考え直すであろう。

一方、日本に関する情報が極めて限られていた時代に、実際に日本を訪れた外国人たちの、現場における理解力には恐るべきものがあった。たとえば、建築材料に

*48――オンライン版ヴォーグ二〇二一年九月九日「連鎖するふたりのアイデンティ。」
https://www.vogue.co.jp/fashion/gallery/twins-in-fashion
*49――朝日新聞GLOBE＋二〇二一年一二月二一日「ミス・ユニバース日本代表の着物風ドレスは悔しかった こういう時こそNOと言おう」
https://globe.asahi.com/article/14506863
*50――樋口いずみ「日本の万国博覧会参加における『実演』とその役割に関する一考察」早稲田大学大学院教育学研究科紀要、別冊一六号一一、一九九頁（二〇〇八）、他
*51――山田久美子「シカゴ万博と鳳凰殿」ことば・文化・コミュニケーション第2号（二〇一〇）一三三～一四四頁、ケヴィン・ニュート、フランク・ロイド・ライトと日本文化、大木順子訳、五九頁（一九九七）、他

塗装を施さずにそのまま用いる理由、それがより適切な材料や仕上げを要するものであることにも、彼らは間もなく気づいている。クリストファー・ドレッサーは「素材本来の状態を保ちながら表面に装飾をほどこす原則」をいち早く指摘していた。[*52] また彼らは物体としての建築だけでなく、そこにいる人々とその生活を注意深く観察した。そして、一口に「日本建築」といっても、貴族・武士・農民・町民といった利用者の身分や属性、さまざまな用途、異なる宗教、地域の気候風土や自然環境といった諸条件に応じて異なることを正しく把握していた。

ここで「間違い探し」的な海外プロジェクトの一例をご紹介しよう。ある現代アメリカの大富豪が、「来客を圧倒するために」壮大な池泉回遊式庭園つきの別荘をカリフォルニアに建設した。地中海性の乾燥気候の地に日本から輸入した植物を用いるため、一本一本にコンピュータ制御の自動灌漑装置をつけた。[*53] 池はスイミングプール兼用で、石組はモルタルで接着した。滝と流れの水も電子式制御で自由自在である。武道を愛する施主は、桂離宮の松琴亭を正確に再現させるべく、日本から宮大工を呼び寄せた。庭園には、英語が堪能な日本人を施主自らが面接して採用し、作庭工事全体の指揮をとらせた。この「庭師」のこだわりで工事のやり直しが繰り返され、工期が二年ほど遅れた。完成後この大富豪は、「日本の古建築のレプリカなので不動産的価値に乏しい」として提訴し、約三億円に上る固定資産税の還付を勝ち取った。[*54] さて、どの部分に違和感をお覚えになったであろうか。

失われた日本の美

*52——ヴィダー・ハーレン「クリストファー・ドレッサーと日本礼賛」クリストファー・ドレッサーと日本展カタログ、二四頁(二〇二〇)

*53——筆者が協力業者の一員としてこの灌漑システムの実施設計を手伝った際に見聞きした実話である

*54——二〇〇八年上旬の米国におけるニュース報道

江戸時代の前後、つまり一六世紀頃の宣教師たちの記録と明治維新前後に来日した外国人たちの記録を比べると、驚いたことに三百年近くの時を経ても日本の民衆や文化についての描写や評価はさほど変わっていない。ところが明治維新以降の変化は急激であった、にわかに西洋の物真似を始めた日本を見て、日本の優れた生活習慣や美徳が間も無く失われていくであろうと危惧した西洋人達の悪い予感[55]はまもなく的中する。美術蒐集家のビゲロウ[56]が、本業は動物学者であったモースに「腕足類を記録している場合ではない。日本文化こそ絶滅の危機だ」と日記の出版を勧めたのは、彼らの初来日からたった四〇年後のことであった[57]。

明治初期までに日本を訪れた外国人たちが例外なく絶賛したものは、日本の美しい自然景観であり、自然の材料を生かして手間暇をかけた日本の工芸品であった。

一方、例外なく嘲笑され批判されていたのは、日本が「文化」「文明」と呼んでいた、建築や服飾における西洋の模倣である[58]。ところが日本の政府や実業家たちは、類稀ともいうべき恵まれた日本の自然を「文明」の旗の下に破壊し始めた。現代においても悲惨な自然破壊や景観破壊は続いているが、その間違いの根底には時代を超えて治らない希少価値への無理解がある。それに対して大きな声を上げて警鐘を鳴らしてくれるのは、多くの場合、外国から来た人々である。明治時代には小泉八雲が失われつつある美しい日本を記録することにその人生をかけ、近年においてはアレックス・カー[59]が、日本への愛ゆえの怒りとも取れる激しい口調で景観破壊を批判している。

一九二〇年頃になると、日本国内における古き良き日本の破壊と並行して、欧米

*55——バジル・ホール・チェンバレン「日本事物誌二」、東洋文庫(一九六九)四八～四九頁
タウンゼント・ハリス「日本滞在記・中巻」、岩波文庫(一九五四)、五三～五四頁
ヘンリー・ヒュースケン「日本日記」、青木枝朗訳、岩波文庫(一九八九)二二一頁
カッテンディーケ「長崎海軍伝習所の日々」、東洋文庫(一九六四)二〇八頁
他、同意見多数
*56——ウィリアム・スタージズ・ビゲロウ(William Sturgis Bigelow)米国の医師・日本美術研究家・仏教研究家(一八五〇～一九二六)
*57——エドワード・シルヴェスター・モース「日本その日その日」第一巻 石川欣一訳、東洋文庫(一九七〇)緒言二一～二二頁
*58——「伝統ある貴重な遺産を捨て去り(中略)外国追従の惨めな姿勢は、かえって西側世界の反発に遭いました」
エリザ・R・シドモア「シドモア日本紀行」、外崎克久訳、講談社学術文庫 四六二頁(二〇二〇)
バジル・ホール・チェンバレン「日本事物誌二」、東洋文庫(一九六九)一四頁、他、同意見多数
*59——Alex Kerr、一九五二年米国生まれの東洋研究者、古民家再生コンサルタント、実業家。著書に「犬と鬼」(二〇〇二)、「日本景観論」(二〇一四)、「観光亡国論」(二〇一九)等

の万国博覧会における落胆も重なり、ジャポニスム人気は陰りを見せていた。数々の万国博覧会への出展を通じて、日本という国やその文物が広く知られたことは確かである。流行好きの消費者には、わざとらしい置物や質の低い輸出用の日本製品もよく売れたのかもしれない。しかしそのような市場はすぐに飽きられ、日本への敬意も「あこがれ」も勝ち得ることもできなかった。品揃えを誤ったことはマーケティングの失敗だが、それに加えて見せ方や説明のしかたも不十分であった。クリスチャン・タグソルドは、二〇世紀初頭に世界各地に作られた日本庭園を分析した著書の中で、異文化に対する権威主義的あるいは排他的な姿勢(authoritarian gestus)を指摘した。[*60] 日本独特の理由を説明せず指示を出す習慣が招いた誤解もあるかもしれないが、[*61] 文化正しく伝える努力と工夫をしてこなかったのは提供者側の落ち度である。

デザインにおける異文化あるいは地域性の取り込みに際しては、デザインモチーフを含めた有形の「アイテム」を利用する場合と、作法や技法、あるいはそれらを支える思想や感性といった無形の文化から学ぼうとする場合がある。大雑把な例えをお許しいただけるならば、日本的な物品や衣装を描いたモネの「ラ・ジャポネーズ」[図2]などは前者である。一方、日本のものなど一つも描いていないにも拘らず浮世絵の影響を感じさせるロートレックのポスター[図3]などは後者にあたると思う。いずれも素晴らしい作品であり優劣をつける意図はないが、より持続性と汎用性が期待できる文化交流は後者ではないだろうか。西洋人が称賛したのは、日本風の「アイテム」ではなく、手間暇をかけた手仕事の技、そしてその背景にある日

*60——Christian Tagsold, Spaces in Translation: Japanese Gardens and the West, University of Pennsylvania Press, 2017

*61——Arno Suzuki, Book Review: Japanese Garden and the West by Chiristian Tagsold, Japan Review: Journal of the International Research Center for Japanese Studies vol.32, pp.230-232 2018

[図2]クロード・モネ作「ラ・ジャポネーズ」、一八七五

[図3]アンリ・ド・トゥールーズ・ロートレック「ムーラン・ルージュ：ラ・グーリュ」、一八九一

本の自然環境や文化であった。近代化と富国強兵に没頭していた日本政府は、そこに気づかなかったのである。

ジャポニズムの流行が去るのと時を同じくして、日本の帝国主義による軍国化が進んだ。日清戦争や日露戦争における大国への勝利といった快挙を成し遂げたにも拘らず、その時期の日本が国際社会において敬意を持たれていなかったことは周知の事実である。日本は「あこがれ」の対象どころか嫌われ者となってしまい、第二次世界大戦中の狂信的な天皇崇拝や人命軽視といった風潮は、さらに日本の評判を落としていった。[*62] 戦後になると、その変わり身と復興の早さ、それに続く高度成長で世界を驚かせた。再び「質の高い日本製品」や日本型経営といったものが国際社会を席巻したのは一九八〇年代の話である。しかしそれらを支えていたのは、江戸時代の陽気で自由な職人たちではなく、「勤勉」や「忠誠心」が度を超え「社畜[*63]」とまで呼ばれた、全く別の種類の日本人たちであった。

3――日本建築の国際化

アメリカ近代建築に用いられた実用性

かつての日本人は、そのことの是非はさておき、「中国人ほど伝統や因習に縛られておらず、好奇心が旺盛で進取の気性に富む[*64]」と評されていた。ヨーロッパに比べて歴史の浅いアメリカ合衆国の特に西海岸においても、新しいものや異なるものを吸収する開放的な土壌がある。たとえば「すべる衝立[*65]」を動かすことによって間

*62――保阪正康他『世界からみた二十世紀の日本』山川出版社（二〇一六）頁番号無

*63――安土敏『日本サラリーマン幸福への処方箋』日本実業出版社（一九九二）五〇～五一頁

*64――ブロジット「禁教国日本の報道」ヘラルド紙一八二五―一八七三年より、四三頁

*65――Sliding screens 引戸式の建具 エドワード・シルヴェスター・モース『日本その日その日』（第一巻）、石川欣一訳、東洋文庫　第一章九頁（一九七〇）

取りが自由に変えられる日本建築の特性は、明治初期の段階でヨーロッパ人にも発見されてはいたが、実際にそれを取り入れたのは近代アメリカの建築家たちだった。[*66] 彼らの建築には、可動間仕切り(引戸)、大きな開口部による屋内外の一体感、モジュールによる設計といった、日本建築と共通する特徴が認められる。[*67] 日本建築からヒントは得たかもしれないが、日本という国やその文化への格別な思いがあったわけではなく、単に合理的で彼らの目的に適っていたからであろう。

フランク・ロイド・ライト[*68]の設計した住宅建築を見て、反射的に日本建築を想起しない日本人はどのくらいいるだろうか。軒の出の深い大きな屋根、木造の鴨居を回した直線的なインテリア、自然と一体化する大きな開口部、抑え気味の天井高による水平的なプロポーション、細分化された空間を繋いでいく様式、モジュール化した平面計画など、日本建築と類似する要素は枚挙に暇がない。一八九三年のシカゴ万博に関わっていたライトは鳳凰殿を間近に見ているし、モースの日本家屋に関する著作もおそらく読んでいた。[*69] お忍びも含め何度も来日し日本に多数の作品を残している。[*70] それでもライトは、日本建築からの影響を頑なに否定し続けた。彼が「草原様式」や「有機的建築」と名付けた、自然との関係性を重視する建築哲学は「私独自のもの」[*71]であり、結果として形態がたまたま日本建築と一致しただけだということらしい。

南カリフォルニアのギャンブル邸も、「日本の雰囲気をもつ」と言われている。P&G社の二代目社主であったギャンブル氏は「カリフォルニアの自然を満喫できる快適な住宅」を要望した。[*72] 一言も「日本風に」とは言っていないが、シカゴ万博の

*66――ブルドルフ・シンドラーRudolf Schindler(一八八七~一九五三)、グレゴリー・エインGregory Ain(一九〇八~一九八八)、イームズ夫妻Charles Eames(一九〇七~一九七八)& Ray Eames(一九一二~一九八八)、他

*67――亀井靖子「日本建築が欧米のモダニズム住宅に与えた影響に関する研究」日本大学生産工学部第四九回学術講演会、四二九~四三〇頁(二〇一六)

*68――Frank Lloyd Wright(一八六七~一九五九)、米国の建築家、一九〇五年に初来日

*69――ケヴィン・ニュート「フランク・ロイド・ライトと日本文化」大木順子訳、鹿島出版会(一九九七)三九頁

*70――谷川正己「フランク・ロイド・ライトとはだれか」王国社(二〇〇一)

*71――ケヴィン・ニュート、前掲六頁

*72――エドワード・R・ボスリー「ギャンブル邸・グリーン&グリーン設計」同朋舎出版(一九九三)頁番号無し

鳳凰殿の構造美に打たれたというグリーン兄弟が設計した結果、「日本風」と評される建築となった。筆者の感覚では、ライトが設計したシカゴ郊外のオークパークの住宅群やユニティ・テンプル［**図4**］のほうがずっと日本風に思えるが、ギャンブル邸の大きな屋根や露出された垂木は、形態的には確かに日本建築的である。そして深い軒の形態は、防ぐ相手が雨か日光かという違いはあるものの、カリフォルニアの強い日差しの下での合理的かつ実用的な選択であることに疑いはない。木造が主流で地震も多い北米西海岸において、日本の伝統構法のような建築がなされたことにも不思議はない。

目的と材料と技術の調和

神から人へ、人から自然への関心の移行は、ヨーロッパにおける芸術の近代化の特徴のひとつである。建築における自然は、征服の対象から、最初は装飾モチーフとして、やがては建築の一部として、その地位を高めていった。日本建築の参照を否認し続けたライトとは異なり、ブルーノ・タウト[*73]は「日本は自然に法則を見出そうとする姿勢の良き手本となった」[*74]と素直に認めている。工芸技術や材料の選定に関して深い造詣をもつタウトは、桂離宮や白川郷の合掌造り民家を高く評価し［**図5**］、それまでは地味な存在であったそれらの建築を国際的地位に高めることに貢献した。一方で、明治期の日本政府がその威信にかけて広報してきた日光東照宮を一刀両断に批判し、その評価を地に落とした。「饒舌過ぎて眼が思考できない」というのである。ジャポニスムにおいて注目された日本美術の特色のひとつに、全てを

［**図4**］ライト設計のユニティ・テンプル（一九八七年、筆者撮影）

*73——Bruno Taut（一八八〇～一九三八）、ドイツの建築家、一九三三年に初来日

*74——ブルーノ・タウト「日本建築の基礎」国際文化振興会講演記録（一九三八）

見せずに想像を喚起するという技法があることを思えば、タウトの評価にも得心が行く。一方、タウトの人物像や来日の経緯を論拠に「日本のモダニズム推進派に担がれた」として彼の日本建築評価の信頼性を否定し、彼が賞賛した桂離宮の建築的価値にまで疑問を投げかける論考も見られるが、それは少々論理が飛躍しすぎというものであろう。

タウトは当時見た日本建築を、伊勢神宮から桂離宮へと受け継がれた「質の高い(Mod.Qualiät)」系譜と、中国風から秀吉好みを経て日光東照宮へと続く「イカモノ・インチキ(Mod.Kitsch)」の系譜とに分類した［**図6**］。今、日本では再び木造建築が脚光を浴び、様々な木質材料、耐火認定を受けた木質建築が登場した。独創的な木材

A

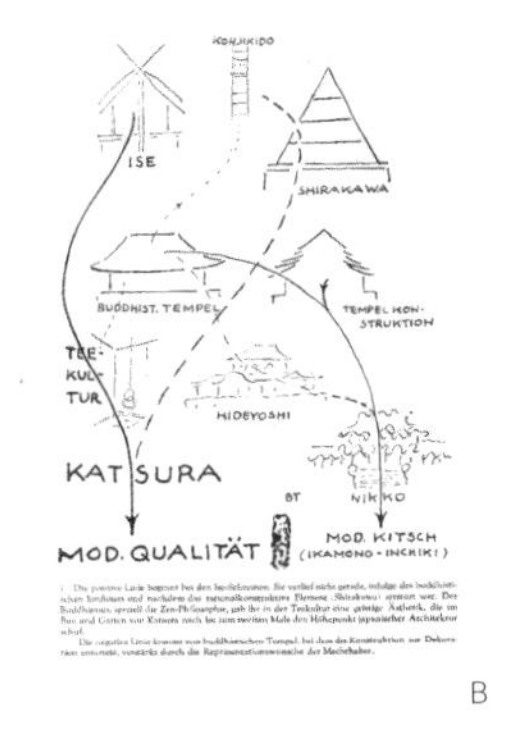

B

A：［**図5**］タウトが賞賛した日本建築（筆者撮影）
桂離宮（上）と白川郷の合掌造り民家（下）
B：［**図6**］タウトの日本建築系統図

の使い方で「和」を代表する建築家もいる。「目的と材料と技術の調和」を重んじたタウトがもしこれらの現代建築を見たら、いったいどこに分類するのであろうか。

ポップカルチャーに乗って

一九八〇年代の日本に対しては、敬意や「あこがれ」があったか否かはさておき、世界がその経済的成功から学ぼうとしていたことは事実であった。バブルの崩壊はあったにせよ、二〇〇〇年頃まではなんとか経済大国としての存在感を維持していたように思う。また日本の建築や庭園といった伝統文化を講演テーマに出せば、若者から熟年層まで外国人の集客は容易であった。しかしその後日本の経済力は衰退し、工業製品の質も落ち、二〇一〇年にはGDPも世界第二位から三位に転落した。二〇〇八年からの一一年間、筆者は毎年数回海外で日本を広報する業務に就いていたのだが、取引先あるいは留学先としての日本に対する関心が年々薄れていくことを実感していた。筆者の周辺でも、日本の伝統文化や技能に志して来日したいと問い合わせしてくる外国人の数は激減した。一方で、二十一世紀に入ってから、海外の若者の日本への興味は、伝統文化からポップカルチャーへと完全移行していた。

庭師の村雨辰剛氏[*75]も、もともとは任天堂のゲームをきっかけに日本の興味を持ち、来日した後でたまたま日本庭園の仕事と出会ったとのことである。

村雨氏の場合、きっかけこそポップカルチャーであったが、現在は日本国籍まで取得し、今後も日本を拠点に世界に向けての伝統技術を発信していくとのことである。実際、日本の伝統工芸や伝統建築の維持保存、そして技術継承における外国人

*75——村雨辰剛　庭師・タレント、一九八八年スウェーデン生まれ、二〇一五年に日本に帰化。出生名はJakob Sebastian Björk
村雨辰剛『僕は庭師になった』クラーケン（二〇一九）

*76——鈴木あるの「民家の保存活用における外国人の役割」、民俗建築第一五六号三七～四一頁（二〇一九）

への依存度は非常に高い[*76]。クライアントや購買者としてだけでなく、担い手も外国人になりつつあるのである。たとえ来日後の偶然の成り行きであれ、日本で伝統技能と出会い修業を積んだ外国人は、世界で活躍している。国外を見渡せば、日本の伝統技能を活かすビジネスチャンスはまだまだあるのだ。また修業の仕方についても、これまでのように「見て覚える」という時間のかかる徒弟制度ではなく、科学的・理論的に指導することで効率的な技能習得を目指すという実践的研究が進められている[*77]。

ポップカルチャーが日本文化広報の騎手として伝統技能や文化の存続に間接的に寄与しているという事象は、後継者人材の確保に限ったことではない。スタジオジブリのアニメをきっかけに古建築に興味を持ったという日本の若者は少なくないし、近年では世界的に若者文化として定着している「コスプレ」の写真撮影の舞台として、住む人のいなくなった古民家を時間貸しするようなビジネスも、数年前から予約が埋まっていると聞く。最近では人気アニメ「鬼滅の刃」の人形を載せるため、小さな置き畳がよく売れているそうだ。「サザエさん」「ドラえもん」「ちびまる子ちゃん」「めぞん一刻」といった昭和の漫画の海外での人気は、まだ日本家屋や畳の部屋が一般的であった時代の住宅を伝えている［**図7**］。日本に来たことのない海外のファンたちは、それが昔の日本であることを全く知らずに、畳や襖といったものに親しんでいる。日本に来た留学生が、和室を嫌がらないどころかむしろ積極的に求めることも多いのは、これらの漫画によって和室での生活が広く知られているおかげもあるかもしれない。

*77――蟹澤宏剛（芝浦工業大学）「職人技能のロボット化は可能か？」、アーキテクト／ビルダー（建築の設計と生産）研究会 第一二二回建築生産組織シリーズ、二〇二一年九月一一日

［**図7**］人気の漫画やアニメに出てくる日本家屋や畳の部屋の一例
出典：吾峠呼世晴『鬼滅の刃』第七巻五五話「無限夢列車」五七頁（ジャンプコミックス／集英社）

4──現代の外国人に聞く

国際化時代おける「あこがれ」

「あこがれ」という言葉には「手の届かないもの」を対象にしているようなイメージもあるが、「もし手に入れる機会があれば行動に移す用意がある」という心構えがなければ、そこにコミットメントは発生しないし、販路拡大も空振りとなってしまう。明治期までに訪れた外国人は、いずれは自国に帰る運命を背負った「客人」としてやって来た人たちである。小泉八雲のように、自分の国籍や文化や生活様式まで変えようとするケースは珍しかった。しかし国際間や文化間の移動が容易になった現在、日本に関心をもつ外国人たちは、どこまで本気で日本の生活様式と向き合う覚悟があるのか。つまり、観光として一時的に楽しみたいのか、あるいは和室を自分の生活に取り入れたいという意志まで持っているのか。ここでは和室の要素の中でも特に外国人にとってハードルが高い「床座」、そして海外においてその知名度と人気が高まっている「畳」について、外国人の意見を聞いてみたい。

アンケート調査から

少しでも日本と関わりをもったことのある外国人四一六名を対象に筆者が二〇二〇年に実施した畳についてのアンケート調査の結果［図8］によれば、外国人の七五％が「畳が好き」と答えている。これは日本人に対して行った同様の調査結果の

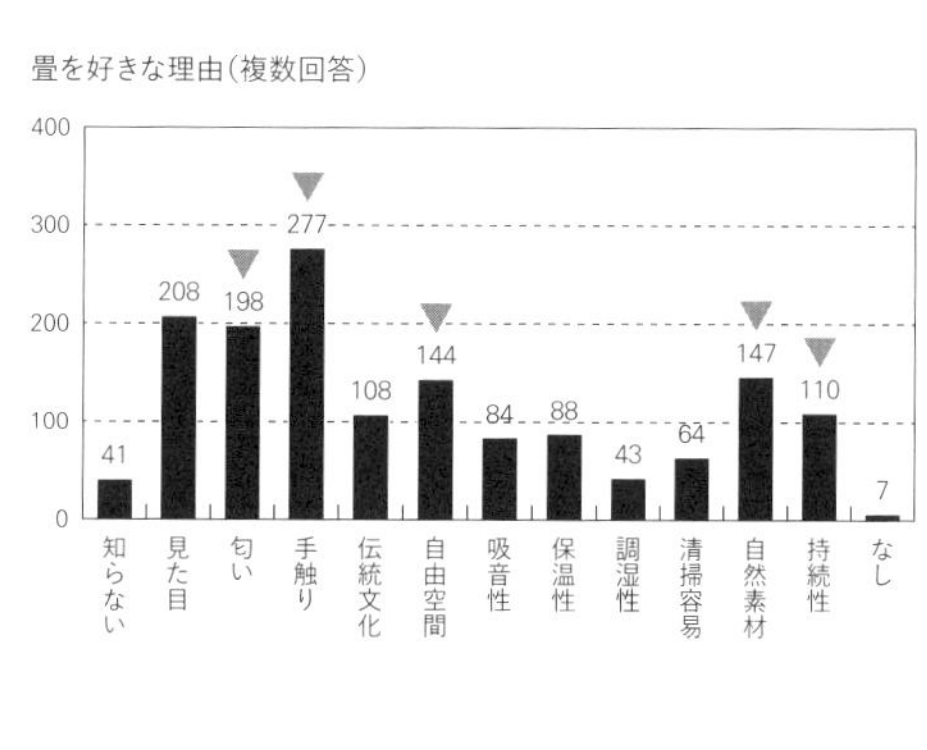

［図8］鈴木あるの「外国人の畳に対する意識：アンケート調査報告」民俗建築第一五八号、一一～一四頁（二〇二〇）

六五％より若干高い。回答者の七六％が実際に畳の部屋に住むか泊まるかしたことがあり、訪問しただけの人も含めると、八八％の人々が畳を実体験した上での回答である。「場合による」と答えた人のあげた条件は、「新しい、清潔、風通しがいい、日当たりがいい」であり、現代においても相変わらず清潔さに期待されていることがわかる。五〇年も日本に住んでいる人から「歳とってから膝が辛くなった」という意見が聞かれ、その辺りは日本人と何ら変わりない。子供やペットが畳を傷める心配をしている人もいるが、それも日本人と同じであろう。

畳を好きな理由は、上位から「手触り、見た目、匂い、自然素材、部屋の用途の自由さ、持続性」が上げられる。日本人対象のアンケート[*78]においては、「気軽に寝転べる」が一位であったが、外国人においては床に寝ることは賛否両論だ。中には「日本での床上生活が気に入り帰国後も取り入れている」という米国人もいたが、一般的には抵抗をもつ人が多い。畳を嫌いな理由としては、「維持管理、衛生面、高価格」が上位を占めた。一方で匂いや手触りや自然素材であることにこだわる意見も多いことから、化学素材への変更は慎重に行うべきと思われる。自然素材や持続性へのこだわりは、日本人には見られない内容であったし、「縁がカワイイ」といった意見も、日本国内の現在の流行とは異なる視点である。「部屋の用途の自由さ」については、「経済的理由から和室のアパートを借り、ベッドも買えずに布団の生活を始めたが、そのおかげでいつも友達が集まり楽しいことがわかった」という元留学生からの記述もあった。[*79]

*78——鈴木あるの「和室の現状と日本人の認識」日本建築学会特別調査委員会報告書、「和室」の日本建築における価値を改めて問い直す（二〇一八）

*79——鈴木（二〇二〇）、前掲

A

C

B

A：［図9］本畳を敷くモーア邸の奥座敷。一二〇枚の障子の貼り替えも庭の手入れも自ら行う（滋賀県、筆者撮影）
B：［図10］ご家族とともに
C：［図11］自宅でくつろぐモーア・オースティン氏（図10・11写真提供＝モーア家）

外国人の「コミットメント」

日本人でも外国人でも、古民家を訪ねて賞賛はする人は多い。しかし自らの時間的あるいは金銭的負担をともなう「コミットメント」をするとなれば話は別で、ほとんどの人が逃げ腰になる。そのような中、重要文化財家屋の所有者や継承者たちは、多大な経済的負担や精神的重圧と闘いながら家を守り継ぐ務めを果たしている。[*80]

一方、文化財指定のない物件であれば何の制約もないので、自分の好みの生活様式に合わせて古民家を自由に改造することができる。その過程をネット配信したり、店舗や宿泊施設といった観光ビジネスに活用する外国人もいる。彼らのSNSグループには、現在二千人以上が登録しており、二〇二二年四月に京都花背で初開催された対面での「Minka Summit」には、三百人以上の愛好家や関係者が全国から集まった。[*81] 筆者も参加してさまざまな事例を見聞したのだが、日本趣味というよりは、経済的理由から田舎の古民家を選んでいる場合もあるように見受けられた。

そのような中、日本文化への深い理解と敬意によって忘己利他の「コミットメント」を静かに実践しているのが、滋賀県日野町に住むモーア・オースティンという米国人である。モース博士と縁のある家に育ち日本に造詣の深いモーア氏は、大学で日本語を学び、一九八二年に留学生として来日した。以来四〇年間、日本政府外郭団体の職員として勤務しながら、私生活においては伝統的な「和」の暮らしを追求してきた。彼は空き家になっていた築一三〇年の日野商家を購入し、文化財指定を受けたわけでもないのに、伝統的建築技法にこだわり忠実に復原した。その後も、十二の座敷と六の庭をもつ広大な自邸の維持管理に精を出している［**図9**］。

*80――鈴木あるの「重要文化財住宅所有者の生活と保存活用に向けての問題点」、民俗建築第一四三号（二〇一三）

*81――https://kominkajapan.org

さらにモーア氏は、二〇〇八年から「日野まちなみ保全会」の事務局長として町の活性化を牽引してきた。価値ある民家が空き家になれば、不在の所有者に代わって家財を片付け、クラウドファンディングで資金を集めて修繕し、買い手を見つけ、店舗の開業まで手助けする。そうして多くの空き家を解体の危機から救った。沿道を清掃し、古い板塀のベンガラを塗り直し、障子の貼り方を若い日本人に教える。保全会で管理する空家を活用して落語会や勉強会を開催し、新規移入者の悩み相談にも乗る。

地域への義理もしがらみも無いモーア氏が、多大な時間と私費を投じてこれらの活動を続けているのは、「日本の良い伝統を守りたい」という一心からである。その影響を受けてか、日野町には民間主導で空き家の再生と景観保全の輪が広がり、伝統的な街並みが蘇りつつある。若者や海外からの移入者が増え、魅力的な商店や飲食店の新規開業も続いている。町は明らかに活気を取り戻しているのである。[*82]

5——「あこがれ」のその先に

文化の継承と市場の拡大には敬意と「コミットメント」が求められ、それは正しい理解に基づいていなければならないと述べた。歴史を見渡してみると、外国人による日本文化理解力は予想以上に高度であった。またその理解力は、万国博覧会のような展示会においてではなく、開放的な日本家屋の中の生活を覗き見された時に、最も顕著に発揮された。しかし正しい理解は、「コミットメント」への必要条件で

*82——鈴木あるの「民家の保存活用における外国人の役割」民俗建築第一五六号三七〜四一頁(二〇一九)

あって十分条件ではない。日本の生活様式の利点を頭で理解しただけでは、「それなら私も平常から日本式の生活をしよう」とはならない。新たな生活様式は身体的適応を必要とし[*83]、家屋に求める形態や性能は、生まれ育った場所における住体験に大きく影響されるからである[*84]。たとえば「建築は壁だ」と信じて育った人に日本家屋に住むことを強要するのは、裸で外を歩けと命じるに等しい。「服を着て靴をはかない恰好は私達ヨーロッパ人にとって我ながらみじめなものであり、たとえ長い間日本に住んでいても、この感情は到底消え去らない[*85]」のである。もちろん、和服に合わせる真白な足袋は、下着や部屋履きというよりは、人に見せることを意識した布製の靴のようなものではあるが、それは服装全体や室内での生活文化とあわせて初めて成り立つ話である。

ブルーノ・タウトは、欧米人は日本製品の「質」を愛していると繰り返し、「日本の輸出は商品のすぐれた質によってのみ世界市場に大なる販路を獲得しうる」と断言した[*86]。グローバル時代において差別化を図ろうとするならなおのことである。また筆者の最近の海外調査においては、環境への配慮から日本の伝統的な建築技術を用いた現代建築の実例を確認した[*87]。その目的であれば本物の自然材料や工法を用いなければ意味がないし、もとよりヨーロッパの住宅市場には「本物」志向が根強い。しかし日本国内の住宅業界では無理な価格競争が横行し、建築の質の維持が極めて難しくなっている。良質な材料の産地も高度な技をもつ職人も絶滅の危機にあり、「本物」を知らない日本人がすでに多数を占めている[*88]。高品質を支える材料と技術を維持するため、社会全体の意識改革と努力が必要であろう。

*83——真家和生(自然人類学)によれば、日本人の関節に特有の蹲踞面(そんきょめん)より、床坐が容易なのだという。真家和生「日本人と折りたたみの文化」、エプタ第六四号(二〇一三)

*84——鈴木あるの「留学生の住宅嗜好とその背景に関する研究」(二〇一三) 前掲

*85——タウト全集第三巻「美術と工芸」篠田英雄訳、育生社弘道閣(一九四三)三八三頁

*86——タウト、前掲一五一頁

*87——スペイン・バルセロナのエンテグラ・ビルを開発したurbaninput社の担当者Juanola氏および設計したbatlleiroig社の担当者Gorordo氏への聞き取り調査(二〇二二年九月二三日実施、未発表)

*88——鈴木(二〇一八)、前掲

第三部

これからの住まいと暮らし

――あこがれから流行への種と形を探る

第七章

あこがれの対象としての環境配慮型住宅

小泉雅生

1——近代における環境配慮型住宅

聴竹居と洋風化

京都帝国大学で教鞭を執った藤井厚二は『日本の住宅』という書籍を著し、日本の気候風土に即した住宅のあり方を探った建築家である。彼の自邸である「聴竹居」（一九二八年）［**図1**］では、奥行きのある縁側での日射制御など、現在でいうところのパッシブデザイン手法が駆使されている。なかでも特徴的なのは、天井面に排気口を、足もとに導気口を設け、棟の高さを利用して換気を行う手法の提案である［**図2**］。畳の和室を小上がり状に一段あげ、その段差部から山の斜面に敷設されたクールトレンチを経由した冷たい空気を室内へと導き入れている。

従来、日本の家屋では水平方向の開放性を確保し、クロスベンチレーションが重視されてきた。しかし、ここでは高低差、温度差を利用して、垂直方向に空気を流す重力換気が提案されている。環境デザインのパイオニアと位置づけられる藤井が、

［**図1**］聴竹居外観

なぜこのような考えに至ったのだろうか。

この住宅が設計されたのは大正末期から昭和初期にかけてである。洋風化した住宅が建て始められ、ライフスタイルも椅子座と床座が折衷するような時代であった。平面図［**図3**］を見ると、中央の居室部分はホール状となっており、その周囲は読書室や食事室で囲まれている。そのため居室は、直接外気に面さない、いわゆる行灯部屋となっている。洋風化に伴い、各部屋の用途や目的が明確化されるようになったが、目的をもった部屋が外周部に置かれた結果、肝心の居室は環境的に不利な場所となってしまう。そこで、垂直方向の空気の流れを創り出すことに、と思い至ったのではないだろうか。あわせて、居室と食事室等との間も固い壁で仕切られるのではなく、水平方向の透過性を持った状態で緩やかに仕切られる形となっており、従来型のクロスベンチレーションの確保にも配慮がなされている。また、空気の取り入れ口となる床段差を利用して、和室の床座と板の間の椅子座の視線の高さを合わせるなど、緻密に計画が練り上げられている様がうかがえる。

藤井は、夏季に死亡率が高くなることを論拠に、「夏を旨とする」住まいの必要性を強調している。実際には食中毒など衛生状態に起因する死亡も多く含まれていたと思われるので、必ずしも住環境の不適切さによるものばかりではなかっただろうが、ヨーロッパと異なり、日本の蒸し暑い夏を乗り切るためには、何らかの建築的な工夫が必要だと考えていた節がうかがえる。それは、

［**図2**］聴竹居／足もとの導気口

閑室（離れ）
調理室
食事室
三畳
居室
読書室
客室
縁側

［**図3**］聴竹居平面図（設計：藤井厚二）

従来からの「家づくりは夏を旨とすべし」（徒然草）という考え方を踏襲するものでもあった。

当時、先進的でそれこそ「あこがれ」の対象であったであろう洋風化した住まいやライフスタイルに対して、それを実現するには環境的な配慮が必要だということを指摘し、万人に受け容れられやすい健康ニーズと重ね合わせて訴えかけたわけである。逆に言うと、環境そのものがあこがれの対象となったわけではなく、洋風住宅というあこがれを補償するものとしての位置づけにあったといえよう。

戦後における量の確保

その後、第二次大戦後の混乱期を経て、住宅の「量」の不足が大きな社会的なテーマとなり、団地と呼ばれるような画一化した住戸ユニットが大量に供給されることとなった。「量」の供給に焦点が当てられてはいたが、「質」がないがしろにされたというわけではないだろう。住まい方調査を踏まえて食寝分離、就寝分離が謳われ、ダイニングキッチンと呼ばれる食事空間を確立するなど、当時の住まい手のニーズに応えるべくさまざまな工夫が盛り込まれたものとなっている［図4］。住宅性能という観点から見ても、隣棟間隔が十分確保され、両面採光で風も通り抜けやすい平面で、堅牢なコンクリート躯体に金属製のサッシが取り付けられ、従来の木造住宅から比べれば、はるかに高い性能を有していた。もちろん、現在のスタンダードからすれば階高の不足や遮音性能の不足、壁面結露、バリアフリーなど、多くの課題があったことは否めないが、それでも当時の人々からすれば、夢のようなあこがれ

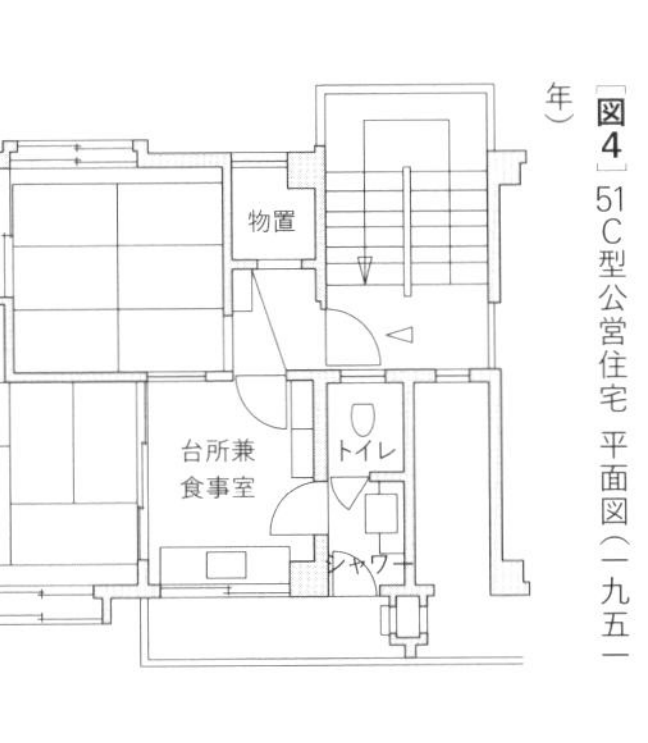

［図4］51C型公営住宅 平面図（一九五一年）

［図5］京都八幡男山団地（一九七二年）／画一化したユニット

の住まいであったことは想像に難くない。その後、団地に代表されるn-DK、n-LDKと称される住戸タイプは、急速に日本全国に広まっていったが、それはとりもなおさず、エンドユーザーである住まい手のニーズに合致していたからにほかならない。事実、入居にあたっては高い倍率の抽選を経なければならなかったし、多くの人々がさまざまな場面で団地への憧憬を語っていることからもうかがえる［図5］。

しかし、広まっていく過程で、集合住宅の隣棟間隔は狭まり、住戸のプランは間口が狭くなり、奥行きが深くなっていった。さらに音環境やプライバシーへの配慮からか、個室を囲う壁は堅固なものとなり風や光を透過しないものへと変容し、家全体に風や光が行き渡りにくいものとなってしまった。団地型住戸が持つ環境上のアドバンテージは薄れてしまったのである。もちろん、そこには住戸密度をあげて販売価格を抑えたり、居住者のプライバシーを確保したいというニーズに応えたものであったのだが、それに付随して生じた環境的な課題に対して、積極的な対策がとられたかといえば、疑問といえよう。藤井のように建築的な工夫で解決するという取り組みはなされず、その環境的な弱点を補うために機械設備を導入し、そのパワーに頼るといった形にシフトしたのである。

省エネ基準と冬も旨とする住まい

量の拡充に続いて、もちろん住宅の質の向上も図られた。戦後における住宅の環境面での品質向上を巡る大きな動きとして、従来の「夏を旨とする」住まい方に対

［図6］北方建築総合研究所（地方独立行政法人北海道総合研究機構）

する見直しがあげられよう。そのきっかけのひとつは、寒冷地の気候風土の下での住まいから発せられた。昭和三〇年に積雪寒冷な地における住まいのあり方を探求する北海道立寒地建築研究所（現在の北方建築総合研究所）［図6］が開設された。北海道という冬の寒さの厳しい地域では、当然「夏を旨とする」住まいではいろいろな不具合が出てくる。そこで寒冷地向けの冬を乗り切るためのさまざまな技術や構法が開発され、ここを起点として全国へと発信がなされたのである。

もう一つのきっかけは、一九七〇年代の石油ショックであろう。原油価格が高騰し、化石エネルギーの浪費に対する警鐘が鳴らされ、「省エネ」が大きくクローズアップされた。先に述べたように、住宅においても化石エネルギーを用いて環境制御を行うことが一般化するにつれ、消費されるエネルギーも増大した。住宅において冷暖房に必要とされるエネルギー消費の内訳を見れば、夏季よりも圧倒的に冬季の方が多い。それは冷房期間／時間に比べ暖房期間／時間が長いこと、冷房時に比べ暖房時の方が外気温と室温との温度差が大きいことに起因する。省エネということを考えれば、冬の消費エネルギーを抑えられる住まいが重要になってくるのである。

ここで目指されたのは「冬も旨とする」住まいの確立である。それまでの夏を旨とする住まいというのは、逆にいうときちんと閉じることのできない住まいでもあった。開口部が多く隙間風の吹くような住まいに対して、断熱性能や気密性能を高めていくことが謳われた。国のレベルで建築物に関わる省エネ基準が定められ、断熱性能や開口部の仕様についてのガイドラインが示されたのである。その後、折

［図7］住宅の外観比較／時代とともに南面の開口が徐々に小さくなっていく。右から一九七〇年代、一九九〇年代、二〇一〇年代

にふれ省エネ基準は見直され、徐々にハードルが上げられることとなった。

省エネ基準が高められると、その影響は顕著に外観に現れる。ここ数十年の住宅の外観を比較してみると、開口部の大きさが徐々に小さくなっているさまがうかがえる［図7］。熱損失を抑え、外部との熱のやりとりを防ぐためには、弱点となりがちな開口部周りへの対策が不可欠である。サッシやガラスといった部材の性能を上げるだけでなく、開口部の面積自体を抑えることが有効となる。かくして、住宅の窓はどんどん小さくなっていったのである。「冬も旨とする」住まいが「冬を旨とする」住まいになり、蒸し暑い夏への対策はエアコン任せになってしまった。

そのような経緯を経て確立された「冬を旨とする」住まいだが、住まい手にはどのように受け止められたのだろうか。北海道においては、冬も快適に過ごせる家、というのがあこがれレベルではなく、人命や健康を害さないという切実なニーズとしてあっただろう。しかし、その他の地域では国の施策として省エネが謳われるから取り組むというレベルで、そこまで切迫感はなかったのではないか。窓が小さくなった住居は、果たして住まい手のあこがれと言える存在だったのだろうか。

2——現代の環境配慮型住宅

アシタノイエという試行

そのような流れを受けて、二一世紀に入った頃『アシタノイエ』と名付けた自宅となる住宅を設計した［図8・9］（詳細P.169）。「アシタノ——明日の」と称したのは、こ

［図8］アシタノイエ外観
（設計：小泉アトリエ＋メジロスタジオ）

［図9］アシタノイエ内観

れからの住まいに求められる性能や空間を先進的に、そして自宅であるがゆえに多少実験的に取り入れてみようと思ったからである。特に、環境の世紀といわれる二一世紀において、日常の生活空間である住宅を題材に、環境配慮の技法を空間デザインにどのようにインテグレートできるのか、さまざまな試みを行ったものである。

先に述べたように断熱性能を高めるために、住宅は厚い壁、小さい開口部で周囲との関係を遮断する方向に変容してきた。それに対して、冬も旨としつつも、単に閉じるのではなく、周囲とつながっていくような住宅建築のあり方を探れないかと考えたのである。そのために、まず、敷地全面に周辺の地形となじむような屋根を架け渡し、物理的に周囲の地形と連続させることを試みた［図10］。敷地には造成によって形作られた法面がある。その法面と連続するように、ランドスケープと一体化する曲面の緑化屋根を架けた。さらに、敷地内にあった既存の樹木（クスノキ）を残し、その周りを坪庭状に囲み、樹木を取り込むような平面形状としている。周囲から切り離すのではなく、積極的に周囲との関係を築いていくスタンスである。

内部空間においても、藤井厚二が聴竹居で示したように、子ども部屋などの諸室を堅固な壁で仕切るのではなく、欄間で空気や音が繋がるような関係とした。夏に通風環境が確保されることもさることながら、冬季においても、外皮の性能が十分高ければ、空気とともに熱が流動し、室内のどこに居てもある程度の熱環境が担保される。熱的バリアフリーという状態が実現する。

余談であるが、そのような空間構成とすれば、当然のことながら、プライバシーの確保、音環境という点では、課題が残る。ここでは、自宅ということもあり、気

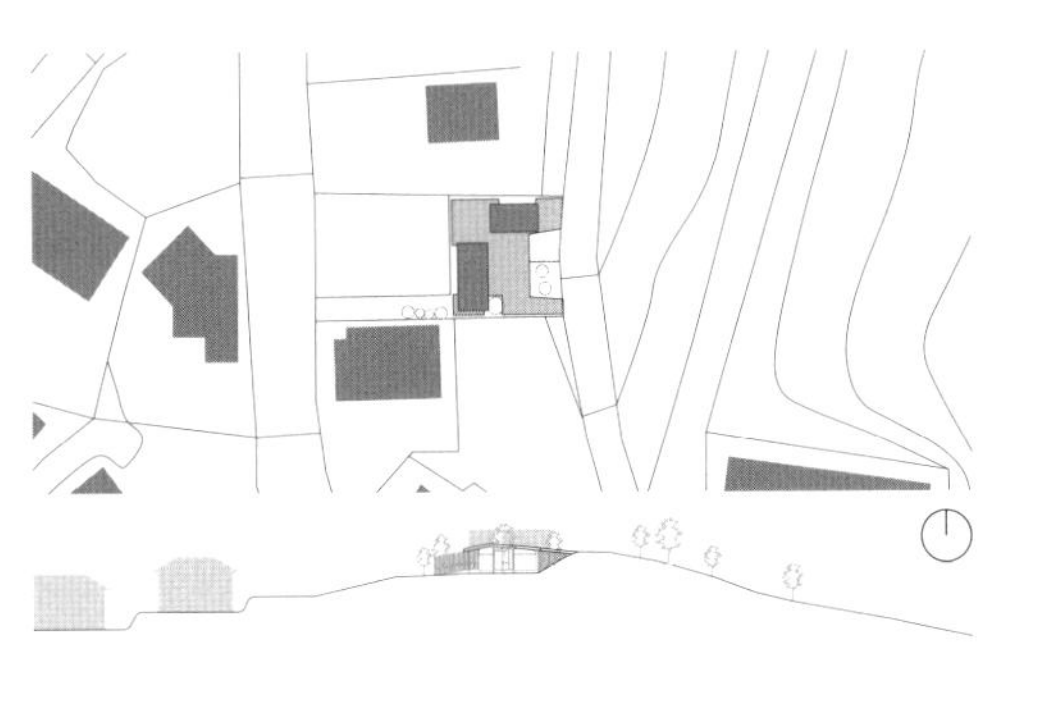
［図10］アシタノイエ配置図と地形断面図

配が伝わるくらいがちょうどいい人間関係であると強弁をした。三人の子どもが思春期を含めてここで過ごしたが、幸いなことに、ラインなど音を発さないコミュニケーションツールが一般化し、スマートフォンの画面上にプライベートな領域が確保できるというIT機器の発達にも助けられ、うまく乗り切ることができた。音やプライバシーを巡る設計条件は今後大きく変わっていくのかも知れない。

生活ニーズとのインテグレート

『アシタノイエ』では、周囲とつながっていくことを積極的に位置づける一方で、その接点となる外壁／開口部の性能や配置には細心の配慮を行った。光を取り入れるための開口部は、できるだけ多くの面に確保しようとしたが、天井際のハイサイド部分に設けることで、屋根庇によって日射の侵入を防ぎ、天井に沿って四周から光を取り入れられるようにしている。また、斜面上に設置した白色のウッドデッキをリフレクターとして、反射光を取り入れるといった工夫も施している。これらの工夫によって、輝度対比が少なく、終日安定した光環境を実現している。

熱環境に関しては、壁、開口部とも断熱性能の確保には留意したが、特に開口部は一般的な住宅に比べて面積が大きいため、できる限りの性能向上を図っている。木製サッシを採用し、ガラス性能もLow-e加工した真空複層ガラスを使うなど、高いスペックを確保している［**図11**］。また、二階にも大きな開口部を設けているが、そこからも屋根面の輻射熱が侵入しないように、屋根面に緑化を施し、屋根表面の温度上昇を抑えている。

［**図11**］断熱性能に優れた木製建具

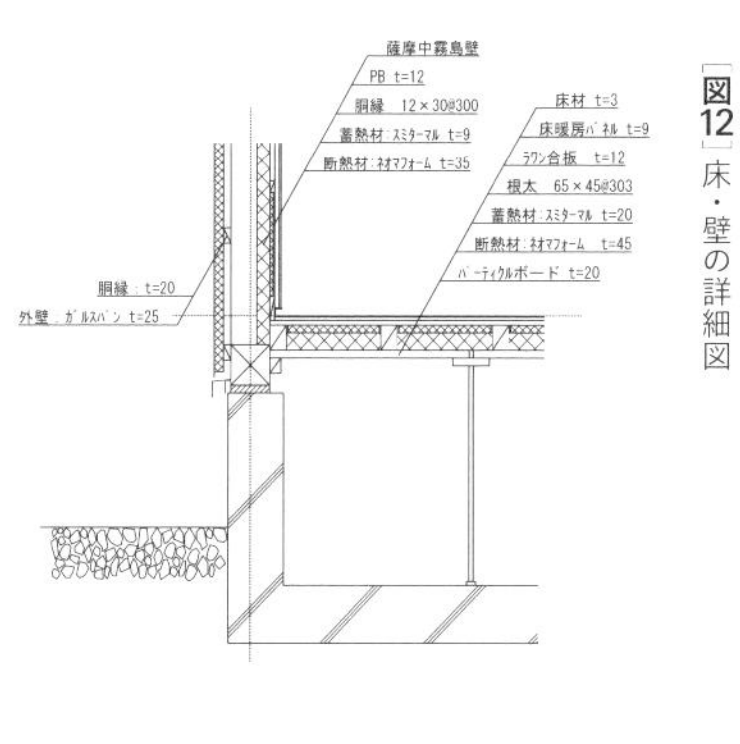

［**図12**］床・壁の詳細図

また、暖房に関しては、温水式の床暖房を採用している。熱効率を高めるために床仕上げのフローリングは厚さ三ミリの薄板として、さらに裏面に蓄熱体［図13］を配し、熱容量を増やすことで、終日安定した熱環境とすることにもチャレンジした。そのような工夫を施した結果、冬季の暖房時でも温度ムラの少ない温熱環境となっている［図14］。

この住宅で目指したのは、無防備に開放的に設えるのではなく、だからといって単純に閉じるのでもない「夏も冬も旨とする」住まいである。ともすると環境配慮型建築が生活と遊離した教条主義的なものに陥りがちであるのに対し、その設計技法をあくまで住まい手のニーズや実生活と重ね合わせていこうという、より柔軟なスタンスで設計に臨んだ。その結果として、衣服のように住民の生活を無理なく包む住宅像を描き出せたのではないかと思っている。

では、それが新たなあこがれを生み出すことになったかと問われれば、そこまでの影響力を有したとはいえないだろう。しかし、この住宅を発表した後に、何人かの建築家から「環境配慮型建築への抵抗感がなくなった」旨の評をいただいた。また、建築専門誌のみならず、テレビなど多くのメディアにも取り上げられた。あらためて振り返るに、このような形で具体的にこれからの住宅像を示していくことは、極めて重要なのではないかと思う。

創エネハウスというZEH

その後、さまざまな分野で環境問題が取り上げられるようになり、住宅における

高さ(mm)　アシタノイエ(室内空間)1月平均データ(高さ)　8時　10時　12時　14時　16時　18時　20時　外気温5.3℃
床表面温度は居間使用　温度(℃)

［図14］吹抜け部垂直温度分布

［図13］相変化して熱を蓄える潜熱蓄熱体（壁面・床面）

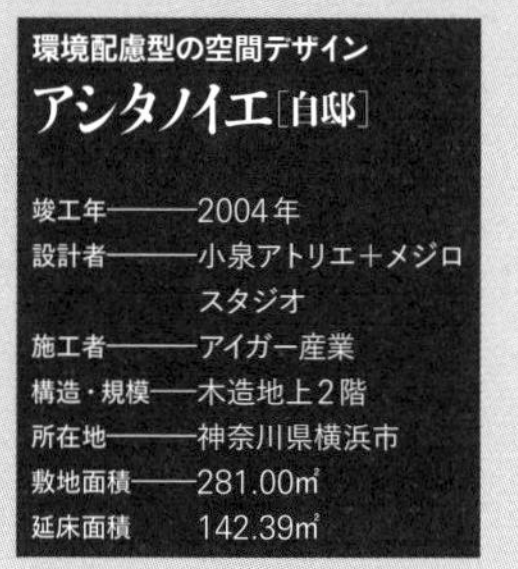

環境配慮型の空間デザイン

アシタノイエ［自邸］

竣工年———2004年
設計者———小泉アトリエ＋メジロスタジオ
施工者———アイガー産業
構造・規模——木造地上2階
所在地———神奈川県横浜市
敷地面積——281.00㎡
延床面積　　142.39㎡

丘陵地に建つ住宅。敷地全体に尾根道と連続するように屋根を架け渡し、緩やかな起伏を持つ新たな「地形」を作り出している。屋根は既存樹木によって切り欠かれ、ウッドデッキによって既存の地形とつながっている。屋根の上には食堂・寝室といったプライバシーの度合の高い箱が独創性の高い離れの形式で置かれ、対照的に屋根の下は細い間柱によって空間をゆるく分節化しながら、家族の息づかいが感じられる一室空間としている。

上：周囲の地形に添うような外観
下：一室空間がルーバーで緩く仕切られている内観

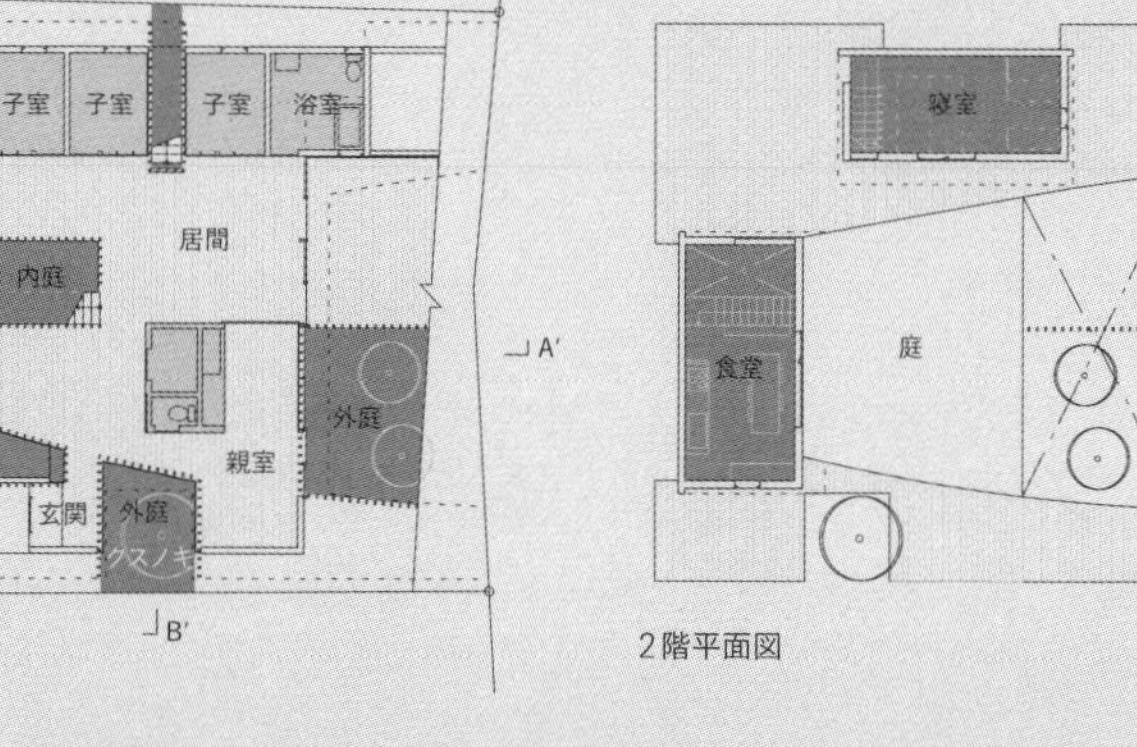

1階平面図　S＝1:400

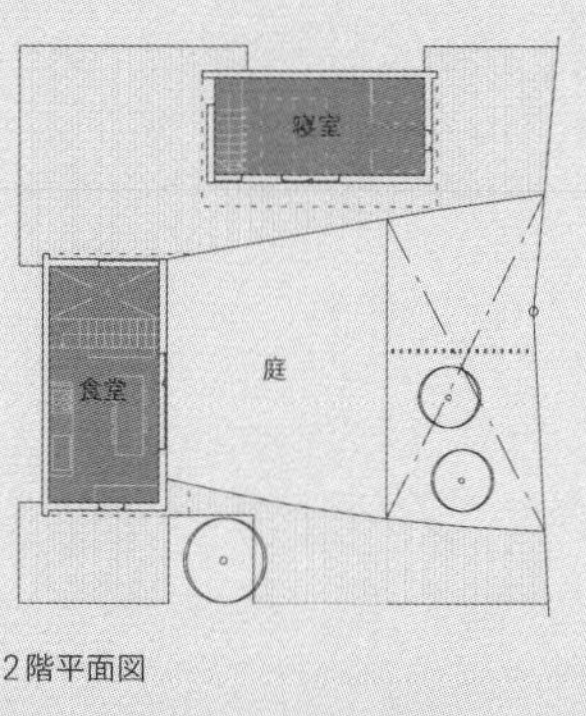

2階平面図

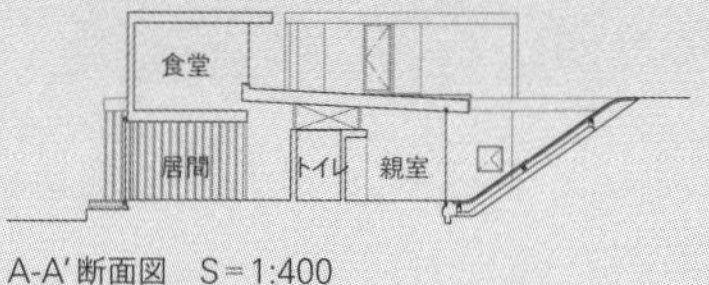

A-A'断面図　S＝1:400

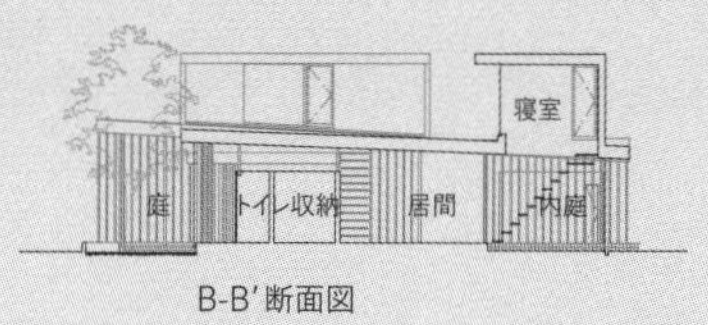

B-B'断面図

環境配慮も、さらに重要視されるようになった。地球温暖化を防止するために、温室効果ガスである二酸化炭素の排出を削減することが求められ、脱炭素が社会全体での大きなテーマとなった。

そこで、建築分野でも省エネ性能の義務化など、さまざまな施策が講じられるところとなった。そこで示された方向性が、消費するエネルギーを自ら創り出すゼロエネルギー住宅、すなわちZEH（ネット・ゼロ・エネルギー・ハウス）という考え方である。その骨子は、まず断熱性能を高めエネルギーを極力必要としない住宅として、高性能／高効率の設備を使用することによってエネルギーを上手に使い、さらに太陽光発電パネルによる創エネルギーでエネルギー収支をバランスさせる、というものである。当然のことながら、相当量の太陽光発電パネルの搭載が必須となる。形態や色調の選択の余地が少ない太陽光発電パネルが外観の大きな面積を占め、さらにその設置のために建物の外形も左右されてしまう。すなわち、建築を考える上での大きな足かせとなる。そこに少なからぬ抵抗感をもっている人も多いだろう。

筆者は『創エネハウス』［図15・16（詳細次頁）］と呼ばれるZEHのデモンストレーションのためのモデル住宅の設計に携わった。ZEHを実現するためには、大きな屋根が必要となる。ここでは、シンプルな矩形の平面に、切妻形状の屋根を架け、棟を北側にずらすことで、6kWの太陽光発電パネルを搭載できる南下がりの屋根面積を確保している。矩形の平面の中央部には棟まで至る階段室が設けられ、この階段室を利用して下から上へと抜ける空気の流れを作りだし、同時にハイサイドライトから取り込んだ光を平面の隅々まで行き渡らせている。また、屋根面で冬季

［図15］創エネハウス内観 階段室

ZEHデモンストレーションモデル住宅
創エネハウス

竣工年――2009年
設計者――小泉アトリエ
施工者――栄港建設
構造・規模――木造軸組工法地上2階
所在地――横浜市
敷地面積――566.19㎡
延床面積――175.09㎡

総合エネルギー企業による、脱炭素化をアピールするZEHのモデルハウス。運用時において排出されるCO_2を1990年比で50%削減し、残った50%の排出CO_2を太陽光発電によってオフセットすることが目指されている。中央の階段室を、人の通路であるとともに、光・風・熱の通り道と位置づけ、諸室がその周囲に螺旋状にとりつく構成となっている。

上:外観
下:内観／ダイニング

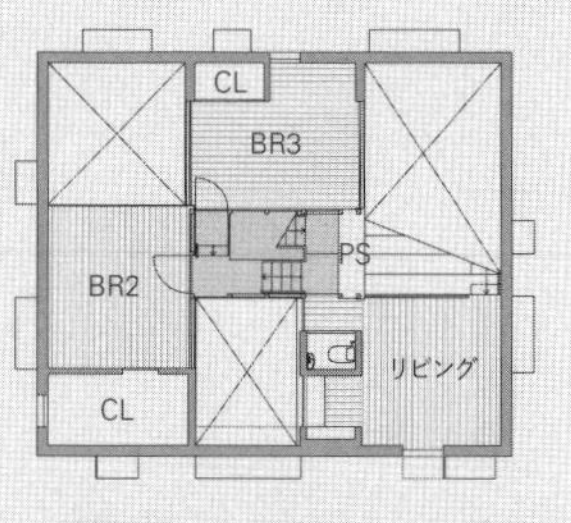

2階平面図　FL＋3485

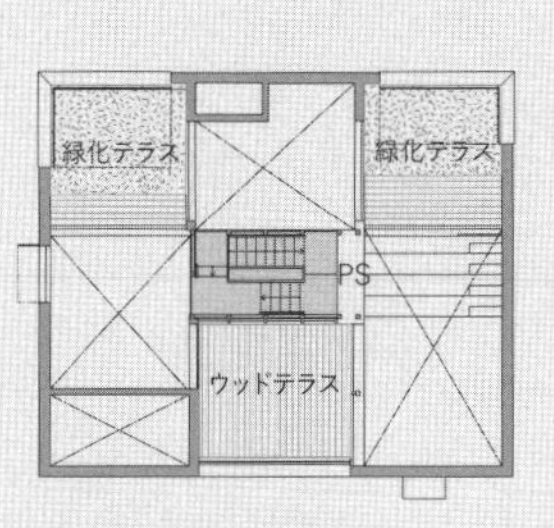

3階平面図　FL＋4715

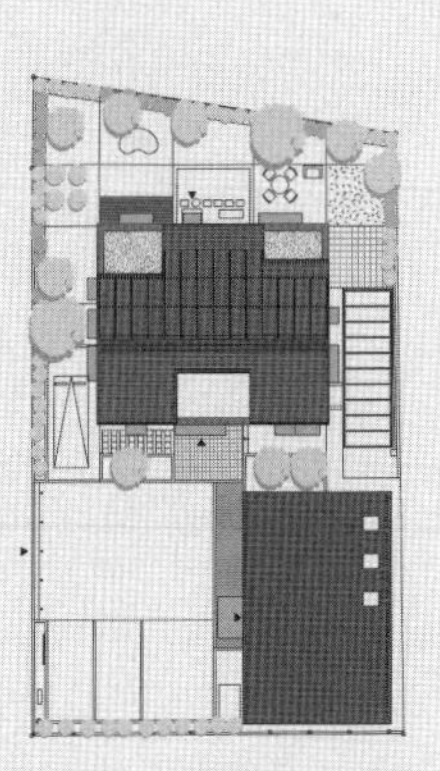

配置図　S＝1:700

1階平面図　S＝1:350

には日中に空気集熱を、夏季は夜間に放射冷却を行い、それぞれ基礎部に蓄熱するという熱利用のサイクルを提案しているが、その熱の移送のルートにも充てている。すなわち、この階段室は人の通り道であると同時に、光や風、熱の通り道ともなっている。建物自体は、その階段室の周囲に諸室の床がスキップ状にとりついていくという全体構成となっている。環境調整装置でもある階段室が、ハブのように住宅内のさまざまな居場所をつないでいく役割を果たしている。階段を上下して部屋間を移動する際に、光や風、熱の移動にも思いを馳せる、そんな仕掛けとなっている。実はこの階段室は水平力を負担する耐力要素でもあり、計画、環境、構造面で家をバックアップする、いうなれば大黒柱のような存在といえる。

ZEHというと太陽光発電パネルの搭載量ばかりが注目されるが、そこに留まらず、住まい手の意識を環境へと向けていくことを企図したものである。ZEHが単なる性能の優れた住まいではなくあこがれの住まいと認識されるためには、それが住まい手の心に訴えかけるものとなっていることが必要なのではないか。

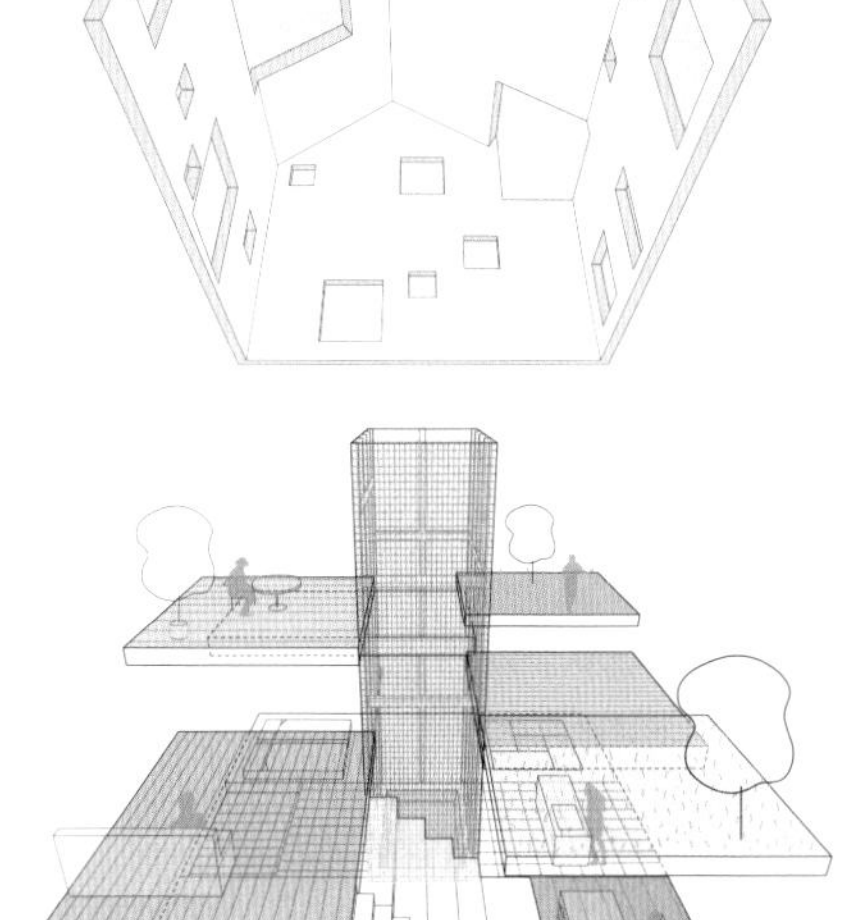

［図16］創エネハウス ダイアグラム
中央の階段室の周囲をスキップした床が巡っていく構成。階段室は人、光、風、熱の通り道となっている

LCCM住宅デモンストレーション棟（詳細P.175）

さらに、ZEHから進んで、建設時・廃棄時の排出CO_2までを含めた脱炭素を視野に入れるライフサイクルカーボンマイナス——LCCM住宅という考え方も出てきた。ライフサイクルカーボンマイナス住宅とは、建設段階での排出CO_2をできるだけ抑え、運用段階での省エネによる排出CO_2の削減、太陽光発電パネルでの創エネ、さらに改修時の排出CO_2の削減を重ね合わせて、最終的にCO_2収支をマイナスにしていく住宅である［図17］。CO_2面での建築に関わる環境負荷をなくす、いうなれば究極のエコ住宅といえよう。このような住宅の概念が提示され、助成制度が整備されるなど国を挙げての取り組みがなされた背景には、日本だけでなく、世界中での脱炭素の動きが加速してきたことがある。

運用段階でのエネルギーバランスを図ることが目指されていたZEHに比べて、LCCM住宅では当然それを上回る性能が求められる。このLCCM住宅という概念を具現化すべく、国立研究開発法人建築研究所の敷地内（茨城県つくば市）にデモンストレーション棟を実地に建設・試行してみることとなった［図18・19］。

先の創エネハウスとはまったく異なり、ここでは南北に三層のストライプ状の平面が採用されている。南側のゾーンにはダイレクトゲイン*1を行うための大開口があり、室内環境の変動幅の大きいバッファーゾーン（緩衝地帯）として位置づけられている。そのため短時間での利用がなされる階段室という機能が充てられている。北側のゾーンは北風から護るように壁がちの空間となっており、水回りなどの小部屋で構成されている。そして、中央部の領域は南北の領域に挟まれ、日常的な活動場

［図17］ライフサイクルカーボンマイナスへのステップ

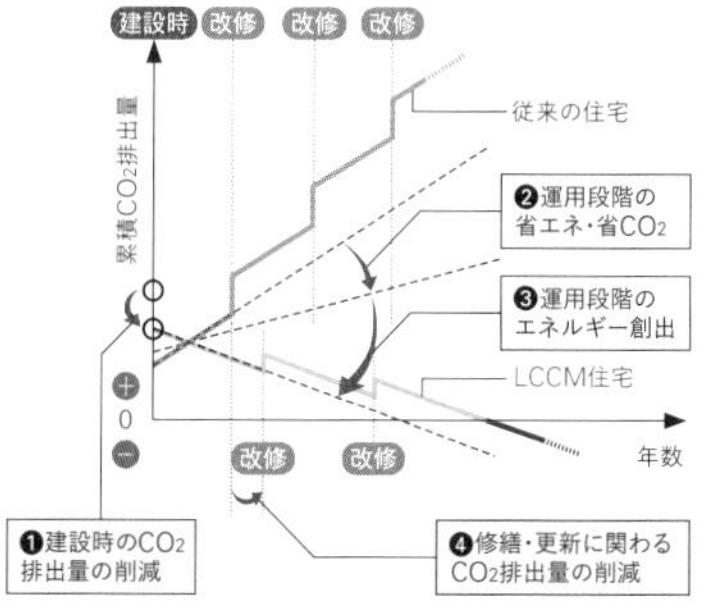

*1——ダイレクトゲイン
開口部を通して日射しを取り入れ室内を暖めること

所として安定した環境が担保される形となっている。

このストライプ状の空間構成に呼応して、南と北の立面は必然的に大きく表情が異なるものとなっている。北側は壁の中に小さな開口が穿たれるような形となっているのに対して、南側は光と熱を取り込むことができる大きなガラス面で構成されている。南面の大開口は、季節に応じて表情を変えるものとして提案を行った。「衣替えする住宅」というキャッチフレーズを付し、夏と冬とで装いを変えていく住まいのあり方を提示したのである。居住者の環境行動を組み込み、自身でアレンジ可能なものとすることで、よりニーズに沿った住まいを実現できるだろうという狙いである。環境行動を前提とすれば、居住者の負担は大きくなる。しかし、住宅が高性能化することによって、居住者が受動的になり活動レベルが低下するとなれば、生き物として健全とはいえないだろう。むしろ、積極的な環境行動を呼び起こす住まいとすることで、住まいそのものがいわば身体の延長のような形で認識化されることとなる。

ここでは、LCCMという、より高いレベルでの環境配慮型住宅を構想するにあたって、きめ細やかなレベルで住宅内での活動と環境の分析を行った。環境をテーマとした住まいは、住まい手が上手に住みこなして初めてその性能が発揮される。家電とは異なり、建築においては、単に省エネ性能の数値を高めていくだけでは、不十分ではないか。あこがれの対象となるには、自らの生活の延長線上にあると思えることが必要だろう。

［**図18・19**］LCCM住宅デモンストレーション棟。冬の縁側（右）と夏の縁側（左）

国立研究開発法人 建築研究所

LCCM住宅デモンストレーション棟

竣工年———2011年
設計者———小泉アトリエ＋LCCM住宅設計部会
施工者———郡司建設
構造・規模——木造軸組工法地上2階
所在地———つくば市
敷地面積——研究所敷地内
延床面積——142.35㎡

住宅のライフサイクル（建設・運用・廃棄）を通し排出されるCO_2を、太陽光発電によって創出された電力分のCO_2削減量により相殺し、最終的にCO_2収支をマイナスにする住宅。建設段階におけるCO_2原単位の少ない建材の採用、運用段階における高効率の設備機器の採用に加え、「衣替えする住宅」というコンセプトのように気候条件や生活シーンに応じて居住者が環境制御に積極的に関与していくことを提案している。

上：南西外観
下左：内観／リビング
下右：北側外観

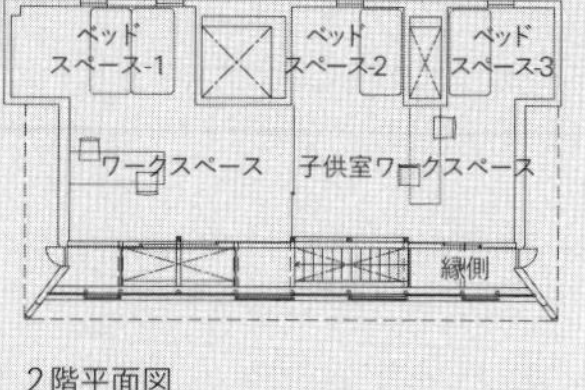
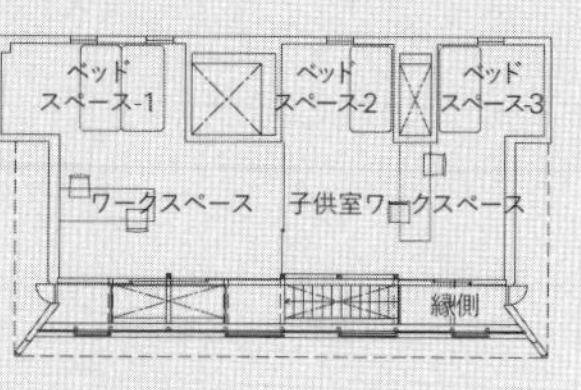

2階平面図

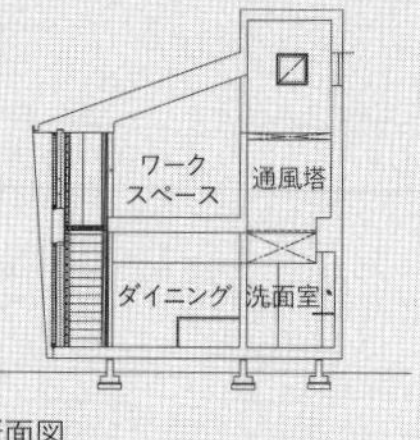

A-A′断面図

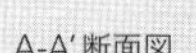

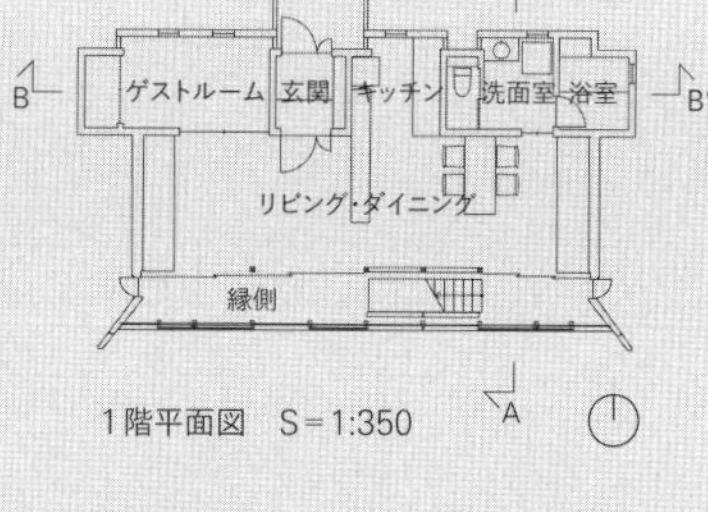

1階平面図　S＝1:350

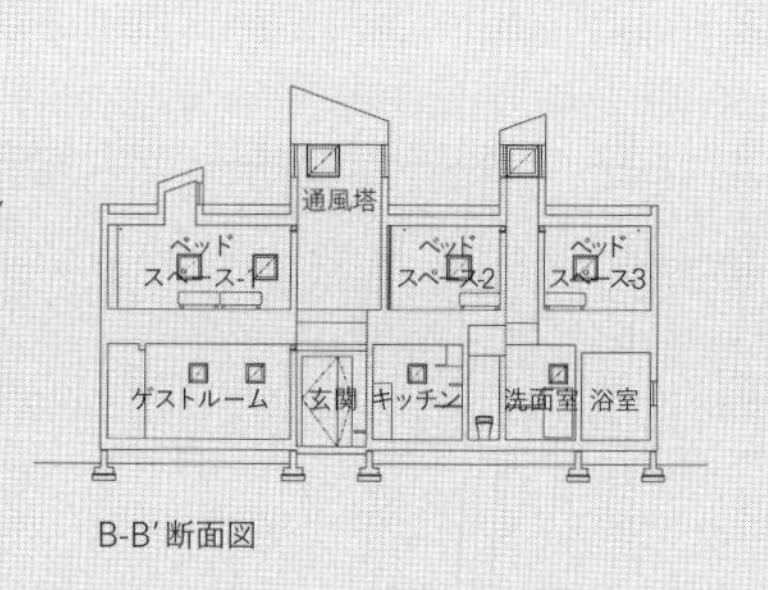

B-B′断面図

3――環境配慮型住宅のこれから

環境配慮型住宅とあこがれ

脱炭素という社会の動向から求められるZEHやLCCM住宅は、今後「あこがれ」の対象として位置づけられていくのだろうか。ここまで見てきた住宅を巡る環境面での変遷をふまえて考えてみたい。

「あこがれ」の対象となるためには、時代のニーズを一歩先取りしていることがポイントとなる。だとすると環境配慮というものがエンドユーザーたる居住者にどのように受け止められているかが問われる。ZEHやLCCM住宅という概念は、住まい手のニーズに基づいているというより、いうなれば地球のニーズから導き出された方向性である。住まい手にとって、身近なあるいはリアルな欲求とは言い難い。だからあこがれの対象というよりは、義務感で行う宿題といった感で受け止められかねない。

実は環境配慮型住宅の普及をめぐる国の施策は、ここ数年で大きく舵を切ろうとしている。今までは高い性能をもったものに対して助成をする、つまりインセンティブを与えることで普及を図っていた。自主性に委ねるスタンスと言えよう。しかしその手法には限界があるとして、近年では法規制により義務づける方向にシフトした。まさに宿題のような形である。しかし、法規制で縛られるものは、なかなかあこがれの対象にはなりにくいのではないか。

また、筆者が関わった三つの事例で示したように、環境配慮型住宅にはいろいろな解法がある。ひとつの形に収斂するわけではない。現代のあこがれの住まいのひとつは「タワーマンション」であるとの指摘が本書の編者である後藤治氏よりあったが、そういったわかりやすい記号的な形には収斂しない。そこも「あこがれ」化の障壁になっているのだろう。

しかし、新しいムーブメントが広く普及するには、多くの人がそれに「あこがれる」というフェイズが重要である。社会的に環境配慮型の住宅が求められるのであれば、義務感からではなく、あこがれの対象としてアピールしていくのが近道だろう。なれば、建築家があこがれの形となりうる環境配慮型の住まいの姿を具体的に提示していくべきではないか。

二〇〇七年のアカデミー賞の授賞式で、並みいるスターたちがリムジンで会場に乗り付けるなか、俳優のレオナルド・ディカプリオは環境配慮型のハイブリッドカーで登場したことが大きく報じられた。この出来事をきっかけに、環境を意識した車への関心が一気に高まったという。ステルスマーケティングにも通じるようなイメージ戦略であるが、人気俳優とセットで示されたことで単なる環境配慮型の車が「あこがれ」の対象へと昇華されたのである。同様に、建築家には、環境配慮型であるZEHやLCCM住宅を「あこがれ」の対象へと昇華する役割が期待される。

蒸暑(じょうしょ)地域型の環境配慮型住宅

これまで日本はさまざまな分野で先進的な技術を誇る国であったが、こと脱炭素に関しては、石炭火力発電から脱却できないなど、周辺諸国のなかでも遅れた立ち位置に留まっている。住宅の省エネルギー性能に関しても、多くの国ですでに確保が義務づけられているにもかかわらず、日本においては現時点では「説明義務」に留まっており、ようやく義務化が打ち出されたところである。もともと、環境への意識が低かったわけではないはずなのに、なぜそうなってしまったのだろうか。

ここまで述べてきたように、伝統的に日本の家屋は「夏を旨」としてきた。その後、住様式の変化やエネルギー消費型への移行にともない、「冬を旨」とする住まいへ徐々に変容してきた。しかし「夏を旨とする」住まいのあり方は、われわれの原風景として根強く残り続けた。現行のスタンダードを満たしていないとしても、そのような住まいに惹かれる気持ちがわれわれの奥底にあるのだろう。建築学科の学生に環境を意識した住まいの像を語らせると、低学年であればあるほどその多くが昔懐かしい民家を理想型として挙げる。実際にそのような住まいに住んだ経験がなく、厳しい冬の寒さに思い至らないが故なのだろうが、過剰に夏を旨とする住まいを賛美する傾向がうかがえる。

「あこがれ」が生成されるメカニズムを考えてみるに、未来への指向があこがれを生む一方で、失われたものへの郷愁がある種の憧憬につながるのも事実である。従って、古き良きものにあこがれを感じる学生の反応は致し方ないのかも知れない。住宅に高い環境性能を課すヨーロッパ文化圏でも、古い家屋が残され、現代でも活用されているのを多く目にする。ただ、夏期の蒸暑気候をもたず、また三匹の子豚の寓話で示されるように厚い壁でしっかりと囲う伝統を持つ地域では、古い家屋を省エネ改修し、環境配慮型の建物に変容していくことにさほど違和感がないのだろう。一方、軸組に簡易な建具をはめ込んでいく日本の民家のあり方からは、容易にイメージチェンジができないのではないか。かくして、日本では、懐かしき過去へのあこがれが亡霊のように生き続けている。

だとすると、建築家に求められるのは、この原風景を活かしたZEHやLCCM住宅、すなわち環境配慮型住宅を構築することなのではないか。それは、蒸暑地域型のZEHやLCCM住宅といってもいいかもしれない。藤井厚二が洋風のライフスタイルへのあこがれを受け止めつつそれに適応した住まいの形を示したように、かつての「夏を旨とする」住まいへのあこがれが根強くあるとすればそれを踏まえた、これからの住まいの形を示す必要があるように思うのである。

このような背景から、大学対抗のZEH提案のイベントである「エネマネハウス2017」において、首都大学東京（現東京都立大学）チームとして蒸暑地域型のZEHを提示した［図20］（詳細P.181）。隣戸と界壁を共用し熱損失の少ないタウンハウス形式をとり、土間状の半屋外空間での日射の制御、通風塔を用いた奥行きの深い平面での通風の積極的利用に加え、屋外空間での微気候[*2]の生成、半屋外空間でのコミュニティの

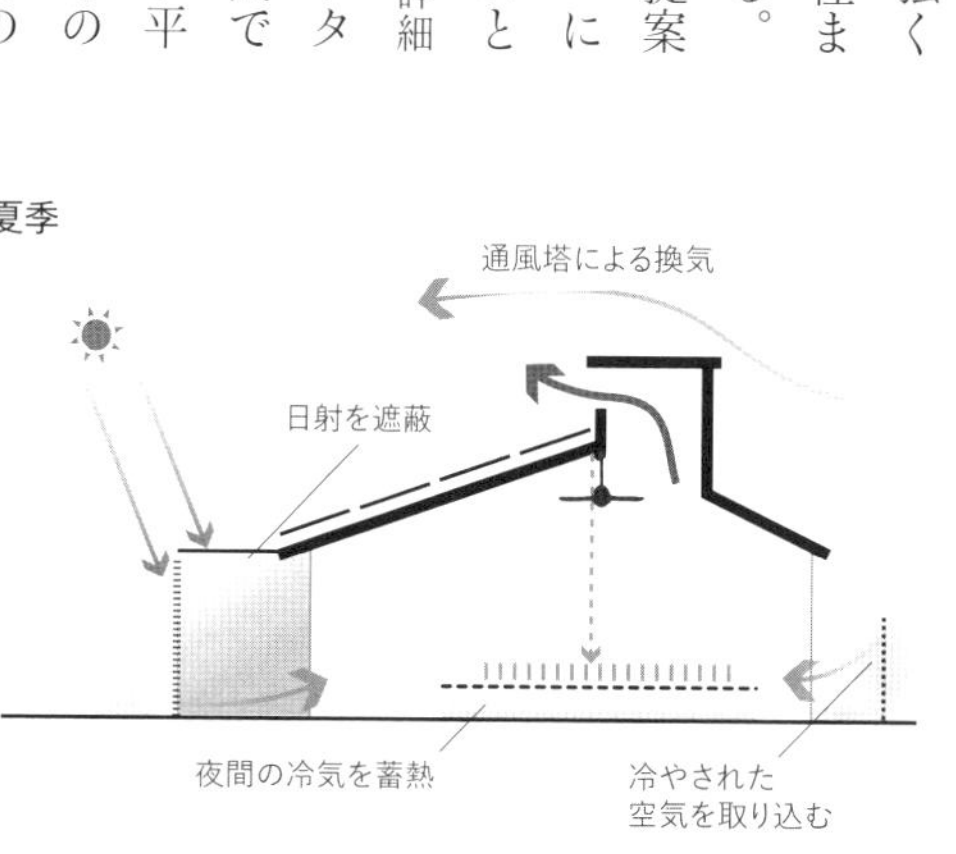

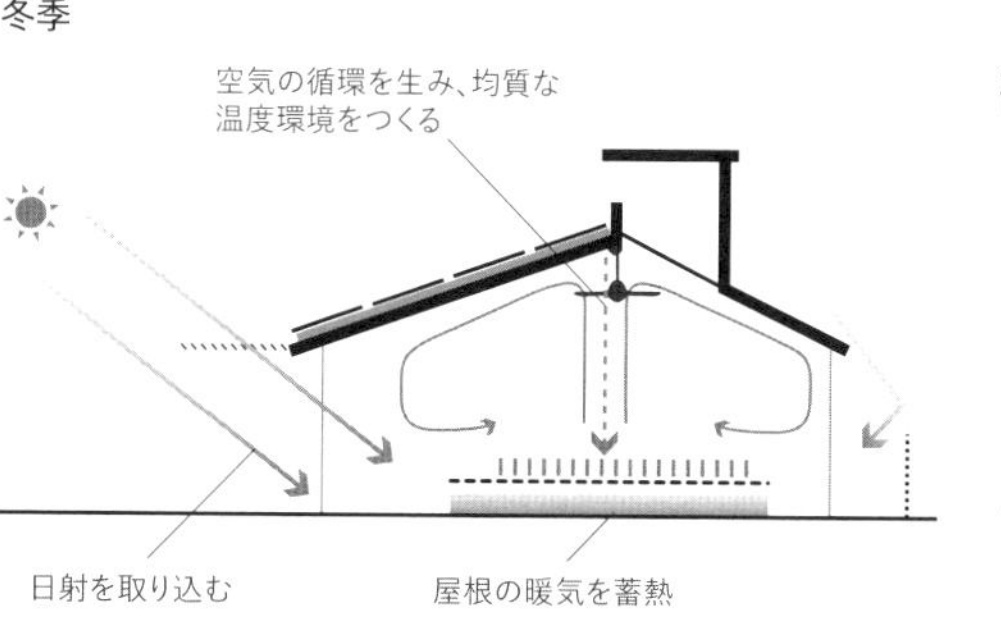

［図20］エネマネハウス ダイアグラム

*2——微気候
住まいの周辺に形成された局所的な温熱環境や風環境など

醸成、界壁での熱源機器の共用などを提案している。若年層を中心として、所有から利用、共有へと意識が変容し、シェア文化が定着しつつあることを踏まえ、近隣とともにエネルギーや周辺環境を作り出し、シェアしていくことを謳ったものである。

ひたすら断熱性能の優劣を喧伝し経済性や地球環境からZEHやLCCM住宅を語るのではなく、藤井厚二が健康ニーズに重ね合わせて示したように、住まい手の興味を引き、感性を刺激し、「あこがれ」を生成していく戦略が必要なのではないだろうか。自戒を持って、受け止めたい。

ZEHの取り組み

エネマネハウス

竣工年———2017年
設計者———首都大学東京（現東京都立大学）
施工者———アイガー産業
構造・規模——木造在来軸組工法 地上1階
所在地———大阪市
敷地面積——–
延床面積——71.92㎡

経済産業省主催のイベント「エネマネハウス2017」にて提案したZEHのモデル住宅。大学と民間企業との連携により建設、環境性能測定、展示を行った。蒸暑地域を対象とした、通風・日射遮蔽などを考慮したテラスハウス形式の住宅で、活動を適度に見せていく半屋外の「ミセテラス」、屋外を中に引き込む「ドマ」によって内外を緩やかに繋げている。屋根には通風塔を設け、奥行きの深い平面に下から上への空気の流れをつくり出している。

上：2本の通風塔のある外観
下：中央に小上がりがある内観

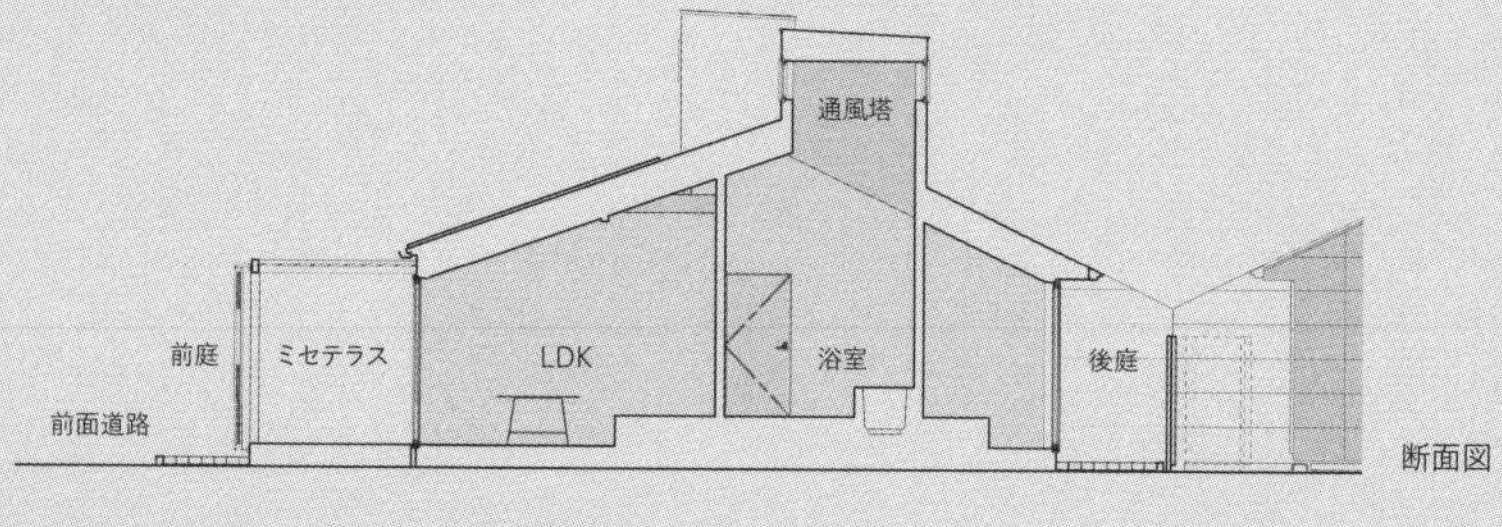

断面図

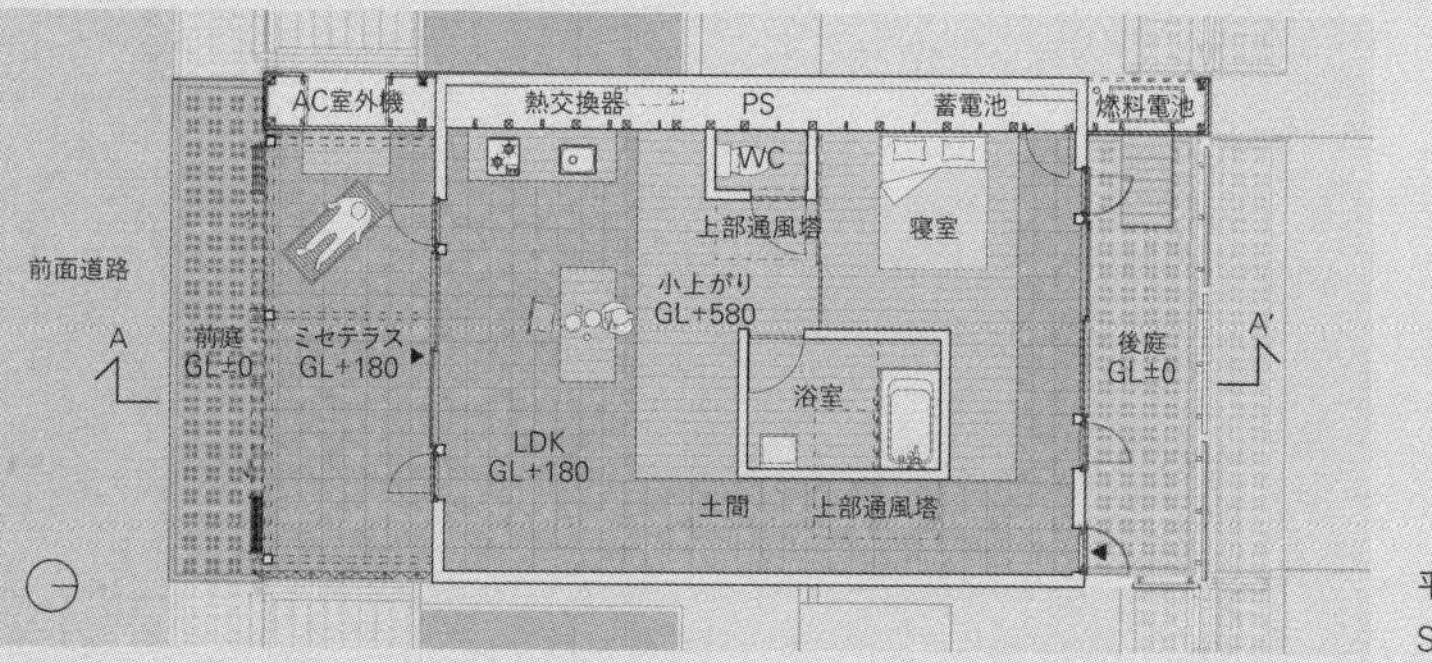

平面図
S＝1:200

第八章

住人の住居史・抄

伏見唯

ある男性の住まいの変遷を追う。その人は戦前の幼少期には町家で育ち、座敷で礼儀を学び、洋風の住宅やモダンな家にもあこがれた。終戦直後は、街が灰燼(かいじん)に帰しているなかでとにかく住む場所を求め、後に公団住宅、建築家が設計した住宅へと移り住んでいった。

こうしたひとりの人間の住まいの履歴は、個人史であるとともに、社会の一側面を代弁する重要な記録にもなるはずだ。設計者からの視点で記された住居史があるー方で、住人の視点で記された住居史もあってよく、そこでは居を移すときの心情が重きをなすだろう。「あこがれ」はまず個人の想いであり、その集合体が社会で共有されうる「あこがれ」に結びつくのであれば、個人史からはじめるしかないのではないか。ある住人にとっての「あこがれ」の住まいを紡いでいく。

その住人は、中原洋(なかはら・ひろし)。一九三五年、広島県生まれ。早稲田大学第一文学部フランス文学専攻卒業。そして広告代理店に勤め、コピーライター、後にフリーライター、編集者となる。一九八一年に中原編集室を設立した。主著のひとつは『意地の都市住宅』[*1]、代表的な編集制作物は全日空の機内誌『翼の王国』や建築情報誌『TOTO通信』など多数にのぼる。日本のPR誌の歴史を築き、関心の強い建築分野への発信力ももっている。建築の設計者ではないが、建築への理解が深く、自分が暮らしてきた住宅のことを詳細に回顧することができる人だ。

以降は、二〇一九~二一年にかけて行った中原へのインタビュー内容をまとめたものである。

広島・吉島町の生家

生まれたばかりの頃の記憶が鮮明にある人は稀だろう。思い出すことができる自分の最初の記憶はなんだろうか。いつだろうか。まずは、住宅についての最初の記憶を聞いた。

「最初の記憶は刑務所です。家の前に刑務所の塀があったのですが、その巨大な壁が幼心に怖かったのを覚えています」(以下、鉤括弧内の発言は中原洋)

二~三歳くらいの記憶で、家族で住んでいた借家のことだという。現在もある中区吉島町の広島刑務所の近隣だったのだろう。当時の刑務所は高い土塀で囲われていた。[*2] 人を閉じ込めるための高く強固な壁だから、恐怖の対象であったことは想像に難くない。

*1——中原洋(文)・藤塚光政(写真)『意地の都市住宅』、ダイヤモンド社、一九八七(PART1)、一九九一(PART2)

*2——広島刑務所の土塀には原爆の熱戦による影が残ったことから、歴史的に重要な工作物として一部が保存されている

「その家の縁側に座っていたときのことも覚えています。庭から丸い空を見ていました。そして、お袋が呼び込んだ虫下し（駆虫剤）を売るチンドン屋が、庭先の塀の小さな木戸から入ってきました」

どんな家だったのか、間取りは覚えていないそうだが、この場面は覚えているという。縁側があり、庭が塀で囲われた一般的な日本家屋だろう。縁側に座って空を見ているというのは、なにやら穏やかな雰囲気だが、その雰囲気は見知らぬ人の登場で壊される。知らないおじさん（チンドン屋）が家に入ってきたのが、子どもには怖かったのだ。幼少期の記憶として何を思い出すのか、人それぞれだが、刑務所を含めて恐れの記憶は残りやすいのかもしれない。

広島・袋町の町家

中原家は家業として看板制作を営んでいたが、中原の父親の仕事が軌道に乗り、中原が五歳くらいの頃に独立した。写真や映像による広告がまだ溢れていなかった頃、映画館の手描きの絵看板は花形の仕事だったという。絵の上手さが評判になり、新聞や雑誌の挿絵も依頼され、さらには金座街の大店の呉服屋から帯の絵を描く仕事も頼まれたという。売れっ子だ。広島のより中心部、中区袋町に居を移した。

「親父の仕事場を兼ねた家を新たに借りました。大きい土間があり、その半分くらいを板の間にして、残り半分の土間で看板を描いていました」

典型的な京町家と同じように奥に長く、手前が店、奥や二階が居住部分という構成だったようだ。坪庭もあったという。土間の一部を板張りに改修しているところは、生活の利便に対応させたものだろう。古くからの町家に住んでも、暮らし方や仕事にあわせて変化させていた当時の様子の一端がうかがえる。

なお、袋町というのは産業奨励館（現・原爆ドーム）のすぐ近くだ。広島の産業的な中心地だった場所であり、活気があったという。

「産業奨励館ではいろいろ。一銭くらいの鑑賞料で人魚のミイラを展示していたり。横に匂いの強い花が咲いていたから、記憶に残っています」

当時の広島は、東京を意識して文化的に進んでいた。たとえば父親に竹久夢二の本を渡されたり、観劇にも連れて行ってもらった中原は、文化的な環境に置いてもらえていたと追憶する。

東京・画家たちのアトリエ

看板絵師として成功していた父親は、絵描きになるために東京美術学校（現・東京藝術大学）へ進学したかったのだという。その受験のために、広島の画材屋の縁で東京へ移った。最初は小さなアパート（世田谷区松原）を借りたが、その後、画家の丸木位里と赤松俊子[*3]の古いアトリエを借りることになった。ふたりが結婚し、アトリ

*3——丸木位里（まるき・いり）は、一九〇一年生まれ、広島出身の画家。赤松俊子（丸木俊／まるき・とし）は、一九一二年生まれの画家。代表作に夫婦共同制作した《原爆の図》

エ村と言われた、いわゆる池袋モンパルナス[*4]に移った後のことである。この時、およそ六歳。

「丸木位里さんと赤松俊子さんの古いアトリエを借りました。十二畳の吹き抜けに北窓の空間で、当時としては巨大な空間でした。子ども心に間仕切りのない大きな空間が好きでした。それまでは日本家屋でしたから、板の間が広いというのは新鮮でした」

現存している佐伯祐三アトリエ[*5]（一九二一年）のようなものを想像すればよいだろうか。吹き抜けと北窓が共通している。三岸好太郎・節子夫妻のアトリエ[*6]（一九三四年）もそうだが、この頃の画家のアトリエには吹き抜けの大空間と大きなガラス窓をもったものがいくつかある。絵を描くための機能性に沿ったかたちなのだろうが、まだまだ旧来の日本家屋の多い時代だったことを思えば、驚くほど斬新だったにちがいなく、六歳児の心にも残った。

東京・椎名町の中廊下型住宅

アトリエを借りていたのは新居に移るわずかな期間であり、しばらくして東京で本格的に居を構えることになる。池袋のすぐ近くの椎名町の借家だった。

「中産階級の典型的な家だったと思います。玄関があって、長い廊下があって、

*4——池袋モンパルナスは、東京・豊島区の雑司が谷界隈に多くの芸術家が集うことになったことから、パリのモンパルナスをなぞらえた街の呼称

*5——佐伯祐三（さえき・ゆうぞう）は、一八九八年生まれの洋画家。アトリエは、佐伯祐三アトリエ記念館として公開されている

*6——三岸好太郎（みぎし・こうたろう）は、一九〇三年生まれの洋画家。三岸節子（みぎし・せつこ）は、一九〇五年生まれの洋画家。アトリエは国登録有形文化財。山脇巌の設計

突き当たりに茶の間と台所。玄関脇には二間続きの座敷がありました。ここで学んだのは、座敷でお客さんに挨拶することです。広島の看板屋では板の間で立ったまま挨拶していましたが、座敷では手をついて挨拶をすることを教えられました」

おそらくこの家は、いわゆる中廊下型住宅だろう。戦前の東京では普及していたはずで、玄関脇に座敷や応接間がある点でも当てはまる。[*7] 中原は、ここで住宅において客を招く行為の大切さを学んだと回顧する。今でも中原は、玄関の内開きなどの客を招くことを重視した住宅観をもっていて、その原点のひとつがこの住宅だろう。近年の住宅は客を招けるようにできていない、という嘆息の念が回顧の話しぶりから感じられた。

広島・左官町の本家

一九四一年太平洋戦争開戦、この時の日本は戦火のなかにあった。戦争は激化、中原が八歳くらいの頃に一家は疎開のために広島・左官町（現・本川町）にあった本家に戻ることになる。

「広島の本家は典型的な町家でした。格子の扉を開けると、まっすぐ土間。右手に確か六畳、四畳半、そして八畳が並んでいた三間続き。真ん中には天窓がありました。坪庭があって、その先に台所があり、坪庭の脇には日常使いの内（うち）

*7——中廊下型住宅は、昭和期に入ると持ち家、借家、官舎、社宅などにも盛んに採用されたという。さらに日本建築学会・住宅問題委員会「庶民住宅の技術的研究」における平面計画参考図（『建築雑誌』一九四一年一月号）でも、四例中の三例が中廊下型住宅だった。参考：青木正夫・岡俊江・鈴木義弘『中廊下の住宅 明治大正昭和の暮らしを間取りに読む』、住まいの図書館出版局、二〇〇九

蔵(ぐら)がありました。台所を抜けると広い土間があって、そこにも大きな蔵」

通り土間、格子、天窓(火袋)、そして坪庭。典型的な町家のようではあるが、大きい。曽祖父が酒屋を営み、財を成していたのだ。ここに一家と祖母の五人で暮らすことになった。隣地は寺院だったようで、その境内とつながってますます広い家に感じたことだろう。窓を開けると寺を見下ろせて、毎朝五時くらいになると木魚とお経を唱えているのが聞こえたという。

広島・左官町の伯父の家

同じ頃、中原の伯父も左官町の別の場所に住んでおり、その家は絵が上手な中原の父親が構想したものだったらしい。

「角の丸い真っ白な家でした。寝室にはアール・デコのような丸い窓。応接間にはオルガンが置いてあり、暖炉もありました。子ども部屋には洋風の蚊帳のような天蓋付きのベッド。すごくモダンでした」

当時の日本において、あるいは中原の住体験において、これは相当に新しいものばかりに見えたはずだ。洋風の暮らしとモダンデザイン、どちらも先端文化の香りを匂わせていたにちがいない。いわゆる白いモダニズム住宅も一九二〇〜三〇年代に出来はじめたばかりだし、洋風の暮らしもまだ一般に普及し切ってはいなかっただろう。

広島・十日市の寺院本堂

ほどなくして戦局の悪化にともない、中原が三年生の時（九歳か）、学童疎開をすることになった。国民学校初等科（小学校）の児童が、広島の中心地から郊外に集団で疎開することになったのである。場所は、広島の十日市町（現・広島県三次市）。その十日市小学校に通い、近くの寺院で暮らすことになった。現在の地図と照らし合わせて立地から考えるに、おそらく覚善寺という寺院だろう。

「学童疎開をして、寺の本堂で子ども五〇人ほどが集団生活をしていました。本堂に布団を一面に敷いて、生徒みんなで雑魚寝したんです。小上がりには先生たちが寝ていました。シラミとノミがすさまじいのですよ、頭や着物の縫い目に。ノミを取るために明かりをつけると、サァアと逃げる音がするくらい」

学童疎開先としては寺院、教会、旅館などが提供されたと言われる。特に寺院本堂は、各地に点在する数少ない大空間だったことだろう。快適ではなかったかもしれないが、それよりも中原の記憶に強く根付いているのは、そこでの同窓との人間関係だった。

「子どもばかりだと、親分が生まれるんです。そこは小説『蠅の王』[*8]のような世

*8——ウィリアム・ゴールディングによって執筆された小説。一九五四年刊行。飛行機に乗っていた少年たちが孤島に不時着し、大人のいない世界で生きていく物語。自ら秩序をつくって暮らそうとするが、しだいに獣性にめざめ、激しい内部対立、闘争へと駆りたてられ殺人にまで手を染めていく

界で、子どもたちの恐ろしい社会がありました」

引率の教師がいるとはいえ、親元から離された子どもたちの集団生活である。そこには、子どもたちがつくり出す独特の社会があったというのだ。さすがに『蝿の王』のように殺人まではなかっただろうが、暴力はあった。財布を実家から盗んできた子どもがお菓子を買い、仲間を増やすための買収材料にしていたという。そうやって親分が生まれた。親もいない、教師の目も行き届かないとなれば、子どもの自力ではその自治的な社会構造から逃れられなかっただろう。その疎開生活は、一年ほども続いた。

広島・八木のニワトリ小屋

一九四五年八月六日、広島に原子爆弾が投下された。その日、中原は疎開先から爆心地にほど近い広島・左官町の本家に戻ってきていた。五日の夜二三時ごろに空襲警報が出たので、真っ暗ななか広島市の外れまで避難していたところ、翌朝、「ドカンときた」。

一時的に山へ逃げて、夕方に避難先に戻ると家屋は半壊。布団だけ取り出して、河原に持っていって寝たという。周りの人びとも同じようにしていた。次の日、十日市の寺院に戻る。途上、道端に沿って死体の列がずっとつづいていた。

「終戦後しばらくして、（江田島の海軍兵学校にいた）親父が迎えにきてくれました。

その後、遠い親戚の戸山村（広島）の家に住み、次にまた遠い親戚の八木村（広島）の家へ。その家にはニワトリ小屋があって、家族と親戚とで最大一一人で住みました。ニワトリ小屋に床を張り、住めるようにしてくれていました。当時広島はすべて焼き尽くされて、住む場所があるだけでも幸せでしたね」

そのニワトリ小屋というのは、おそらく養鶏場の建物だったものだろう。そこを人に貸すということで、床を張り、ガラス窓を取り付けるなどの改修をしてくれていたという。広さは十二畳ほど。差し掛け小屋が取り付き、七輪をふたつ置いていた。使えるものは使って、人が住む場所を確保しようとしていた状況がうかがえる。六年生になるまで、ここで暮らした。

東京・高円寺の和洋折衷

六年生に上がる頃、父親の再婚相手[*9]が東京・高円寺に借家をもっていて、そこに一家で移り住んだ。長らく居を移し続けた中原だったが、ここに来て定住することになる。ようやく安住。

「借家として建てられた和風の建物に増築して、十二畳くらいの親父のアトリエを洋風でつくりました。実感としては、和と洋の中間の時代だったと思います」

*9——母親（生母）は、原爆投下により死没

戦前の日本でも、洋風文化の浸透はある程度進んでいた。ただし、そこにはまだ一部の啓蒙的な側面があったとすると、本格的にそれが一般に根をはり、膨大な住宅供給とともに敷衍（ふえん）していったのは、むしろ戦後だろう。戦後直後、既存の和風建築に洋風の部屋を増築したのはその一歩として象徴的にも思える。

中原少年は、ここから中学校、そして高校、大学へと通い、青年へと育っていく。

「この家にいたとき、『アサヒグラフ』で清家清さんの『私の家』（一九五四）を見ました。土間が段差なく外とつながっていて、トイレにドアがない。こんな新しい家があるんだと思い、このとき、建築のおもしろさを知りました」

わずか一一歳にして、すでにたくさんの住宅を経験してきた中原は、ここで「建築家」が設計した住宅と出合う。後に熱心に建築家のコンセプトを取材し、それをおもしろがり雑誌にまとめる。建築を楽しむ編集者・ライターとしての中原の原点である。

千葉・津田沼の公団住宅

一九五八年大学卒業後、中原は広告代理店に入社してコピーライターになる。今でこそ広告代理店といえば高い給料が出そうなものだが、当時はそうでもなく、最初は学生時代のアルバイト代よりも安かったという。

ほどなくして大学の同級生の道子夫人と結婚。ふたりの新居は千葉県津田沼の前（まえ）

原団地[10]。日本住宅公団の抽選に当たったのだ。

「結婚後、前原団地の2DKに住みました。公団住宅は当時、最高のものだと感じていました。家賃も安く、グレードも非常に高い。ものすごいあこがれの的だったんです。抽選に当たったのは本当に幸せでした」

一九五五年に発足した日本住宅公団の団地では、2DKの間取り、水洗トイレ、ガス風呂、ステンレス流し台などの当時の先端のものが採り入れられていた。また団地には、著名なデザイナーやコピーライターなども居住しており、それも中原の記憶に残っている。住宅の性能だけでなく、文化人が集まっていた点でも、団地は多くの人にとっての「あこがれ」となりうる素地があったのだろう。

「この頃、『都市住宅』が好きで読んでいました。東孝光さんの『塔の家』(一九六六年)に感動しましたね。僕でも家が建つかな、と思わせてくれました」

コピーライターとして職歴を重ねていく一方で、清家清の「私の家」を雑誌で見て以来、建築、特に住宅への関心が強くなっていく。業種は違えど、同じクリエイティブな世界に身を置くなかで通じるところがあったのかもしれない。一九六八年に『都市住宅』が創刊されると熱中する。

ちょうど三〇代後半になろうというところ。自宅をもつことを考えはじめていた

*10——一九六〇年一〇月一日に入居開始された公団住宅

矢先だった。まずは父親の考えで知り合いの工務店に頼んで設計図を描いてもらったという。その案に納得がいかず、「冗談じゃない、これなら公団のほうがはるかによい」と思ったとのこと。『都市住宅』を見ながら、「一流のプロに頼みたい」という想いを強くしたという。それほどお金があるわけではなかったが、土地が高騰するなかでも意地でも都市に住もうとする「塔の家」に、背中を押してもらった。

東京・大和町の家

まずは雑誌を見ながら、篠原一男、鈴木恂（まこと）などの何人かの建築家にあこがれ、探した。そうしたなか、仕事関連の知人から室伏次郎を紹介してもらったという。室伏の自邸「北嶺町の家」（一九七一年）を見て、設計を依頼することになった。

「戦争の焼け野原の記憶があり、木造ではなくコンクリート造を希望していました。また正直に言うと、当時、コンクリート打ち放しはインテリに見えてかっこいい、という心理が全体的にあったように思います」

もともと鈴木恂の宍戸邸（一九六五年）などを見て、コンクリートの表現が「こんなにも素晴らしいのか」と感じていたという。「塔の家」、そして「住吉の長屋」（一九七六年）などの打ち放し住宅の全盛期のなかにあって、住まい手側の気持ちが見て取れる。打ち放しはローコストゆえの選択でもあるが、それだけではなく、やはり「あこがれ」の対象だった。

「建築家のアイデアには驚きました。狭小のなかに壁が四枚。その壁に穴をあけ、壁越しに隣室を見るから広く感じられるんです」

もちろん素材だけではない。建築家のコンセプトをおもしろいと思っていた中原にとって、「大和町の家」で本格的に建築家と接点をもったことの喜びは大きかっただろう。一九七四年竣工。[*11]

建築家が設計した住宅に住むと、交友関係もがらりと変わった。幾度も雑誌に取材・掲載され、建築専門誌の人々とも交流が生まれた。ずっと購読していた『都市住宅』の編集者・植田実（まこと）。撮影に来た藤塚光政、宮本隆司などの写真家とも付き合うようになる。後に藤塚と雑誌『DIAMOND BOX』にて、「意地の都市住宅」という連載を一〇年近く続けた。「大和町の家」が建築家の世界への扉を開いてくれたのだ。

イギリスとニューヨークでの住体験

所有している住宅とは別に、海外の逗留先での住体験もある。まずは、ロンドンの連棟式の住宅。大学教員だった道子夫人が大学の許可を得て（いわゆるサバティカルか）、一年三カ月ほどロンドンに滞在することになったときだ。「大和町の家」に移り住む少し前。高級住宅街であるチェルシー地区の連棟式の建物のひとつを借りて暮らしていたという。中原もたびたび訪ねていた。

*11――「大和町の家」については、『TOTO通信』二〇一三年夏号などに詳しくまとめられている

「ロンドンの三階建ての一番上の寝室に絨毯が敷いてあり、その一部にバスルームがありました。それはなかなか具合がよくて、『大和町の家』でも寝室とバスルームは直結にして絨毯を敷いてもらいました」

寝室とバスルームが近いこと、それはその後の中原の住宅観における重要なポイントのひとつであり、「大和町の家」の設計要望のひとつでもあった。

次に「大和町の家」に引っ越した後、今度は中原自身が遊学ということで、コロンビア大学で英語を学びに一年六カ月ほどニューヨークで暮らすことになる。スパニッシュ・ハーレムの長屋状に連なるいわゆるブラウンストーン・ビルディングの一画を借りて暮らした。

「ニューヨークへ個人的に遊学しました。まわりの人と交流するうちに、家に客を招くということ、アートをもつこと、それがアメリカ社会で大事であると感じました」

英語のクラスでは各国から留学で来ている人ばかりであり、その交流のためにお互いの家に招き合っていたという。人に招かれれば、お返しに自分の家に招く。そこで客を招くということを学ぶ。中廊下型住宅での幼少期の記憶がここでつながる。そして、アメリカではほとんどの家でアートが飾ってあったという。訪れた客とそのアートについて語る、そういった行為もニューヨークで学んだことだ。

帰国後、現代アートをよく買うようになる。「大和町の家」のコンクリートの壁面を背景として、アートはまたよく映えたのだ。住文化のなかで、文化的資産をもつことの重要性に気がついたという。

東京・阿佐ヶ谷南の家

長年、「大和町の家」に暮らしたが、古希を迎えようというところで新しい居を構えることになった。谷口吉生のもとを出た気鋭の建築家・小川広次に設計を依頼し、二〇〇四年竣工。[*12]

「妻の大学退任にあわせて大学から大量の本を持って帰ってくることになり、二万冊ほどの蔵書を収納する必要がありました。そして七〇歳以降の生活と仕事を行う場として高齢者住宅を建てようということになりました。車椅子生活になることを考えて、フラットにして回遊性があるように。エレベータも設置しました」

「大和町の家」では同世代の建築家を選んだのに対し、今度は設計開始時におおよそ四二歳だった小川を選んだのは、これから実績をつくっていく世代と一緒に議論しながらものづくりをしたかったのだという。その過程は中原自身の筆によって『体験的高齢者住宅建築作法』(彰国社、二〇〇九)という本にまとめられている。本稿

*12——「阿佐ヶ谷南の家」については、『新建築住宅特集』二〇〇五年五月号などに詳しくまとめられている。第二二回吉岡賞受賞

できたような豊富な住体験をもち、建築家のアイデアを長年観察してきた施主・中原と建築家との問答。設計者にとっては、なかなかたいへんそうなプロセスだが、書籍のタイトルにもなっているとおり、その議論の「体験」そのものがおそらく中原にとっての希望で、住宅そのものとは別に、求めていたものだったにちがいない。「あこがれ」だったと言ってもいい。

「またお客さんを呼べるようにつくりました。玄関があり、扉は内開き、客が泊まれる部屋もあります。そして、絵[*13]が飾れるようにしています。音楽を演奏し、聞けるように音響もよくしました」

中廊下型住宅での幼少期の記憶、ロンドン、ニューヨーク、大和町。数々の経験が阿佐ヶ谷南で活かされている。七〇代どころか、八〇代、きっと九〇代も支えてくれる住宅であり、今も中原の誇りだ。

令和の今、あこがれているもの

本稿の執筆時点(二〇二二年)で、中原は八七歳である。恐ろしい戦禍とニワトリ小屋での生活の記憶は封じたく苦しいものだが、脳裏にありつづけている。いっぽうで新婚の想いとも重なる団地での暮らしは、喜びの感情とともに追憶していた。そうした想いの集積として、中原が今、あこがれているものはなにかと問うと、「茶室にあこがれている」という。なぜか。

*13——アートのコレクションは、二〇一五年に鎌倉画廊における「中原洋と道子のアートコレクション展〜驚きとめぐり会い〜」にて展示公開された

「家に招く友だちがいて、見せるものがあり、それを語れる自分がいることが、
なによりも楽しい」。

第九章

高次元に拡張する「くらし」

豊田啓介

1――メタバースがバズワードに。その定義と価値は？

メタバースという言葉がバズっている[*1]。これは何も新しい造語ではなく、かなり前から使われている言葉および概念だが、インターネットが社会基盤としてもはや不可欠なインフラとなり、デジタル情報環境が国境や企業の枠を超えた新しい価値の提供を始めているなか、異なる業態や専門性が軒並み、既成の枠組みや価値体系を越えた世界をとにかく「メタバース」[*2]と呼び始めてしまっているきらいがある。仮想通貨もNFT[*3]もメタバースだし、VR空間もまたメタバースである。テレビという固定回線での一方向発信がメインだったマスメディアおよびネットの構造（Web 1.0）が、YoutubeやTikTokのようにC to Cで発信と受信のネットワークを構成する形に進化し（Web 2.0）、さらにより自律分散的な形としてあいまいに独立した世界を構成しつつある（Web 3.0）。その生態系全体がまさにメタバースの集合、実体としてのマルチバースになりつつあると言っていい。メタバースという価値が

*1――バズる
英語の「buzz」が語源。インターネットやSNSなどを介して話題が急激に拡散し、注目が集まること

*2――メタバース（Metaverse）
英語の「Meta」と「Universe」を組み合わせた造語。インターネット上に存在している仮想空間のこと

*3――NFT
Non-Fungible Token（ノン ファンジブル トークン）の略で、非代替性トークン（暗号資産）のこと

社会的に相応に定位され、実装の体系として落ち着くにはまだ少し時間がかかるかもしれないが、いずれにしてもこれまでさまざまな物理的、技術的な制約で難しかった多様な情報や体験の抽出、編集、シェアが、デジタル技術によりあらたに可能になることで、旧来の制約を超えた体験やコミュニティが生じているところは、軒並み新しいメタバースと呼んでもいいように思える。

これまで不可能だった交流や交換が可能になるのだから、そこには当然新しい経済活動が生じる。以前はコロンブスがそうしたように、新大陸＝新しい経済領域を求めて、より外へ外へと物理的に活動領域を拡張させていた人類が、これからはむしろ次元の拡張、高次元の情報空間という領域に、ソナーの向きを変えつつあると捉えてよいのではないか。もちろんそうなると、もはや航海に出る船の材料は木でも鉄でもなく、コンピューターのビットになる。ただ、新たな領域やそこに行く船の材料が見えたところで、昨今のメタバースという言葉にまつわる混乱した状況が示すように、その具体的な手段や過程が見えているわけではない。こうした暗中模索の状況は、まだしばらく続くことが予想される。その状況下で僕が現在注目し、かつその体系化や基礎技術開発に積極的に取り組んでいるのが「コモングラウンド」という概念、および技術体系である。

2——実空間から拡張するくらし：コモングラウンドとは何か

コモングラウンドとは、そもそもは人工知能、とくに会話情報学の領域において西田豊明先生（現福知山公立大学情報学部長）をはじめとした研究者の間で主に用いられていた概念である。会話情報学の文脈におけるコモングラウンドとは、日常の会話において発せられる言葉が直接表意する記号的な意味を超えて、会話対象の周囲に拡張的に生成される意味的な環世界のうち、個体や属性を超えて汎用に共有されるイメージや構造のことであり、その共有領域の成立が個々の会話の実効的な成立に不可欠とされる概念を指すが、我々はその構図を空間記述の領域、建築や都市の領域に拡張する。現在多様な産業領域で個別に開発が進むデジタル空間記述の仕様において、特にその中で「人」と「非人間エージェント（NHA: Non-Human Agent）」との間で成立するべき、物理空間とデジタル空間とが相互に可読な記述様式として成立するような、十分に汎用なデジタル空間記述仕様体系のことを、空間記述におけるコモングラウンドと定置し、その技術体系の構築と社会実装を目指している。

ここであえて用いたNHAという言葉は、相応の自律性と、フィジカルもしくはバーチャルな身体を備えた、主にヒトと近しいスケールの、独立した行動体一般を指す。ゲームの世界、特に戦略ゲームなどの世界で用いられるNPC（Non-Player Character）という概念をあえて転用した造語である。NPCはゲーム環境内で相応の自律性を持つゲーム内のエージェントを指すが、これを日常空間に拡張したものがNHAで、昨今急速にその数と実装性を高めつつある各種自律モビリティやロボット、ARアバターやVRキャラクターなど、我々が現在および近未来において社会生活の中で日常的にインタラクションを求められる、人や動物以外の、何らかの形でデジタル技術を媒介とする自律的エージェントはすべて含まれると考えて

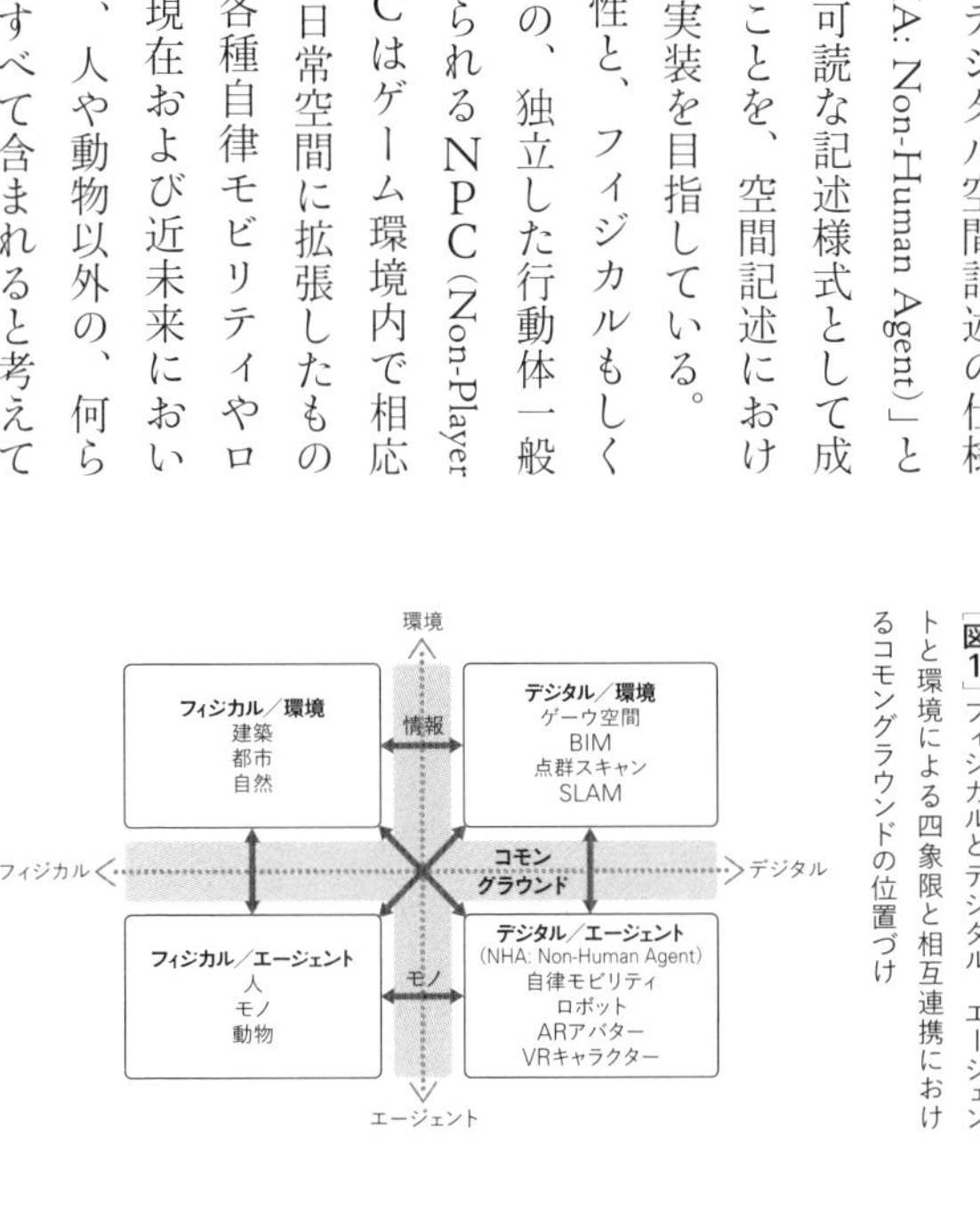

［**図1**］フィジカルとデジタル、エージェントと環境による四象限と相互連携におけるコモングラウンドの位置づけ

いい。より広域の議論のために便宜上NHAとひと括りにしてはいるが、そのなかには自律と他律、フィジカルとバーチャル等、高次かつグラデーショナルな属性の軸が複数存在し、それらの整理だけでも十分に研究領域を形成しうる多様性をもつ。NHAの種類は、それぞれの空間記述仕様だけでなく、センシングの手法、空間測位や通信の仕様によって大きく異なるため、十分に実効的かつ汎用な環境側の仕様であるコモングラウンドを構築するためには、こうした多様なエージェント側の在り方、彼らの環境認識の仕方に関する体系的な理解が不可欠である［**図1**］。

二〇二〇年から始まった新型コロナウイルス感染症（以下、COVID-19）のパンデミックにより、生活の中にNHAが入り込む状況は急速に現実のものとなってきている。接触を避けるための自動配膳ロボットや、急増するe-コマースに対応するべく実装が進む自律デリバリーロボット、遠隔会議に身体の移動をともなわずに参加可能な国際会議用のアバターロボットなど、フィジカルな実態を持つNHA群に加え、FacebookがMetaと社名を変えてまで取り組む没入型VRコミュニケーション環境、ClusterやVRChat[*4]のような先行するVRプラットフォーム、学校に登校できない子どもたちが交流の場としているFortnite[*5]をはじめとしたオンラインゲーム空間などのバーチャル空間でのNHAなど、ほんの二年ほどの間にこれまでに想像した以上にこうした環境が社会の不可欠な要素として広がりつつある。今後もこの変化率で社会の変容が進むとすれば、ほんの五年後の社会のコミュニケーション基盤、経済活動の場が、今とは全く異なる形に移行している蓋然性は十分に

＊4——Cluster、VRChat
VR空間内にアバターでログインし、多人数でコミュニケーションできる「ソーシャルVR」と呼ばれるジャンルのアプリ。「ソーシャルVR」には「Cluster」「VRChat」のほかに「Rec Room」や「AltspaceVR」などもある

＊5——Fortnite（フォートナイト）
米Epic Gamesが二〇一七年に公開したオンラインゲーム。パソコンや家庭用ゲーム機に加え、Android端末（スマホ／タブレット）など、幅広いプラットフォームで展開するバトルロイヤルゲーム

高いと言える。

3——空間記述の多様化と広域体系化というチャレンジ

メタバース以外にもミラーワールド[*6]、デジタルツイン[*7]など、デジタルな空間記述にかかわるいわゆるバズワードが頻出する状況下で、社会実装や理解を進める上での大きな問題は、それらの体系化、さらには社会に相応に共有された理解が全く進んでいないという点にある。バズワードが使われる領域毎に勝手なイメージの理解がバラバラに進んでしまっているのと並行して、既にいくつかの産業領域で、それぞれが扱う空間および時間のスケールに応じて、独自の空間記述仕様の標準化が、領域ごとに進んでしまっている。例えばKeyhole社[*8]がKML[*9]をベースに開発したGoogle Earth、国交省主導でCityGML[*10]をベースにデータ整備と体系化を進めているPlateau[*11]といったGIS[*12]の領域や、QGIS[*13]をベースに点群による即時記述とNURBSによる線形記述を連携させる公道上の自動運転における空間記述体系、建設および製造業系におけるオブジェクト記述と属性記述、建設業界での工程やコスト記述のデータ管理の体系であるBIM[*14]やCIM[*15]、さらには主にバーチャル空間を扱うポリゴン記述と開発のプラットフォームとして独自の発展をしつつあるゲームエンジン等、産業ごとに独特な空間記述仕様のサイロ化は、一般に理解されているよりも進行しており、それらの間ではほぼ互換性がないのが現状である。個別の産業領域としてどれも成長期に入る中、その内部での開発や競争が主眼になっ

*6——ミラーワールド（MIRROR WORLD）
現実の都市や社会のすべてが一対一でデジタル化された鏡像世界を表現する用語

*7——デジタルツイン（Digital Twin）
リアルワールド（現実世界）から取得した情報をデジタルワールド（仮想世界）に再現する技術のこと

*8——Keyhole社
衛星写真や航空写真を元にした三次元地図デジタルデータを元に地図情報を提供する企業

*9——KML
地理データと関連コンテンツを格納するためのXMLベースのファイルで、地理情報システムの一般的な形式

*10——City GML
国際標準になりつつある3D地理空間の標準データフォーマット。国交省主導のProject PLATEAUでも採用

*11——Project PLATEAU（プラトー）
日本の都市の3D都市モデルの整備を推進するプロジェクト。国土交通省が主導し、整備された3D都市モデルは、オープンデータとして公開される

てしまうことは避けようがない。とはいえ、多様な産業領域や生活の場面、扱う空間のスケール等がデジタル技術の進展により以前よりシームレスに連携することが求められる環境下で、異なる産業領域間での、つまりは異なる空間記述仕様間でデータの編集性や互換性が相応に担保されていることは、次世代の社会基盤の新しい価値創出および実効的な展開において、不可欠の条件となるはずである。仕様ごとのニーズおよび特性の分析と包括的な体系化、および仕様間の連携や変換に関する基礎技術の開発は、一般に認識されている以上に喫緊の課題だと言える。

空間記述にかかわる主要な領域、すなわち土木や交通、建設、モビリティやAR[*16]／VR[*17]、最近ではドローンなどに関わる産業分野を、それぞれが主に扱う空間および時間のスケールベースで整理すると、［図2］(P.206)にみられるような住み分けがあることがわかる。ここで強調しておきたいのは、空間記述の種類を評価・整理する上で、時間スケール(フレームレート、処理速度など)での整理が意外なほどに重要だという点である。特に注目すべきなのは、ヒトの生活スケール(図2の縦横のハッチが重なった部分)に特化した汎用の空間記述形式が、少なくとも実空間志向の産業領域ではまだ形成されていないという事実である。ヒトスケール領域での空間記述は、ヒトや前述のNHAが日常生活を行ううえで必要な、ミリから数一〇メートル程度の空間記述および数時間〜六〇分の一秒程度の時間反応性(通常のヒトの生理的な認識限界に対応)を備えることに加え、マルチエージェント対応が可能な動的記述性能をもつこと、ネットワーク対応やデータ軽量化機能を備えること、記述性だけでなく可読性にも優れていることなど複数の条件があり、ただ空間や形態をデジ

*12——GIS (Geographic Information System)
地理情報システム

*13——QGIS (Quantum GIS)
誰でも自由に使えるオープンソースのデスクトップGISソフト

*14——BIM (Building Information Modeling)
コンピューター上の3D建築物にコストや維持管理といった属性情報を追加してモデル化するというもの。建築物を対象とした、アメリカが発祥の建築分野の概念

*15——CIM (Construction Information Modeling)
BIMを建設分野にも拡大して活用するというもの。ガスや水道、電気や道路といったインフラ全般を対象にしている土木分野の概念

*16——AR (Augmented Reality：拡張現実)
シミュレーションした環境で現実の環境を拡張する技術

*17——VR (Virtual Reality：仮想現実)
環境全体をシュミレーションし、ユーザーの世界を仮想的な世界に置き換える技術

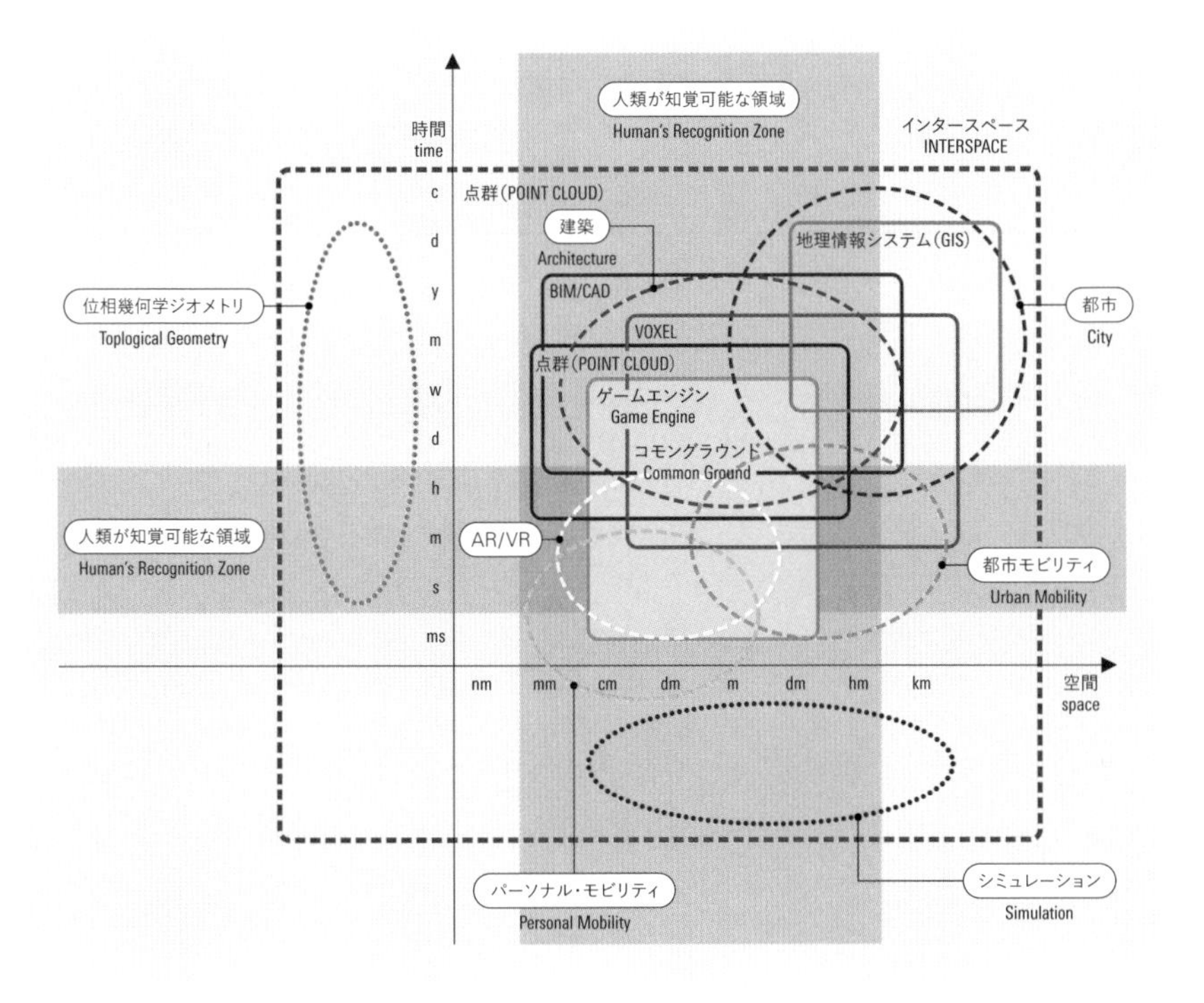

［図2］空間および時間スケールに対する主要空間記述形式ごとの対象領域およびインタースペースが包含する領域

タルに記述すれば何でもデジタルツインとして機能するという単純な話ではない。現時点でこのようなヒトスケール向けの性能を備えた空間記述仕様の候補として、一般にゲームエンジンと呼ばれる、ポリゴンベースのジオメトリ記述と属性記述、およびそのコラボラティブな製作や編集プラットフォームまでを含む既存のシステムがあり、その名が示す通り、ゲーム業界で製作や実装環境として広く使われている。これをバーチャル専用の記述体系から物理空間の記述へと適用範囲を拡張し、さらに物理空間側に整備されたIoT[*18]ネットワークと連携させることで、多様なエージェントによる空間認識と属性認識、共有環境のための新たなCPS(Cyber-Physical System)構築が可能になるはずだと考えられている。われわれが用いる空間的なコモングラウンドという概念も、まさにその理由により、ゲームエンジンを実装基板としている。すなわち、コモングラウンドとは狭義には、ゲームエンジンによるリアルタイムかつマルチエージェント志向の、実空間における汎用空間記述体系である。

［図1］(P.202)の縦軸を構成するエージェントと環境という対立項も、単純な二項対立ではなく相対的かつグラデーショナルな性質をもつ。環境、すなわち建築や都市もエージェントとしての自律性は備えているし、エージェント(群)もまた建物側の視点から見れば、群という環境要素でもある。現行の主要な実空間の記述体系には建設や土木起源のものが多いが、それらはあくまでヒトという特殊な視点を前提とした静的記述体系であり、一般に人とは異なるセンシングや情報処理のしくみを持つNHA視点での、動的記述や相互認識性は想定されていない。コモングラウ

*18――IoT(Internet of Things)
従来インターネットに接続されていなかったモノ(例:住宅・建物、車、家電製品、電子機器など)が、ネットワークを通じてサーバーやクラウドサービスに接続され、相互に情報交換をする仕組みのこと

ンドのような環境や仕様の構築が急速に求められつつある背景には、実空間の多様かつ多律的に変化する環境を、社会的なプラットフォームとして動的かつ相対的に扱う必要性が、急速に高まっていることがある。そこで必要なのはあらゆるものにヒトと同等の身体性と可読性、主体性を認める感覚と、属性情報まで含めて相互に認識可能な環境を、都度スキャンや認識をし続けることなしに「あらかじめ」記述して、あらかじめ「置いて」おく、というアプローチである。

4——人を超える属性の拡張

ここで例として、人という属性に関する解像度の変化を考えてみる。ほんの十数年前まで「男」か「女」かの二者択一できれいに塗り分けられるべきという理解が支配的だったものが、今ではＬＧＢＴＱ＋という形で、いわゆる「男」性と「女」性の間には生理的にも社会的にも多様な指向性のグラデーションが存在し、むしろそれらは動的ですらあるという理解が、急速に世界のスタンダードになってきている。属性を白黒の二項対立でとらえるのではなく、グラデーショナルかつ流動的な指向性の合成物としてとらえる同様の傾向は、性的指向性の話にとどまらず、よりインクルーシブでサスティナブルな動きとして、多様な分野で国際的にも主流となりつつある。

コモングラウンドのようなしくみを考えるうえで重要なのは、この概念を「ヒト」という領域外にも拡張して考えるということである。性的な指向性がもはや男と女できれいに塗分けることが不可能なように、これからの社会ではヒトかヒトでないかということがなかったような区別ですら、特に自律的なエージェントに関してはそれほど自明な話ではなくなっていく。エージェントがバーチャルか物理的実体を持つかにかかわらず、それらはある程度「ヒト」としての実体を備えるようになる。では「ある程度」人としての実体を備える、とはどういうことか。たとえば、病気で長期間寝たきりのこどもがアバターロボットに憑依（遠隔での双方向操作）することで、教室で友人たちといっしょに授業に参加する、七〇年大阪万博のコンパニオンが、当時のユニホームのアバターを操りながら、二〇二五年大阪関西万博の現地来場者をARアバターを通して案内をするなど、ヒトがNHAを代理として社会活動を行う可能性は今後あらゆる場面で生じてくる。それらの場面において、われわれの代理として行動するそうしたアバターたちに、建築や街がいかに動きやすい／認識しやすい環境になっているかは、間接的にそれらを通して社会参加をしようとする人たちにとって、多様な障がいを持つ身体を備えたヒトに動きやすい／認識しやすいことと同様に重要である。言い換えれば、いかにロボットやバーチャルアバターに人権や人格を認めるか、そこにどの程度の人権を想定するべきかというようなことが、これからのくらしのなかでは不可欠な前提となるということでもある。

建築には、バリアフリーという考え方がある。特に日本は、公共空間での身体に障がいのある人たちへのバリアフリー環境の整備が国際的にも進んでいるといわれるが、こうした拡張的な身体性や人格をNHAにも認めること、もしくは疑似的にＮＨＡの視点で生きやすい、認識しやすい都市や建築などの環境構築を考えることは、従来の物理的バリアフリーにとどまらない、拡張的バリアフリーへの扉を開く創造的な行為となる。拡張的バリアフリーとひと口に言ってもそこには多様な可能性がある。言語的バリアフリー（看板へのＡＲ翻訳や音声の自動翻訳）、社会的バリアフリー（引き籠りの人たちへの新しい社会参加の選択肢提供）、経済的バリアフリー（移動コストのかからないイベントや集団への参加機会提供）、文化的バリアフリー（文化的な違いの説明機会提供やイベントなど学習機会への参加機会提供）など、新しい技術環境には多様な実現可能性が存在する［図3］。

5——ヒト、自己、場所の領域性

こうしたＮＨＡを通した拡張的な権利を社会的に、技術的に認めるということは、半自動的に自己という認識の領域は、身体という物理境界をゆるやかにかつ流動的に超え得るものとして認める、ということでもある。一見哲学的な概念論のようにも聞こえるが、これはほんの数年スパンで実現する、早晩受け入れざるを得ない非常に具体的な現実である。身体がどこにいようと出勤という価値提供が認められ、バーチャルな形で集団への貢献が認められ、リモートワークをしながらも家事その他のタスクをこなすことが相応程度に許容される、このような傾向はCOVID-19下の社会ですでに否応なく現実になりつつあるが、今後はより一層没入環境として、つまりはよりマルチモーダル[*19]な形で、こうした貢献や所属の流動化と多層

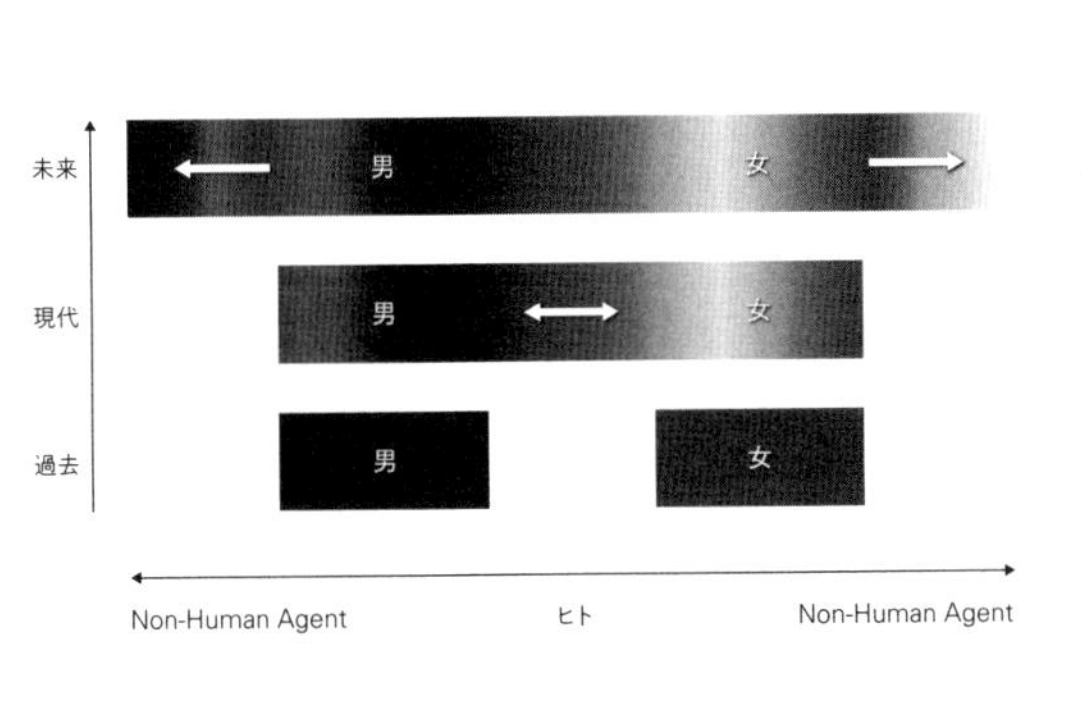

［図3］ヒトのジェンダースペクトルとそのＮＨＡ領域への拡張

*19——マルチモーダル
「multi」＋「modal」を組み合わせた用語で、もとは複数種類の情報を複合的に処理する技術のこと。複数の、複数の形式の、複数の手段による、などの意味

化は進んでいく。もちろんそこには多様な選択肢があってしかるべきで、必ずしも新しい離散的な自己のあり方が強要されるわけでもない。旧来の形で自己同一性が明確に担保された（バーチャルに拡散しない、身体の中に統合された）あり方ももちろん認められつつ、それらの間のグラデーションを、場面と好みに応じて自由に選択、編集することが可能になる。

これは同時に人やエージェントだけではなく、環境としての場所、および集団の所属の概念もまた、より領域があいまいになり、離散的かつ重層的になっていくということも意味している。今後はより多拠点型の生活を選ぶ人は増えていくはずだし、従来のように九時〜五時での身体の、オフィスという場所への拘束が、半自動的にその間の企業への一〇〇%の隷属を前提とするということではなくなっていくし、そんな献身は社会的にももはや求められなくなっている。ある場所にいながらどこか別の場所や集団にも所属し、複数の貢献を同時に行い、複数の事象に薄く広く対応しているという事実は、SNSやテレカン[20]機能が不可避となった社会の中ですでに広く現実になっている。たとえば都市計画における用途地域のような、街区ごとに一色で塗分けられるような固定的な領域と機能の一対一対応の考え方も早晩動的かつ多層的なものに変化していかざるを得なくなるし、住所や税金なども、どこか一つの自治体に唯一排他的に所属していることを前提とするシステムの方が、早晩実体に合わなくなっていく。その意味で、スマートシティなどというこれまた最近新たにバズワード化している言葉なども、シティという旧態依然とした領域に閉じている時点でそもそも設定がおかしい。本当の次世代指向の社会基盤であれば、

*20——テレカン
テレフォンカンファレンス（電話会議）

都心から郊外、地方都市や田舎、リゾートまでを包含する連続的なスペクトルの中で、どの点からも相互に対等に権利が行使できるような、都市だけに特異性や優位性を認めるような考え方とは逆の流動性、相対性を前提としたものであるはずである。次世代のスマート「シティ」とは、都市の特権性を解消するオープンな仕組みでなければならない。

6——同一性という概念の発展的拡張と、同時性という概念の再価値化

以上、コモングラウンドとNHAという概念をベースに、今後の社会の在り方の大きな傾向を概観してきた。以下ではそれらを基に、よりパーソナルな視点で「くらし」がどうなるかを見てみたい。

くらしとは、「自己」と「他者」、「自己」と「環境」との間の相互作用を経時的に蓄積し、あくまで個人視点ベースでありつつ、それらを俯瞰的にとらえたものとみることができる。自己だけ、他者だけ、環境だけでは「くらし」なるものは成立し得ないという点で相互作用が前提となっていて、同時にどんな一つの体験や出来事も「くらし」にはなり得ないという点で経時的な蓄積である。あくまで主観的な視点が相応程度に不可欠である点で個人視点が基本であり、それでも相応に他者と共有が可能で、またある時代や社会の「くらし」が相応に共有可能であるという点で俯瞰的でもある。こうした形で「くらし」を捉えたとき、それらの間にある認識や作用といった関係性は、新しいデジタル技術の導入によりどのように変わっていく

のだろうか。

たとえば自己という概念は、以前は物理的身体とは切り離しようのないものだった。それが前述のように、その機能や感覚の一部は肉体的な身体性を超えて、一定の価値や存在、貢献や体験の主体を外部化できるようになりつつある。そうした外部化された自己もしくは主体は、同時性という前提をも超えて、タイムマシンのように時を超えて誰かの意思や反応を移植できるようにもなっていく。つまりは、物理的身体に閉じていた自己同一性が、情報的身体とでも呼べる、離散的かつ流動的な形へと拡張を始めているということである。時間を超える情報的自己なるものは、現時点ではまだSFに近いものでしかありえないとはいえ、近年話題になっているディープフェイク[*21]のように、画像や動画などに限れば既に人を十分に騙せるだけの精度を出しつつある。これはつまり、自己とはその自己にとっての自律性が大前提だったはずのところが、自分ではすべてをコントロールできない自己、「他律的」な自己ということもあり得るようになってくるということだ。他律的な自己といっても、必ずしもデジタル社会ならではの新しい現象ではない。古くは戦争に関わるプロパガンダやマスコミによる各種ブームの仕掛けなど、集団心理を応用した他律的自己の形成例と言えるものは、過去にも多く存在してきた。ただ、デジタル環境下では、よりピンポイントかつ制御可能な形で、相応程度に他律可能な自己が日常の一部になっていくし、おそらくは一定程度までは社会の大多数がそれを許容するようにもなっていくと予想される。Amazonなどにおける、消費者個別の好みの抽出とそれらの統計的な傾向とを組み合わせたターゲットマーケティングのような例

*21——ディープフェイク(Deepfake)
機械学習アルゴリズムのディープラーニングを利用して、二つの写真や動画の一部をスワップ(交換)させる技術

は、すでに相応に経済の主流になり始めている。おそらくは、これからの社会基盤が、ネットワークベースでの自律分散のしくみを相応に受け入れていかざるを得なくなるなかで(いわゆるDAO的社会)、こうした自己の離散化・流動化とその対として現れる自己の他律性の許容は、今はまだ他人事のように聞こえても急速に社会に不可欠の要素となってくし、これは自己完結性、機能完結性を志向していた従来のすまいの形にも、相応かつ根本的な変化をもたらすものと考えられる。

実際に、若い世代ほどカフェやシェアオフィス、民泊やシェアライドのような所有や個人の境界があいまいな生活スタイルやしくみに抵抗が少なく、むしろ明確な所有や領域性の強い主張を敬遠する傾向が強い。旧来の長屋的な生活や田舎でのくらしでも同様のシェアのシステムが成立していて、プライバシー意識が総じて低く相浸的であったという反論もあるかもしれない。しかし、新しい相互浸透はそのシステムが明瞭で、原則として契約ベースである点、すなわち相浸性可能な領域が選択的で相浸の程度も選択により調整可能であるという点がポイントで、すべてが同一のコミュニティに閉じて選択の自由が存在せず、かつ固定的だった二〇世紀までの社会的な相浸性とは本質的に異なる。デジタル世界での相浸性は、基本的にシステムやルールの変更や編集が可能で流動性が高いこと、いつでも個人の側から一方的な退出が可能なことが特徴である。こうしたゆるい合意と契約をベースとした関係性は、以前はそうした契約的領域とは別と考えられていた家族や学校、職場などのごく近しいコミュニティにおいてすら、相応程度に前提としてとらえられるようになりつつある。

これは同時に、自分自身の表現型を好みや状況に応じて編集や選択の対象にする、新しい文化が発展する大前提でもある。例えばＶＲなどの世界で「バ美肉」なる言葉が使われる。これは「バーチャル美少女受肉」の略で、アバターの表現型が自由に選べるバーチャル世界において、いわゆる萌え系の美少女の身体を選ぶ人が多い中で生じた俗称だが、これまでは不可能だったこうした自分の表現型やそのサイズ、性能を変えたいという願望も、新しい環境下なら相応に実現可能であり価値であるということの一つの表れと言える。まだまだ表現や取り扱い可能な要素の解像度が過渡的ではあるものの、所属するコミュニティや状況、チャンネルに応じて自らのアバター（表現型）や、それに紐づいた人格すらも変えられるという新しい常識の感覚は、慣れてしまえばむしろ変更が効かない自己よりも快適に感じられる場面も多くなっていくだろう。一度そうした自由度になれてしまった社会では、自己同一性が物理的な身体に閉じるという固定的な常識に戻れなくなる感覚もまた想像に難くない。

一方、こうした社会では、環境もまた情報的に離散化し、相浸の不可欠な対象となる。これは、エージェントの記述がデジタル化されるのと同様に、環境もまたデジタルに記述され、汎用に可読な環境が求められるということである。まさにコモングラウンドが目指す状況そのものだが、今後リモート参加を前提としたゲームや仕事のＡＲ化、実空間を多様な自律ＮＨＡが動き回ることが常識になった環境下では、多様なサービス間の相互連携と全体最適の実現には、あらかじめ空間やその中にあるオブジェクトを汎用にデジタル記述しておくこと、相応程度にセンサーやマーカー等を環境側にもあらかじめ設置し、多様なエージェントの群制御や相対位置のリアルタイムのセンシングおよび記述が可能な環境を、だれにも可読な形で用意しておくことが不可欠になる。これはつまり、環境の身体としての空間がデジタル記述され、その目や耳、手の役割をするセンサーやアクチュエーター群[*22]が環境側に一定程度組み込まれることで、環境もまた一つの巨大エージェント化すると言い換えてもいい。エージェントか環境かという違いはもはや対立項ではなく、多様な混在の可能性を持つ連続的なスペクトルの異なる表現型にすぎなくなっていく。環境とひと口にいっても、場所のような物理的環境から場面のような状況的環境、所属のような社会的環境まで、意味するところも多様だが、そうした多様な「環境」という概念をシームレスに接続するのもまた実世界の「情報」への分解と、再構成の技術および解像度に依っている。環境もエージェントも、バーチャル性とフィジカル性を併せ持ちつつ混ざり合うから、そのスペクトル上でどこに位置するかの選択性および編集性、リアルタイムに混ぜ合わせる機能がより多様かつ流動的であることが、次世代の社会および場所における重要な性能になっていく[図4]。

ヒトやNHAを含む多様なエージェントと、同様に多様なあり方がある環境とが、それぞれ情報世界とシームレスに重なる社会とは、すなわち存在や所属、行為や価値がこれまでのような物理的実態や集団という目に見える境界だけに閉じるのではなく、デジタル技術を活用してそれらの「離散化」や「流動化」、「多層化」の度合いを高めていく社会である。デジタル技術の急速な進展により、旧来モノや場所という物理的存在に固定化され閉じていた多様な属性の組み合わせが、少しずつと

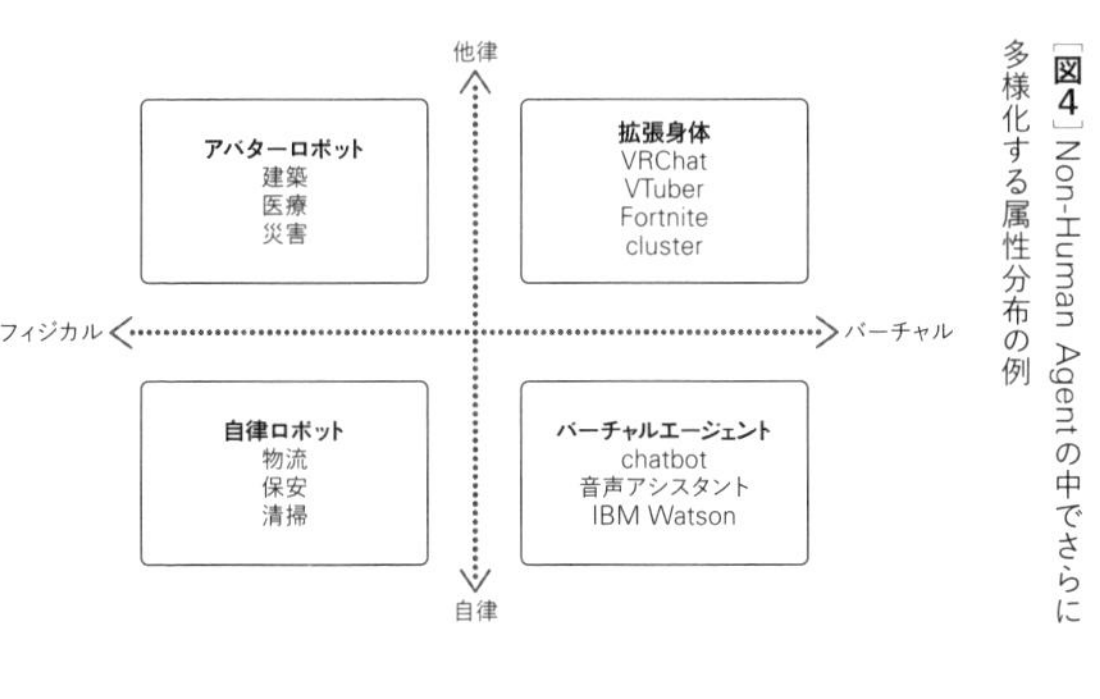

[図4] Non-Human Agentの中でさらに多様化する属性分布の例

*22——アクチュエーター(actuator) 電気・空気圧・油圧などのエネルギーを機械的な動きに変換し、機器を正確に動かす駆動装置のこと

はいえ技術的に取り扱い可能な情報に分解され、伝達され、編集され、さらに体験可能な形で再現されることが、システムとして可能になりつつある。分解されたモダリティは、組み合わせと粗密の再デザインによりこれまでとは異なる新しい価値を生み出し、以前なら存在し得なかった新しい活動領域を形成していく。こうしたデジタル技術により生まれる新しい活動領域＝メタバースがあらゆる場所に生じている状態がマルチバース[*23]の状態で、すなわちマルチバースとは個々に明確に独立したバブルのようなものではなく、スペクトルの連続空間の緩い分布と重なり合い、その切り取り方の重ね合わせということになる。共通するのは、そうした新しいメタバースでは、これまでのような物理的な身体性や場所性に閉じた社会の常識やルールをそのまま適用しても、その可能性は十分に引き出せないということである。

一般に「新しい世界」の常識を、その世界をよく知る前にイメージするのは非常に難しい。歴史にそのイメージ生成を手伝ってもらうとすると、今の状況を例えるなら、一九世紀末から二〇世紀初頭にかけて、ニュートン力学の世界から量子力学の世界へと、大きな拡張を経験した物理学界のような変化の真っただ中にいると言えるのではないか。それまでの常識では粒子はどうやっても粒子だったものが、量子力学においては粒子性と波動性という相矛盾する性質を同時に持つことが常識となる。個人という物理的には粒子でしかないものが、社会的には波動性と確率的な分布を持ち、量子のように薄く離散的に存在または集団に所属し得る社会では、当然社会のしくみや常識も大きく変わらざるを得ない。実際、個人や集団の存在や価値の領域が離散化し、流動化するとはまさに、個人や集団が「量子化」していると

*23——マルチバース
ユニバース（宇宙）のユニ（単一）をマルチ（多重、多数、多元）に置き換えた造語。複数の宇宙の存在を仮定した理論物理学の仮説に基づく

言える。それなら社会のしくみも、量子力学に対応しなければならない。今社会が体験しつつある変化は、それくらい大きな変化だ［図5］。

7——モノ／場所の束ねる力、すなわちハイ・モダリティの統合

それでは、新しい「すまい」に求められる価値とは一体何になるのだろうか。部屋や建物がデジタル記述され、建物にも多様なセンサーが組み込まれることは大前提として、従来のnLDKといった機能と部屋とか固定されたシステムとは異なる、モダリティと行為との組み合わせと選択に基づいた、動的に生成される機能分布のグラデーションによる新しい構成原理も生まれてくるだろう。それらの機能構成と組み合わせは、多様な要素技術を都度呼び出して組み合わせる機能シェアの形で生成されるので、部屋というよりもモダリティの濃度スペクトルとして分布するようになる。結果、家の中での「部屋」における機能と空間の一対一対応は崩れ、部屋の構成はもとより、家と公共（外部）との境界も動的かつあいまいになり、むしろ個人や場面に応じたセンサーやアクチュエーターの配置が行為や機能配置の決定因子になっていく。自己と環境の境界が物理的領域性から自由になるのと並行して、住宅の領域や形もまた、これまでのように明瞭な形で物理的構成に落とし込めるものではなくなっていく。

こうした急速な社会の大きな変化に伴い、技術の変化のスピードや、移り変わるアイデンティティや表現型という常識の変化に、人間の生理的な本能・感覚のほう

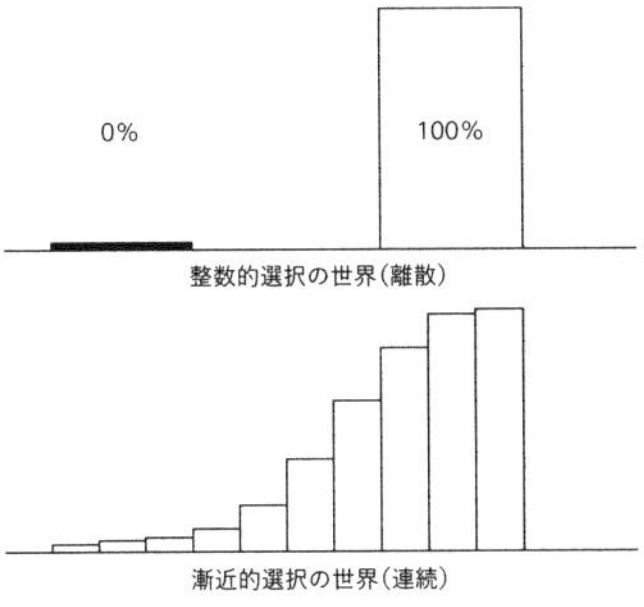

［図5］二項対立的属性分布とそのスペクトル分布への移行

が「ついていけなく」なることもまた予想される。近年の多くの研究が、人間の脳や身体の驚くべきロバスト性[*24]、特に想像以上に多様な環境に適応する能力を示しているが、同時に人間の身体とは、気が遠くなるほど長い時間をかけて、物理世界という一つのコンピューティング環境に最適化しながら、その感覚や社会性を進化させてきたものでもある。今後の情報技術の進化やその実装の変化率が大きくなればなるほど、人間の身体が本能として備えてきた感覚からは乖離する方向に、社会環境は変化していくことになる。そのような乖離の総体は、意識よりもむしろ無意識の違和感として感覚されるはずで、それらは不安やストレス、不調として無意識に蓄積し、表面化することも増えるだろう。

自己の身体からモダリティ[*25]を抽出・分離させるということでは、昨今特に身体拡張という領域で、学術的にも技術的にも多様な試みがなされている。以前でいえば幽体離脱というような若干オカルトがかった体験や現象も、今なら自分を背後から自動的に追尾するドローンからの画像を、ヘッドマウントディスプレイでリアルタイムに見ながら歩くといったような形で技術的にかつ気軽に体験することができるし、そうした状況下で人間の身体や脳がどういった反応や挙動、学習をするかは、まさに現在の学術領域におけるホットトピックの一つになっている。こうしたモダリティの自然には生じ得ない形での拡張および再編は、当然ながら生理的・心理的に相応の影響をもたらし、それらは新たな能力の開発にもなり得ると同時に、ネガティブな影響ももちろん引き起こし得る。モダリティの拡張も、拡張されるのが単一であればある程度対応可能でも、より複合的にモダリティの拡張や置換が起こる

*24——ロバスト性
環境の変化等に影響されにくい性質、あるいは変化を阻止する内的な仕組みのこと

*25——モダリティ
様相。感覚器による感覚。主観的な意味内容。話し手の主観や心的態度などを表す言語表現の概念として用いられる

と、不安や不調はより起こりやすくなることが予想される。次世代の新しい社会において、どのような拡張的状況がこうした不調をもたらすかに関しては、まだ十分な理解は進んでいない。

こうしたハイモダリティでの拡張環境が実装された社会では、ヒトは居住空間に何を求めるだろうか。一つ確実に予想できることは、離散化した自己を取り戻す場所と時間へのニーズが今より顕在化するという点である。歴史的、生理的に慣れ親しんだ、自己同一性が担保された場所、確認できる環境は、拡散された自己の回収をアシストする目的で、生活における明確な一つの選択肢になる。われわれの知覚や認知と呼ばれる領域は非常に広大かつ深遠で、一般に言われる五感などという概念をはるかに超えた多様なモダリティを常時複合的に処理しながら環境を認識し、総合的な判断を行っている。ここで重要なのは、歴史や文化の文脈で広く共有された「モノ」や「場所」には、そうした多様で拡散したモダリティを、有無を言わさずに統合する圧倒的な能力がある、という点である。むしろ、われわれの認知の能力というのは、そもそもそうした情報パッケージを認識しやすいように進化した結果なのだと言い換えてもいい。デジタル技術により分離、再編され、ネットワークの海の中に拡散したモダリティを、再度われわれが生理的に受け付けられる形に統合するのは、場所性や歴史性、物語性といった社会的に「なじみ」が深い統合主体である。これらの統合主体は、形態や属性情報はもちろん、記憶や共有体験のようなデジタル記述が難しい、いわゆるメタな情報までをも、相応の再現性と汎用性を持って強固に統合してくれる。この世界にはデジタルに記述や計算したりできないことの方がまだまだ圧倒的に多い。物理世界というのはあらゆる存在、あらゆる変化や反応が決して「バグ」ることがない、信頼できる計算と表現機構の複合体である。この圧倒的な計算能力と安心感を、うまく使わない手はない。

「すまい」が持つ物理的な環境や物語性の価値が一朝一夕でなくなることはなく、どう急激にデジタル環境が進展しようと、人類の進化や文化的な蓄積の厚さの分だけ、それらの統合する力は残り続ける。多様な場面や所属に応じて人格や表現型を変えることが日常になった離散的な世界では、おそらくそうした細かな使い分けから解放され、すべてのモダリティを一つに回収できる環境が、あらためて価値になる。情報の編集可能性から一切遮断され、モダリティの分解について意識せずにすむ場所、それがモノ性、場所性が強い場所ということになる。デジタルフレンドリーな環境というと、ユニバーサルデザインをさらに発展させた、とにかく多様な環境に対応可能なホワイトボックスであること、すべての変化や装飾はデジタル技術を担当する前提で、とにかくミニマルでニュートラルであることが一般にイメージされるかもしれない。もちろんそうした能動的な機能空間へのニーズも増えていくだろうが、最終的に建築が持ち得る役割とは、場所性や物質性に基づいた、独特の物語の統合者という価値に特化していくのではないか。共有された風土や質感、そこで蓄積された多様な思いや活動、それらが様式や素材に翻訳された強度と体験とそれらに紐づくモダリティの厚み。こうした統合の強度、計算処理の能力に関しては、どこまでいっても圧倒的にモノは強い［図6］[*26]。

*26——太閤山荘「擁翠亭」(写真＝住総研)

［図6］あらゆる属性を統合する環境としての文化的文脈を備えた実空間

むすびに——カタチのもつ力と次世代のあこがれ

後藤治

第一部から第三部までの各論考には、興味深いさまざまな視点や論点が用意されていた。そのなかで「住まい、暮らし」へのあこがれのカタチの発生や流行へと発展するカタチとの関係で、筆者がとくに注目したい事柄をまとめておきたい。

あこがれと流行を形成する社会背景

人は、日常の社会生活のなかで「住まい、暮らし」に対するあこがれを思い描く。このことを考えれば、時代の社会情勢や社会的な需要が、人々のあこがれの形成と密接に関係しているのは、至極当然のことといえる。そうしたなかで、あこがれを生む原因が、社会の大勢や需要の高まりのような大衆的なものばかりかというと、必ずしもそうではない。社会に欠けているものや、社会が忘れているもののように、アンチテーゼ的なものからもあこがれは生まれる。つまり、あこがれの形成の原因はさまざまで、あこがれから流行へと展開する際に、社会の大勢や需要の高まりが重要な役割を果たすといえそうである。

本論で取り上げられたあこがれの形成も、むしろ後者の事例の方が目立っている。例えば、第一部で藤田、桐浴が取り上げた鎌倉時代の「広間」、室町から戦国時代の「茶室」のカタチ（正方形平面の畳敷きの座敷、正方形平面の小間）は、階層や上下関係に縛られていた武士たちの平等への要求と密接に関連して生まれていた。また、後藤（克）も、インド・ムンバイの近代住宅におけるアール・デコ様式の流布が、カーストによる階層制の解消や女性の地位向上といった社会の変革要求と密接に関連していたことを推定している。

現代もしくは近い将来の「住まい、暮らし」に関するあこがれのカタチも、社会のなかで実現できていない要求から登場してくる可能性がある。たとえば、近年「田舎暮らし」や自給自足的な生活が注目されることがあるが、これらは現実的には実現し難い、アンチテーゼ的なあこがれから生まれたもののように思われる。その意味で、「環境への配慮」は、社会の要求になりつつある一方で、現実的には実現できていない事柄でもあり、アンチテーゼとしてあこがれを生み、社会需要として流行に発展するテーマといえる。本書第三部で「未来」のあこがれのカタチを考えるキーワードに「環境への配慮」を選んだのは、このためである。

カタチの持つ力：あこがれから流行への展開

鎌倉時代の「広間」、室町から戦国時代の「茶室」の両者がともに平等への要求を

［**図1**］「あこがれ」のメカニズム――1
（図1から4の作成：住総研）

❶**発信者がいる**
→オーソリティー、メディア、ファッション、VR

❷**「あこがれ」が「流行」になるには要因がある**（↔廃れる）
→イメージがよい、カタチがあり分かりやすい、付加価値がある、感覚的に分かりやすい、役に立つ（↔高額、真似しにくい）

❸**「流行」が定着し「様式」「文化」になるには要因がある**
→本物（真贋）である、価値がある、永続性がある
→形式要素、形式関係、品質という3つの位相がそろうこと

❹**「流行」が繰り返されるには要因がある**
→実績がある、時代の要因がある、なつかしさがある

反映していたことは、同じ「あこがれ」が繰り返されることと同時に、同じあこがれが違うカタチを生む場合もあることを示している。一方、インド・ムンバイの近代住宅におけるアール・デコ様式の事例は、同じカタチが異なる要求から憧れの対象となることを示しており、いわば同じカタチに対して別の観点から再評価が行われることを示している。

カタチがあこがれから流行へと展開する際には、多様なカタチの発生、カタチの再評価といったさまざまな過程を経ていることが想像される。そうしたなか、流行しているカタチへの評価の観点が、当初の憧れの動機とは無縁になってしまうこともある。

たとえば、鎌倉時代の武家住宅の「広間」は、室町時代には広間を中心に備えた会所という建物を生み出す。会所には、接客・儀礼用の設備として「座敷飾り」(床・棚・付書院・室礼)が整えられる。その後、「座敷飾り」が広く接客・儀礼用の設備として流布していく(「和室」へと発展する)ことは、わが国の住宅建築の歴史のなかで良く知られた事柄である。この座敷飾りを持つ「床の間(とこのま)」が、近代に前近代の封建制の象徴と考えられたことがあることからわかるように、「座敷飾り」の流行は身分や階層のある社会の接客・儀礼の象徴として普及したのであり、広間が発生した当初の「平等」への認識を反映してはいない。

「茶室」の流行にも同じことがあてはまる。「茶室」の流行は、安土桃山時代に草庵風の意匠を取り入れた数寄屋造りを生み、それは書院造の意匠の一手法として江戸時代以降に流布していく。数寄屋造の流行も、上層階級の住宅において、多様な接

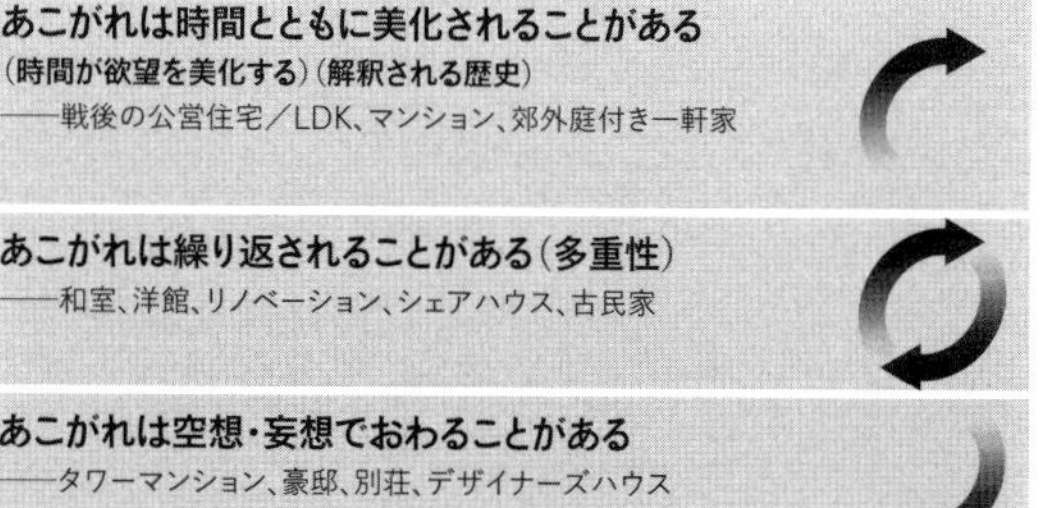

[図2]「あこがれ」のメカニズム——2

客・儀礼の場をつくるためのひとつのデザインのカタチとして普及したものであり、その採用に「平等」への認識があったことは滅多にないはずである。

これらのことは、あこがれのカタチが具体化され、それが流行へと展開するなかで、カタチの意味が読み替えられ、いわばカタチがひとり歩きしていくことを示している。別の見方をすると、意味の読み替えが行われるような力を持ったカタチが流行に発展するともいえる。その意味では、カタチの持つ力は、あこがれを生む動機以上に、社会的な影響が大きいといえるかもしれない［図4］。

カタチの再評価や読み替えという点では、論考でもいくつか取り上げられている。外国人による日本の伝統的な住まい・暮らしへの評価、施主が建築家の住宅を評価して住み替える行為が、カタチの再評価、読み替えに該当する。再評価されているカタチは、それなりの力を持つカタチであり、それが将来の流行へと展開することも十分に考えられよう。

ところで、「仮想現実」として描かれるカタチは、突拍子もないもののように思われがちだが、それにも類似点がある。「仮想現実」が、実際の建物がなくてもあこがれのカタチを視覚的に見せられる場として注目できることは、序章で述べた通りである。この「仮想現実」としてつくられる建築のカタチが、これまで見たこともない斬新なカタチになるかというと、多くの場合はそうではないはずである。なぜなら、「仮想現実」の建築は、しばしば他の建築のデータを引用し、それをアレンジしてつくられると考えられるからである。こうに考えると、「仮想現実」の建築のカタチは、どこかで見たことがある既往の建築の再評価、読み替えのカタチともいえる

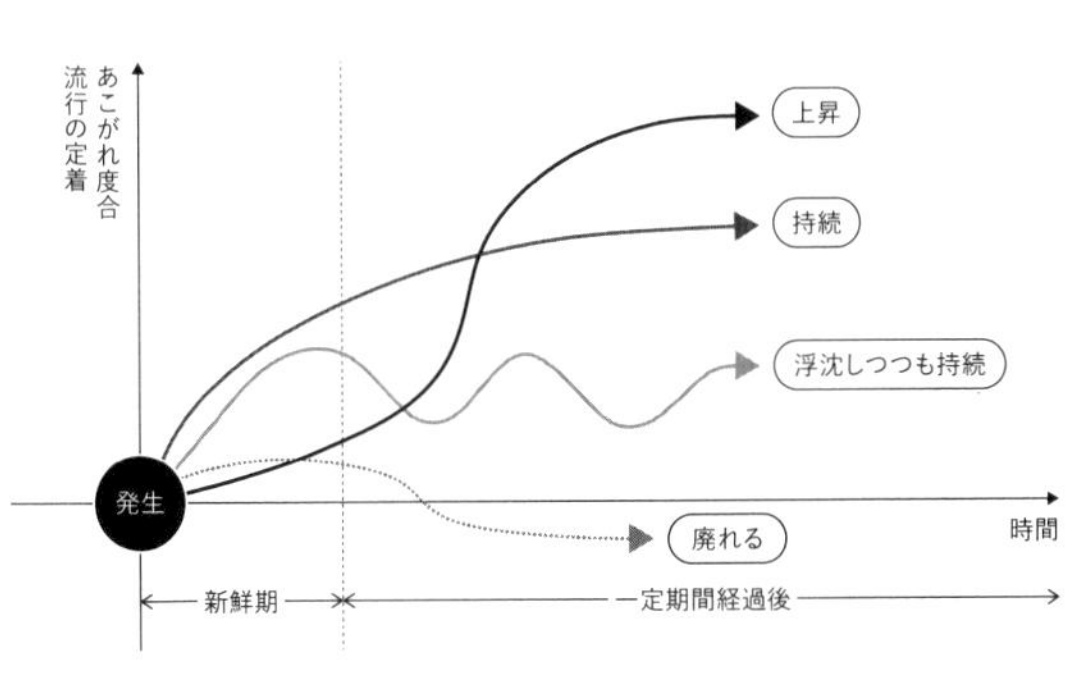

［図3］「あこがれ」の形成と変容
A．意味継続の場合

のである。そしてそれは、だからこそ流行へと発展する可能性を持つものでもあり、その点においても「仮想現実」に注目すべきということになる。本書第三部で「未来」を考えるキーワードに「仮想現実」を選んだのは、そのためでもある。

「環境への配慮」とカタチ

反対に、カタチと結びついていないがゆえに、あこがれの対象や流行になりそうなのに、それにいたっていないものもある。その代表が、「環境への配慮」を行った住宅建築である。「環境への配慮」が憧れや流行を生みやすいキーワードであることは、先述の通りである。にもかかわらず、近年の住宅に関する省エネルギーのための法律をめぐる議論等を見ているとわかるように、同法の性能を満たすような住宅建築の社会への普及は遅れている。

この理由として、住宅を実現するための建築コストやその費用対効果といった問題がよく指摘される。ここでは、費用の問題以外に、冒頭に記した通り、それが性能という名の数値に置き換えて示されていて、カタチとの関係が希薄であるがゆえに、あこがれや流行になりにくいことを指摘したい。実際に、法が求める性能を達成するためにつくられた典型的な住宅の姿・形(屋根にソーラーパネルが付いた小さい窓しかなく庇もない箱型の家)は、人があこがれるカタチや再評価や読み替えを行うカタチには程遠いように思われる。

その意味で、環境への配慮を具体的な建築のカタチにすることに取り組む小泉の

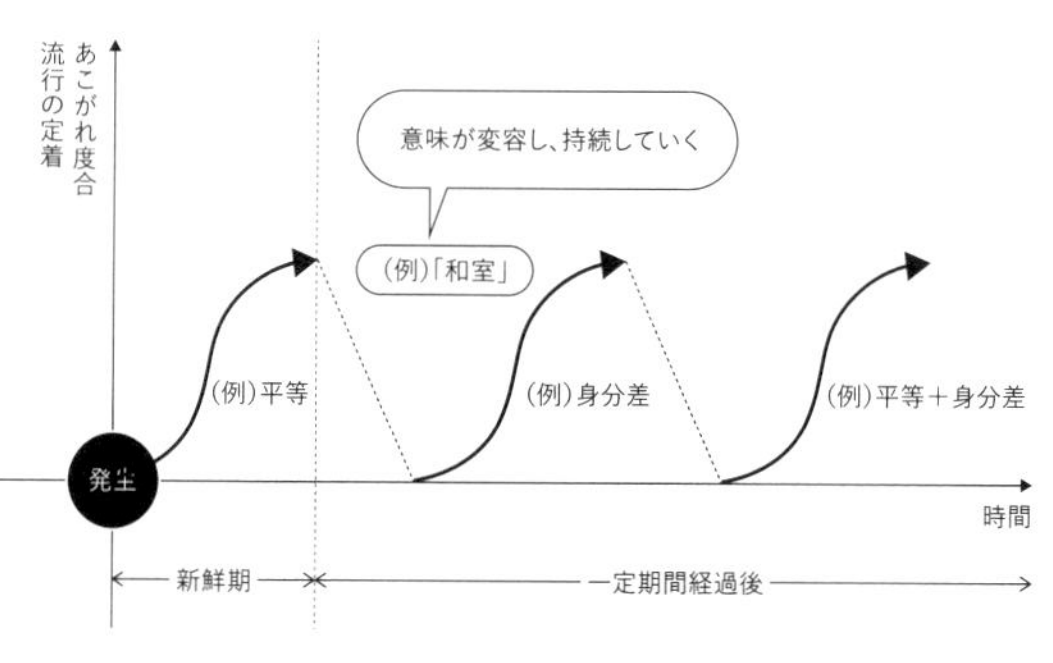

[図4]「あこがれ」の形成と変容
B. 意味が読み替えられる場合

「建築家の提案」（第三部第七章）は注目に値するのである。

鈴木の論考（第二部第六章）にある、外国人が「環境への配慮」の観点から「和室」のカタチを評価していることにも、ここでは注目したい。伝統的な住まい・暮らしを「環境への配慮」の点から評価するのは、日本では定着していないが、欧州の各国では一般的である。たとえば、オランダ、デンマーク、イギリス等では、茅葺の屋根が、環境への観点から、歴史的建築物だけでなく新築の住宅にも用いられている［図5・6］。茅葺屋根（外壁の場合もある）の特徴ある外観が、「環境への配慮」を示すカタチとして認識できるからであろう。それらの国々においては、茅葺に限らず、ほかにも伝統的な住宅建築に見られるさまざまな特徴あるカタチが、環境への配慮という点で認識されているように思われる。

希薄化する日本人の「住まい・暮らし」

最後に、現代の日本において、住宅の建築としての質やそこで行われる暮らしについて、人々の意識が希薄になっているという問題について触れておきたい。このことは、島原（第二部第五章）によって、デンマークとの比較から明らかにされている。冒頭でタワマンに対する認識を述べたが、タワマンに限らず、住宅全般に関してそのことが言えそうである。将来の住生活の向上や住文化の形成を思うと、これは忌々しき問題である。

この状況は、どうすれば改善されるのか。

［図5・6］オランダの新築住宅群（左）、と英国の伝統的住宅（右）の茅葺屋根

島原は論考のなかで、デンマーク人が住宅に対してカタチの具体像を日本人よりも持っているのは、人を招き交流する場として住宅を認識しているためであることも明らかにしている。言い換えると、現代の日本においては、住宅に人を招き交流する機会が、著しく減少しており、それが住宅に対する意識の希薄さに結び付いているといえる。過去の日本においても、憧れのカタチとして登場したのは、鎌倉時代の「広間」や室町時代から戦国時代の「茶室」であり、それらはともに人を招き交流する場であった。こう考えると、住宅をもう一度人を招き交流する場にしていくことが、今後の重要な課題として浮かび上がる。

一方、日本では、人を招き交流する場はなくなってしまったのだろうか。そうではない。人を招き交流する場は、住宅内にはなくなってしまったが、街中のレストランやカフェといったところがその場となっているのではないだろうか。山本の論考(第二部第四章)では、緑地や並木のそろう地域に加えて、洒落たレストランやカフェのある地域で暮らしたいといった、地域に対する意識が近年高まりを見せていることが指摘されている。住宅に対する人を招き交流する場としての意識が希薄になる一方で、人を招き交流する場としての地域に対する意識が高まりを見せているのではないだろうか。

論考のなかでは、地域に対する認識という点については、日本と海外との比較検討は行われていないが、地域に対する認識は、日本人の方が外国人よりも高い可能性もある。こうした地域に対する意識を含めて、住宅の役割を考えていくことは、今後の住生活の向上や住文化の形成を目指す上で重要な視点といえそうである。

コロナ禍後の「住まい、暮らし」

二〇二〇年に発生した新型コロナウィルスによる感染症拡大（以下「コロナ禍」と呼ぶ）は、社会に大きな影響と変化をもたらした。それは、人々の住まい、暮らしにも及んでいる。たとえば、オンラインによる情報交換や会議等は常態化した。また、在宅勤務やテレワークも常態化し、住宅内にテレワークの場が必要になったり、画像の背景に映し出される風景を意識したりといった状況も生まれている。また、「仮想現実」についても、コロナ禍の前にはゲームや映画の世界のことと考えていたが、コロナ禍によって新たな情報交換や共有の場となることが認識できるようになった、という方も多いのではないかと思う。

コロナ禍による影響と変化が、それが終息した後の住まい・暮らしに、どのような変化をもたらすかを予測することは、筆者の能力をこえており、「仮想現実」については豊田の論考（第三部第九章）に委ねたいが、少なくとも、住宅を人に見せる場にかえ、住宅内に新たに場を設ける必要性が生じてきていることは間違いないだろう。さらにいえば、会食や会合が開催しにくくなったこともあって、人を招き交流する場にも変化がもたらされていることも間違いない。

これらの変化が、少なくとも、住宅を再び人を招き交流する場にする役割を果たし、人々が「住まい、暮らし」について、住生活の向上や住文化の形成につながる建築の質をともなったあこがれのカタチを思い描く契機となることを期待したい。

著者経歴

後藤治（ごとう・おさむ）**工学院大学 理事長・教授**

一九六〇年 東京都生まれ。一九八八年 東京大学大学院博士後期課程中退後、文化庁文化財保護部建造物課を経て、二〇一七年より現職。専門は、日本建築史及び歴史的建造物の保存修復。二〇一九年 住総研清水康雄賞。

［主な著書］『建築学の基礎⑥日本建築史』（共立出版）、『論より実践　建築修復学』（共立出版）、『都市の記憶を失う前に』、『伝統を今のかたちに』（ともに共著、白揚社）ほか。

藤田盟児（ふじた・めいじ）**奈良女子大学 教授**

一九六〇年 愛媛県生まれ。一九九一年 東京大学大学院博士課程修了。奈良国立文化財研究所、名古屋造形芸術大学、広島国際大学を経て、二〇一六年より現職。専門は、日本建築史、建築意匠。現在、文化庁文化審議会第二専門調査会委員、奈良県、兵庫県、山口県文化財審議委員他を兼務。また広島県呉市御手洗「旧金子家住宅」（茶室）他の指定文化財の調査修理工事の監修などに携わる。

［主な著書］『和室学』（平凡社）、『日本建築様式史』（美術出版社）、『都市のあこがれ』（鹿島出版会）ほか。

桐浴邦夫（きりさこ・くにお）**京都建築専門学校 副校長**

一九六〇年 和歌山県生まれ。京都工芸繊維大学大学院修士課程で中村昌生先生に師事。博士（工学）。二〇一六年より現職。専門は、建築歴史意匠。一級建築士。茶名宗邦。

［主な著書］『近代の茶室と数寄屋』（淡交社）、『茶の湯空間の近代』（思文閣出版）において、茶の湯文化学術賞奨励賞を建築分野で初受賞。『世界で一番やさしい茶室設計』（エクスナレッジ、中国語繁体字および簡体字訳）、『茶室露地大事典』（共著、淡交社）、『和室学』（共著、平凡社）ほか。

後藤克史（ごとう・かつし）**明治大学 客員研究員**

一九七九年 愛知県生まれ。二〇〇三年 明治大学理工学部建築学科卒業。卒業後インド、グジャラート州のカラン・グローバー＆アソシエイツに勤務。二〇一三年 ロンドンAAスクール大学院修了。二〇一七年〜二〇二一年 明治大学国際連携機構特任講師。二〇二一年四月より現職。東京とインド・ムンバイ在住。二〇一六年よりSquareworks LLPを主宰。建築設計をしながら、家庭生活（Domesticity）と公共空間の研究を行う。二〇一九年 ムンバイにフェローシッププログラムSqW:Labを共同設立。二〇二〇年よりインド・アーメダバードCEPT大学都市計画学部にて設計スタジオを受け持つ。

山本理奈（やまもと・りな）**成城大学 准教授**

東京大学大学院総合文化研究科国際社会科学専攻助教を経て、二〇一九年より現職（社会イノベーション学部）。博士（東京大学・学術）。専門分野は社会学、現代社会論。少子高齢化に対応した都市の居住福祉、都市・住宅政策の国際比較、住宅の広告表現や商品化に関する研究などに取り組む。

［主な著書・論文］『マイホーム神話の生成と臨界——住宅社会学の試み』（岩波書店）において、都市住宅学会賞受賞。論文「都

市居住のイメージと住宅広告の役割に関する比較社会学的研究」(『住総研 研究論文集』四〇号)ほか。

島原万丈(しまはら・まんじょう)**LIFULL HOME'S総研 所長**
一九六五年 愛媛県生まれ。一九八九年 株式会社リクルート入社。二〇〇五年よりリクルート住宅総研へ移り、二〇一三年三月リクルートを退社。同年七月 株式会社LIFULL(旧株式会社ネクスト)に設置された社内シンクタンクLIFULL HOME'S総研 所長に就任。独自の調査研究レポートをもとに、ユーザー目線での住宅市場の調査研究と提言活動に従事。一般社団法人リノベーション協議会設立発起人ほか、国土交通省や地方自治体の各種委員を歴任。
[主な著書]『本当に住んで幸せな街 全国官能都市ランキング』(光文社新書)ほか。

鈴木あるの(すずき・あるの)**京都橘大学 教授**
一九六五年 東京都生まれ。京都大学農学部林産工学科卒、カリフォルニア大学バークレー校環境デザイン大学院専門職修士課程修了(MLA)、京都工芸繊維大学大学院博士後期課程修了、博士(学術)。米国カリフォルニア州公認ランドスケープアーキテクト、一級建築士、全国通訳案内士。設計事務所勤務、カリフォルニア大学デービス校環境デザイン学科特任講師、大阪産業大学非常勤講師、京都大学理学研究科国際戦略部門講師等を経て、二〇二一年より現職。日本民俗建築学会理事。主な研究テーマは、居住空間の異文化理解。

小泉雅生(こいずみ・まさお)**東京都立大学大学院 教授**
一九六三年 山口県生まれ。一九八六年 東京大学大学院在学中にシーラカンスを共同設立。一九八八年 同大学院修士課程修了。二〇〇五年 小泉アトリエ設立。二〇一〇年より現職。現在、小泉アトリエ パートナー。学校建築、ホール、環境配慮建築を主軸に、住宅から公共建築、広場、まちづくりまで手がける。
[主な作品]「戸田市立芦原小学校」、「アシタノイエ」、「象の鼻パーク/テラス」、「LCCM住宅デモンストレーション棟」、「港南区総合庁舎」、「横浜市寿町健康福祉交流センター/横浜市営住宅寿町スカイハイツ」ほか。
[主な著書]『環境のイエ』(学芸出版社)、『パブリック空間の本』(共著、彰国社)、『環境建築私論』(建築技術)ほか。

伏見唯(ふしみ・ゆい)**伏見編集室**
一九八二年 東京都生まれ。早稲田大学大学院修士課程修了後、新建築社、同大学院博士後期課程を経て、二〇一四年 伏見編集室を設立。『TOTO通信』などの編集制作を手掛ける。博士(工学)。
[主な著書]『木砕之注文』(共編著、中央公論美術出版)、『世界建築史論集』(共編著、中央公論美術出版)、『日本の住宅遺産 名作を住み継ぐ』(世界文化社)ほか。

豊田啓介(とよだ・けいすけ)**東京大学生産技術研究所 特任教授・建築家**
一九七二年 千葉県生まれ。一九九六~二〇〇〇年 安藤忠雄建築研究所。二〇〇二~二〇〇六年 SHoP Architects(ニューヨーク)を経て、二〇〇七年より東京と台北をベースにnoizを蔡佳萱と設立、二〇一六年に酒井康介が加わる。二〇二〇年ワルシャワ(ヨーロッパ)事務所設立。二〇一七年「建築・都市×テック×ビジネス」がテーマの域横断型プラットフォームgluonを金田充弘と設立。二〇二五年 大阪・関西国際博覧会誘致会場計画アドバイザー(二〇一七~二〇一八年)。建築情報学会副会長(二〇二〇年~)。大阪コモングラウンド・リビングラボ(二〇二〇年)。二〇二一年より現職。

一般財団法人住総研について

故清水康雄（当時清水建設社長）の発起により、一九四八年（昭和二三）年に東京都の認可を受け「財団法人新住宅普及会」として設立された。設立当時の、著しい住宅不足が重大な社会問題となっていたことを憂慮し、当時の寄附行為の目的には「住宅建設の総合的研究及びその成果の実践により窮迫せる現下の住宅問題の解決に資する」と定めていた。その後、住宅数が所帯数を上回り始めた一九七二（昭和四七）年に研究活動に軸足を置き、その活動が本格化した一九八八（昭和六三）年に「財団法人住宅総合研究財団」に名称を変更、さらに二〇一一（平成二三）年七月一日には、公益法人改革のもとで、「一般財団法人住総研」として新たに内閣府より移行が認可され、現在に至る。一貫して「住まいに関する総合的研究・実践並びに人材育成を推進し、その成果を広く社会に還元し、もって住生活の向上に資する」ことを目的に活動をしている。

住総研「あこがれの住まいと暮らし」研究委員会

委員長――後藤治
委員――島原万丈
豊田啓介
藤田盟児
伏見唯
山本理奈
事務局――道江紳一、馬場弘一郎、成田亜弥

住総研住まい読本
あこがれの住まいとカタチ

二〇二二年一二月一〇日　初版第一刷発行

編者――住総研「あこがれの住まいと暮らし」研究委員会
著者――後藤治＋藤田盟児＋桐浴邦夫＋後藤克史＋山本理奈＋島原万丈＋鈴木あるの＋小泉雅生＋伏見唯＋豊田啓介

発行者――馬場栄一
発行所――株式会社建築資料研究社
建築資料研究社 出版部
〒一七一-〇〇一四
東京都豊島区池袋二-三八-一-三F
電話：〇三-三九八六-三二三九　FAX：〇三-三九八七-三二五六

編集担当――帳章子
デザイン――千村勝紀
印刷・製本――シナノ印刷株式会社

ISBN978-4-86358-841-7